中国轻工业"十四五"规划教材　　高等学校专业教材

中华茶文化 第二版

CHINESE TEA CULTURE
(SECOND EDITION)

主编／张凌云

中国轻工业出版社

图书在版编目（CIP）数据

中华茶文化 / 张凌云主编. --2版. --北京：中国轻工业出版社，2025. 8. --ISBN 978-7-5184-5039-8

Ⅰ．TS971.21

中国国家版本馆CIP数据核字第2024V5V734号

责任编辑：马　妍　　责任终审：高惠京
责任校对：晋　洁　　封面设计：锋尚设计
策划编辑：马　妍　　版式设计：砚祥志远　　责任监印：张　可

出版发行：中国轻工业出版社（北京鲁谷东街5号，邮编：100040）

印　　刷：艺堂印刷（天津）有限公司

经　　销：各地新华书店

版　　次：2025年8月第2版第2次印刷

开　　本：787×1092　1/16　印张：18

字　　数：311千字

书　　号：ISBN 978-7-5184-5039-8　定价：48.00元

邮购电话：010-85119873

发行电话：010-85119832　010-85119912

网　　址：http://www.chlip.com.cn

Email：club@chlip.com.cn

版权所有　侵权必究

如发现图书残缺请与我社邮购联系调换

251475J1C202ZBQ

本书编委会

主　编　张凌云　华南农业大学
副主编　纪荣全　宜宾学院
　　　　黄晓琴　山东农业大学
　　　　许慧婧　广东科贸职业学院
参　编　(按姓氏笔画排列)
　　　　马媛春　南京农业大学
　　　　汤茶琴　江苏农林职业技术学院
　　　　张晓菊　广东岭南职业技术学院
　　　　梅　鑫　黔南民族师范学院

前言（第二版）

《中华茶文化》一书自2016年4月出版以来，承蒙使用本书的广大教师及读者的厚爱和中国轻工业出版社的大力支持，已经进行了10次印刷，读者遍布全国高等学校和相关培训机构，得到了各方的一致好评。该书使用过程中，收到了一些反馈和改进建议，且书中存在不足之处，这一切都促使编者进行再版。

过去的8年中我国茶叶行业快速发展，在乡村振兴的大背景下，全国茶叶种植面积和总产量实现年年稳步增长。随着茶产业链不断延伸，全国茶产业围绕绿色生态、品牌打造、产业链建设、文化铸魂等关键环节，构建了茶生态、茶文化、茶科技、茶产业协调发展的产业体系。近年来，茶产业与历史、文学、艺术、旅游等领域融合发展程度加深，茶叶、茶制品等已逐渐成为大众生活不可缺少的一部分；各级部门及众多茶叶生产者也逐步意识到，茶文化是赋予茶叶更高价值、引导茶产业与更多其他产业深度融合的有效契合点。

2022年11月，"中国传统制茶技艺及其相关习俗"列入联合国教科文组织人类非物质文化遗产代表作名录，全国掀起弘扬中华茶文化、挖掘茶文化相关产品的文化热潮。全国涉及农业、轻工行业、旅游行业的高校开设茶文化课程，极大地满足了爱茶学子的需求。同时，随着社会发展，"课程思政""三茶融合"等内容成为高校茶文化教学的新需求。《中华茶文化（第二版）》教材在保持第一版特色的基础上，在不同章节适当增加了"课程思政"和"三茶融合发展"内容，主要包括茶的品饮艺术、茶艺表演的评判方法、茶艺职业技能竞赛个人自创茶艺评分方法（评分表）以及现代斗茶大赛（茶叶品质评比）工作方案，力求使内容与时俱进以更好地满足茶叶行业的需求。另外，茶叶品质评定与检验是重要的茶文化内容，本教材充分保留和优化了茶叶感官评价的可操作性内容。

由于第一版的部分编者已经退休或不再从事茶学专业课教学工作，没有参与此次改版工作，对于他们的辛勤工作我们永远怀有感激之情。第二版由张凌云任主编，纪荣全、黄晓琴、许慧婧任副主编。第一章由华南农业大学张凌云编写，第二章由广东岭南职业技术学院张晓菊编写，第三章和第六章由广东科贸职业学院许慧婧编写；第四章由黔南民族师范学院梅鑫编写，第五章由江苏农林职业技术学院汤茶琴编写，第七章和第八章由宜宾学院纪荣全编写，第九章由山东农业大学黄晓琴编写，第十章由南京农业大学马嫒春编写。

在本书编写过程中，得到了许多同行的支持和帮助，特别是汕头市潮汕工夫茶研究所张燕忠、邱基萍，华南农业大学茶业科学系金恺薇、李洁琳、张春山等研究生为本书的修订做了大量工作，在此一并致谢。

本书可作为高等学校、高职院校茶学、茶艺、食品科学与工程、旅游管理等专业的专业课或选修课教材，也可供茶文化、茶艺培训机构培训使用。

限于编者的水平及时间关系，书中的不妥或疏漏之处在所难免，敬请读者批评指正。

编　者
2024年2月

前言（第一版）

我国茶文化历史悠久，唐代陆羽始有系统的论著，至宋代达到高峰。因此，茶文化是我国优秀传统文化的一部分，也是一种大众生活文化。近年来，我国茶业经济空前兴盛，带动了我国茶文化的发展。

为发掘和弘扬中华茶文化，促使这一宝贵的文化遗产重放异彩，也为提高大学生的文化艺术修养，培养懂茶艺、会品茶的新一代茶人，应中国轻工业出版社之邀编写《中华茶文化》一书。为了便于食品行业科技人才的理解和应用，本书专门对茶叶感官品质审评的方法、茶叶化学品质分析等内容加以强调；并配有绿茶、红茶、乌龙茶感官品质审评、品质打分过程的视频，以及绿茶、红茶、乌龙茶的冲泡艺术的演示视频，学习者可以通过理论教学、实习操作和观看视频材料等形式来了解我国茶叶感官品质审评过程和特点，掌握不同茶类的冲泡方法和表演流程，从而引发大学生茶艺创作的激情。

本书的编写得到中国轻工业出版社的大力支持和许多省内外茶界友人的协助，使作者能够收集到大量参考资料和图片，并结合了作者多年的茶文化教学实践活动，才得以写成。因此，本书既可作为茶艺从业者茶艺创编、茶艺设计的指导性教材，还可作为高校茶艺方向专业课或选修课的教材，也可作为茶艺培训机构参考教材，同时也是茶艺爱好者学习茶艺技能的重要读物。

本书编写过程中，借鉴和参考了专家们的相关专著和文献，在此一并向他们表示衷心感谢！由于时间所限，对于文中出现但并未在参考文献中列出的引文，向作者表示歉意！本书得到华南农业大学茶业科学系许慧婧、叶迪、张璐净等研究生的协助，他们制作视频材料并校订相关内容，在此特向他们表示衷心感谢！

鉴于编者的学识水平及表达能力所限，书中不妥或疏漏之处在所难免，敬希广大读者批评指正，以便不断修改完善。

编 者
2015年12月

目 录

〖第一章〗 绪论　　1

第一节　茶文化的定义、内涵与特征　　2
　　一　茶文化的定义与内涵　　2
　　二　茶文化的基本特征　　4
第二节　中华茶文化与中国传统文化　　7
　　一　中国传统文化的基本精神特征　　7
　　二　中华茶文化的精神内涵　　9
　　三　中华茶文化与我国传统文化相通之处　　11
第三节　为什么要学习茶文化　　13
　　一　茶文化体系的构成　　13
　　二　茶文化体系的核心思想与茶人精神　　14
　　三　茶文化体系的素质教育功能　　15

〖第二章〗 茶及茶文化的起源与发展　　19

第一节　茶文化的起源和发展　　20
　　一　茶树的起源和原产地　　20
　　二　茶的发现与最初利用　　20
　　三　饮茶文化在国内的传播　　23
第二节　中国古代茶文化发展阶段　　26
　　一　茶文化萌生时期的饮茶方式　　26
　　二　茶文化的最初成形与煎茶法的发展　　26
　　三　中华茶文化的兴盛阶段　　29
　　四　明清茶文化的多元发展时期　　35

第三节　古代茶业制度　　　　　　　　　　　38
　　一　贡茶制度　　　　　　　　　　　　　38
　　二　茶税制度　　　　　　　　　　　　　39
　　三　榷茶制度　　　　　　　　　　　　　40
　　四　茶马互易政策　　　　　　　　　　　43

【第三章】茶叶分类与加工　　　　　　　47

第一节　茶叶的分类与品质特征　　　　　　48
　　一　我国茶区分布　　　　　　　　　　　48
　　二　我国茶叶分类与品质特征　　　　　　49

第二节　各类茶的加工方法　　　　　　　　55
　　一　绿茶的加工方法　　　　　　　　　　55
　　二　红茶的加工方法　　　　　　　　　　56
　　三　乌龙茶的加工方法　　　　　　　　　57
　　四　黄茶的加工方法　　　　　　　　　　59
　　五　白茶的加工方法　　　　　　　　　　60
　　六　黑茶的加工方法　　　　　　　　　　60
　　【扩展阅读】再加工茶——茉莉花茶的加工　　61

第三节　我国各地名茶简介　　　　　　　　62
　　一　绿茶中的名茶　　　　　　　　　　　62
　　二　红茶中的名茶　　　　　　　　　　　66
　　三　乌龙茶中的名茶　　　　　　　　　　68
　　四　黄茶中的名茶　　　　　　　　　　　72
　　【扩展阅读】为什么高山云雾出好茶？　　73

第四章　饮茶与健康　75

第一节　茶叶有益健康的主要成分　76
　　一　茶的营养价值　77
　　二　茶的药用成分　79

第二节　茶叶的主要保健功能　82
　　一　抗氧化和调节机体免疫作用　82
　　二　调节血脂、预防心脑血管疾病　83
　　三　防癌抗突变　84
　　四　抗菌消炎　84
　　五　抗辐射作用　85
　　六　消除口臭作用　85

第三节　科学饮茶常识　86
　　一　如何做到科学饮茶　86
　　二　饮茶也有适宜人群　87

第五章　茶叶品质评定与检验　93

第一节　茶叶感官品质形成原理　94
　　一　茶叶色泽的形成　94
　　二　茶叶香气的形成　95
　　三　茶叶滋味的形成　96
　　四　茶叶形状的形成　97

第二节　茶叶审评基础知识　99
　　一　茶叶品质评定的方法　99
　　二　茶叶品质的评价内容　102

第三节　常见茶叶品质审评程序　108

  一 绿茶审评操作过程 108

  【扩展阅读】龙井茶品质特征与审评 110

  二 乌龙茶审评技术方法 111

  【扩展阅读】铁观音审评 113

  三 红茶审评 114

第四节 感官品质记录与结果判定 115

  一 品质记录 115

  二 审评结果的判定 117

第五节 茶叶品质检验 118

  一 干茶容重与比体积 118

  二 红碎茶品质的化学鉴定 119

  三 绿茶滋味化学鉴定 120

  【扩展阅读】现代斗茶大赛（茶叶品质评比）

        工作方案 121

【第六章】 茶的品饮艺术 123

第一节 泡茶用水选择 124

  一 水质对茶汤的影响 124

  二 古代择水观 125

  三 现代人泡茶用水的选择 125

第二节 茶的冲泡艺术 126

  一 茶具的选择与搭配 127

  二 泡茶技术三要素 131

  三 各类茶的冲泡方法 132

第三节 茶艺礼仪与茶席布置 139

  一 茶艺品评中的礼仪 139

二　茶席布置的要素　　　　　　　　　　142

第四节　常见茶艺表演欣赏　　　　　　　　145
　　一　名优绿茶杯泡法茶艺流程　　　　　145
　　二　盖碗冲泡法茶艺流程　　　　　　　146
　　三　潮汕工夫茶壶杯泡法茶艺流程　　　148

【扩展阅读】茶艺表演的评判方法　　　　　150

第七章　国内外茶俗文化欣赏　　　　155

第一节　饮茶习俗与社会生活　　　　　　　156
　　一　客来敬茶　　　　　　　　　　　　156
　　二　茶与婚俗　　　　　　　　　　　　157

第二节　我国各民族饮茶习俗　　　　　　　160
　　一　汉族的茶饮习俗　　　　　　　　　160
　　二　藏族的酥油茶　　　　　　　　　　164
　　三　白族的三道茶　　　　　　　　　　165
　　四　土家族的擂茶　　　　　　　　　　166
　　五　蒙古族的咸奶茶　　　　　　　　　167
　　六　纳西族的盐巴茶与"龙虎斗"　　　168
　　七　回族的刮碗子茶（三炮台）　　　　169

第三节　国外主要茶俗文化　　　　　　　　171
　　一　韩国茶俗文化　　　　　　　　　　171
　　二　日本茶俗文化　　　　　　　　　　177
　　三　英国茶俗文化　　　　　　　　　　186

【第八章】 中华茶文化的核心——茶道　193

第一节　茶道的基本含义　194
　　一　日本学者对茶道的解释　195
　　二　我国学者对茶道的解释　195

第二节　中华茶文化与儒、道、佛的关系　196
　　一　茶文化与儒家思想　197
　　二　茶文化与道家思想　201
　　三　茶文化与佛家思想　203

第三节　茶道的思想内涵与大学生的德行教育　205
　　一　茶道的思想内涵　205
　　二　大学生的德行教育　206

【第九章】 茶与文学艺术　211

第一节　茶与文学　212
　　一　唐代以前的茶文学作品　212
　　二　唐代茶文学作品　214
　　三　宋代茶文学作品　220
　　四　明清时期的茶文学作品　228
　　五　近现代茶文学　232

第二节　茶谚和茶联　233
　　一　茶谚　233
　　二　茶联　236

第三节　茶与书画　237
　　一　茶画　238
　　二　与茶有关的书法作品　239

第四节	茶歌舞	241
一	茶歌舞	241
二	采茶戏	242
【扩展阅读】《叶嘉传》宋·苏轼		243

《第十章》 茶文化与社会功能　　247

第一节	茶文化在现代社会的发展	248
一	茶道、茶德精神的新发展	248
二	饮茶技艺——茶艺的创新与发展	249
第二节	茶馆文化	250
一	茶馆文化的内涵	250
二	中国茶馆发展历程	252
三	中国当代茶馆	254
第三节	茶文化与旅游	256
一	茶文化旅游的内涵	257
二	茶文化旅游的特点	257
三	茶文化旅游发展现状	258
第四节	茶文化的社会功能	261
一	弘扬传统文化，提高人文素养	261
二	调整社会关系，促进社会交往	263
三	为人们提供高层次的精神享受	264
四	提倡清廉俭德，倡导社会风气的好转	266
五	以茶为媒，扩大对外交流	266
【扩展阅读】无我茶会及其精神		268

本书数字资源索引

资源名称	二维码	章节	页码	资源名称	二维码	章节	页码
为什么学习茶文化		第一章第三节	12	茶叶香气		第五章第二节	100
茶的起源		第二章第一节	20	茶叶感官评审流程		第五章第三节	108
仿宋点茶		第二章第二节	30	绿茶审评		第五章第三节	108
茶叶的分类		第三章第一节	48	乌龙茶的评审（实操）		第五章第三节	110
绿茶		第三章第一节	48	乌龙茶审评（理论）		第五章第三节	112
红茶		第三章第一节	50	红茶审评		第五章第三节	114
乌龙茶		第三章第一节	52	瓷壶茶艺冲泡流程		第六章第二节	134
黄茶		第三章第一节	52	绿茶茶艺		第六章第四节	144
白茶		第三章第一节	52	盖碗冲泡法茶艺		第六章第四节	146
黑茶		第三章第一节	54	潮汕工夫茶壶杯泡法茶艺		第六章第四节	148
茶与健康		第四章第一节	76	茶与文学艺术		第九章第一节	212
茶叶的感官品质		第五章第一节	94	茶文化与社会功能		第十章第一节	248

绪 论

中国是茶的故乡，也是最早发现和利用茶的国家。根据文献记载，我国人工栽培利用茶树已有3000多年历史。在这悠久的历史发展进程中，茶已成为我国各族人民日常生活的一部分。在茶的发现和利用过程中，茶文化逐渐成为我国传统文化艺术的载体。茶穿越历史、跨越国界，深受世界各国人民喜爱，已经成为中国人民与世界人民、中华文明与世界其他文明交流互鉴的重要媒介，成为人类文明共同的财富。茶的饮用与分享是人们交流、沟通的重要方式，以茶待客、长者为先等与茶相关的礼俗彰显着中国人谦、和、礼、敬的人文精神。党的二十大报告指出："传承中华优秀传统文化，满足人民日益增长的精神文化需求，巩固全党全国各族人民团结奋斗的共同思想基础，不断提升国家文化软实力和中华文化影响力。"中华文明源远流长、博大精深，是中华民族独特的精神标识，是当代中国文化的根基，是维系全世界华人的精神纽带，也是中国文化创新的宝藏。因此，正确认识中国博大精深的茶文化，有利于推动全球茶产业持续健康发展，深化茶文化交融互鉴，让更多的人知茶、爱茶，共品茶香茶韵，共享美好生活。同时，茶文化对道德修养和人格塑造会产生深远影响，通过丝绸之路促进世界文明交流互鉴，对人类社会可持续发展发挥重要作用。那么，什么是茶文化？茶文化的内容有哪些？如何学习茶文化？传承茶文化的意义何在？这些都将是本书要重点阐明的问题。

【第一节】茶文化的定义、内涵与特征

一 茶文化的定义与内涵

1. 茶文化的定义

茶起源于我国，在我国先民发现和利用茶的过程中，将它从一种纯物质形态的植物资源的利用，逐渐过渡到精神层面，进一步把我国传统文化思想渗透其中，进一步丰富了"茶"的内涵，形成了博大精深、绚丽多彩的茶文化。如果按照文化的

定义范畴来划分定义茶文化的话，广义的茶文化是指整个茶叶发展历程中有关物质文明和精神文明的总和。狭义的茶文化则是专指精神文明，即茶从发现到利用过程中所产生的各种文化和社会现象。按照狭义的茶文化的定义，茶在发现和利用的过程中，经历了食用阶段、药用阶段、饮用阶段的发展，茶从一种纯物质形态的植物资源的利用，不断融入思想内涵，一步步把我国传统文化思想渗透其中，形成了博大精深、绚丽多彩的茶文化。随着社会的发展，茶文化逐渐与政治制度、经济制度、法律法规、饮茶习俗、茶道思想以及文艺作品等相结合，不断地将人类的意识形态综合性地融入到纯物质的茶中并加以提炼和升华。因此，茶文化是人类意识形态的综合展现，也是人们通过茶可以真实、具体感受得到的生活艺术。

由此可见，茶文化可以简单地概括为与茶相关的各种文化和社会现象；也可以拓展为与茶相关的人文和社会科学的一门科学，是人文与社会学科的有机结合。它涉及政治、经济、科学、文化和日常生活，是物质生活和精神生活的具体反映，它体现了一定时期内社会物质文明和精神文明的建设程度。纵观中华茶文化形成和发展的历程，不难看出，茶文化是中华传统优秀文化的组成部分，其内容十分丰富，涉及科技教育、文化艺术、医学保健、历史考古、经济贸易、餐饮旅游和新闻出版等学科与行业，包含茶叶专著、茶叶期刊、茶与诗词、茶与歌舞、茶与小说、茶与美术、茶与婚俗、茶与祭祀、茶与禅教、茶与楹联、茶与谚语、茶与故事、饮茶习俗、茶艺表演、茶具、茶馆文化、冲泡技艺、茶食茶疗、茶文化博览和茶文化与旅游等20多个方面。

2. 茶文化的内涵

茶文化的内涵极为丰富。茶文化的结构体系包括茶的物态文化、制度文化、行为文化、心态文化四个层次。物态文化是指人们从事茶叶生产的活动方式和与茶有关的产品的总和，包括茶叶的栽培、制造、加工、保存、化学成分、分类、疗效、历史文物、遗迹、茶诗词、茶书画、茶歌舞、饮茶技艺和茶艺表演等，也包括品茶时所使用的水、茶具以及桌椅、茶室等看得见摸得着的物品和建筑物。制度文化指人们在从事茶叶生产和消费过程中所形成的社会行为规范。如历史上统治者为茶叶生产、流通、税收等制订的管理措施，称为"茶政"，包括纳贡、税收、专卖、内销、外贸等。行为文化指人们在茶叶生产和消费过程中约定俗成的行为模式，通常是以茶礼、茶俗以及茶艺等形式表现出来。如客来敬茶的传统礼节、各地婚俗中出现的"茶礼"、祭祀，以及不同地域、不同民族的饮茶习俗等。心态文化指人们在应用茶叶的过程中所孕育出来的价值观念、审美情趣、思维方式等主观元素。如人们在品饮茶汤时所追求的以茶清心、以茶养廉、以茶养性、茶禅一味等，以及将饮茶与人生处世哲学相结合，上升至哲理高度，形成所谓的茶德思想、茶道精神等。

二 茶文化的基本特征

1. 发展过程的历史传承性

中华茶文化的形成和发展历史非常悠久。早在周武王时期，茶叶已作为贡品；战国时期，茶叶生产已有一定规模；先秦时《诗经》中有茶的记载；汉朝时茶叶成为佛教"坐禅"的专用品；魏晋南北朝时期，已有饮茶之风；而在隋朝，饮茶开始普及；唐代，茶业昌盛，茶叶成为文人雅士相互赠送的礼品，出现茶馆、茶宴、茶会，提倡客来敬茶；宋朝，流行斗茶、贡茶和赐茶；明清时期，茶艺进入茶馆，茶叶对外贸易发展迅速。茶文化正是伴随商品经济的出现和城市文化的形成而孕育而生的。虽然每个历史阶段茶文化的内容有一定差别，但茶叶的种植栽培、加工技术、品饮方法等却一代代传承下来，并且茶文化思想内涵逐步积累和丰富，最终形成具有传统特色的茶文化思想。历史上的茶文化注重文化意识形态，以雅为主，着重表现于诗词书画、品茗歌舞。茶文化在形成和发展中，融合了儒家、道家和佛家的思想哲学，并演变成为各民族的礼俗，成为优秀传统文化的组成部分，是一种独具特色的文化。

2. 创造主体的多元性

我国茶文化丰富多彩，不同层次的人对茶有不同程度的认识和理解，因此，茶文化的主体具有多元性。人民群众作为茶文化的创造者，不仅创造了茶文化物质成果，也创造了茶文化的精神财富。古往今来，那些围绕茶的发现、利用、创造以及有关茶事道理的阐发形成大量神话、传说、典故、民间故事，大多出自人民的创造。在长期生产实践和社会实践中，民众共同创造和遵守的"茶俗""茶礼"等行为模式和规则，也大多收集到中华茶文化的宝库中。中国古代的帝王将相，由于其特殊的地位与作用，使其对茶的热爱不仅影响了中华茶文化的发生与发展，而且许多王孙贵族更是茶文化建设的直接参与者。唐德宗始创茶税、宋徽宗撰写《大观茶论》、明朱元璋《罢造龙团》等，可以说不断完善了茶文化的制度文化。历代宗教界人士，更是以茶修身养性。他们烹泉煮茗、吟诗作画，对茶文化的发展起到了推动作用。茶在儒家文人眼里，不仅是传情之物，更是养德之物，因此文人把茶性与人性结合起来，不断发展茶文化，也极大地丰富了中国优秀传统文化。综上所述，我国茶文化具有创造主体的多元性特征。

3. 鲜明的时代特征

茶文化是产生于特定时代的综合性文化，带有东方民族的生活气息和艺术情调。饮茶是人类美好的物质享受与精神陶冶。随着社会的进步，饮茶文化已渗透到社会的各个领域和生活的各方面。茶文化发展至一定阶段后，无论是达官显贵，还是市井公民，都以茶为上品，虽然饮茶方式和品位不同，对茶的推崇和需求却是一致的。如在唐代，随着茶业的发展，茶已成为社会经济、社会文化中一重要组成部分。饮茶文化遍及大江南北，塞外边疆。唐文成公主远嫁西藏，带去饮茶之风，使茶与佛教进一步融合，西藏佛教寺庙出现各种形式茶会；宋代民间饮茶之风大盛，宫廷内外，到处"斗茶"。

物质文明和精神文明的发展给茶文化注入了新的内涵和活力，当前，茶文化内涵及表现形式正在不断扩大、延伸、创新和发展。新时期茶文化融入现代科学技术、现代新闻媒体和市场经济，使茶文化价值功能更加显著、对现代化社会的作用进一步增强。茶的价值使茶文化的核心意识进一步确立，国际交往日益频繁。当前茶文化传播的形式也呈大型化、现代化、社会化和国际化趋势。茶文化内涵迅速膨胀，对茶产业的影响日益增大，为世人瞩目。因此，茶文化是我国茶产业持续发展的动力和精神支柱，随着历史的发展、时代的变迁，茶文化内容也在不断创新和发展。

4. 表现形式的多样性

我国的茶文化不仅与饮茶有直接关系，还表现在饮茶文化与传统文化相结合，融入日常生活之中。如茶礼、茶俗、茶艺、茶婚俗等茶文化内容，不同社会阶层、不同人群具有不同的表现形式。茶文化从一种行为文化来看，始终贯穿于人民的日常生活之中，是人们在长期实践与交往中约定俗成的习惯行为，以民风和民俗形态出现，具有民族特性和地域特性的行为模式。从心态文化来看，茶文化长久地积淀在民族文化的深层，形成民族独特的心理结构，很难发生变化。因此，茶文化与民族文化生活相结合，形成了各具民族特色的茶礼、茶艺、饮茶习俗及婚俗。以民族茶饮方式为基础，经艺术加工和锤炼而形成的各民族茶艺，更富有生活性和文化性，表现出饮茶方式的多样性和生活的情趣性。譬如"客来敬茶"，自古以来就体现着中华民族重情好客的礼俗，在广大民众看来是普通习惯的生活现象，同时也是具有中华民族特色的茶文化内容。这一类蕴含民族精神、民族传统、民族性格的茶文化，对造就民族品格具有潜移默化的影响。

5. 显著的区域性特征

中国地广人多，受历史文化、生活环境、社会风情的影响，形成了中华茶文化的区域性。名茶、名山、名水、名人、名胜，孕育出各具特色的地区茶文化。受不同地区茶文化发展时期的影响，不同区域的种类不同，饮茶习俗各异，加之各地历史、文化、生活及经济差异，形成各具地方特色的茶文化。如在饮茶过程中，以烹茶方法而论，有煮茶、点茶和泡茶之分；以饮茶方法而论，有品茶、喝茶和吃茶之别；以用茶目的而论，有生理需要、传情联谊和生活品质提升之说。再如中国的大部分地区，对茶叶的品质需求，在一定的区域内，也是相对一致的。如南方人喜饮绿茶，北方人崇尚花茶，福建、广东、台湾人欣赏乌龙茶，西南地区一带推崇普洱茶，边疆兄弟民族爱喝再加工的紧压茶等。就世界范围而言，由于受中华茶文化影响的迟早与程度有差异，茶文化同各国的历史、文化、经济及人文相结合，演变成英国茶文化、日本茶文化、韩国茶文化、俄罗斯茶文化及摩洛哥茶文化等。在英国，饮茶成为生活的一部分，是英国人表现绅士风格的一种礼仪，是英国女王生活中必不可少的部分，也是重大社会活动中必需的议程。日本茶道源于中国，而今具有浓郁的日本民族风情，并形成独特的茶道体系、流派和礼仪。韩国人认为茶文化是韩国民族文化的根，每年5月24日为全国茶日。中华茶文化是各国茶文化的摇篮，这就是茶文化区域性的反映。作为经济、文化中心的大城市，以其独特的自身优势和丰富的内涵，形成独具特色的都市茶文化。

【第二节】中华茶文化与中国传统文化

一 中国传统文化的基本精神特征

中国传统文化博大精深，源远流长。中国文化的基本精神，是在中国文化中起主导作用、处于核心地位的那些基本思想和观念，是我们大家熟悉的，而不是高深莫测的玄思妙想。中国传统文化是世界文化中唯一一种延续几千年而没有中断的文化。在漫长的历史发展过程中，它既继承了前代宝贵的文化遗产，又吸收了异族文化的优势因子，还根据时代要求不断创新，因而其不仅具有丰富内涵，还保持着显著特点，是世界文化宝库中灿烂的明珠。作为中华民族几千年的文明结晶，其深刻的文化内涵对中华民族产生了深远而持久的影响，是维系中华民族内在情感的精神纽带和思想基础；由于中国文化丰富多彩，博大精深，表现中国文化基本精神的思想也不是单纯的，而是一个包含着诸多要素的思想体系。一般认为，它包含天人合一、以人为本、厚德载物、自强不息等基本精神。

1. 天人合一与以人为本的精神

天人合一是中国古代宇宙论的重要思想，是华夏先人的基本世界观和人生境界，也是中国传统文化中最根本的内容。天人合一的思想在中国有一个逐渐演化的过程。早在西周时期，天人合一思想开始萌芽。到春秋战国时期，天人合一观点基本形成。自宋以来，天人合一观点成为占主导地位的社会文化思潮，为各派思想家所广泛接受。可以这样说，天人合一是中国传统文化中核心的精神、基本的思维方式、醇美的生活理想和高的人生境界。天人合一思想强调人与自然的统一，人的行为与自然的协调，道德理性与自然理性的一致，充分显示了古代思想家对于主客体之间、主观能动性与客观规律之间关系的辩证思考。

以人为本是中国文化基本精神的重要内容。中国文化具有超越宗教的情感和功能，在中国文化中，神本主义始终不占主导地位，人本主义成为中国文化的基本精神。以人为本即强调内在与超越的结合、自然与人文的结合、道德与宗教的结合。它追求的是作为文化主体的人所应遵循的伦理规范及道德法则，对超然于现实之外的来生，则很少关注，具轻鬼神、重人事的特色。古代儒家一贯反对以神为本，坚持人文主义立场。东汉思想家仲长统以"人事为本,天道为末"的论述,精辟地概括了儒家的人本思想。宋明理学各派虽各以气、理、心为世界本体,但都反对灵魂不灭论,否认鬼神的存在,肯定人的主体性,强调道德理性对于人的境界的提升和社会发展的极端重要性。中国传统文化中"以人为本"的道德人本主义思想,把道德实践提到至高地位,对于人的精神的开发和个体道德自我的建立,有着十分重要的意义。

2. 厚德载物与中庸尚和的精神

中国传统文化非常重视厚德载物精神,要求人们重视道德修养,以宽阔的胸怀对待人和事。厚德载物这一命题最早出现在《周易》中,"地势坤,君子以厚德载物",认为大地包容着万物,有道德的人应如大地一样,胸怀宽广,能包容各方面的人,能容纳各种不同的意见。清代作家陈梦雷解释说:"地势之顺,以地德之厚也。厚,故万物皆载焉。君子以之法地德之厚,而民物皆在所载矣。""厚德载物"即以宽厚的心怀包含万物,对待事物有兼容并蓄的胸怀。"君子以厚德载物"是说有道德修养的人能宽容不同意见的人,提倡兼容并包、有容乃大的风格。厚德载物在历史上还表现为宽容、和谐待人,对各种意见做到"和而不同",即在容纳不同意见的同时,和合其正确的部分,而不是不讲原则的随声附和。

"和"是中华文化一个重要的精神内涵,但强调和而不同,史伯说"夫和实生物,同则不济。以他平他谓之和,故能丰长而物归之。若以同裨同,尽乃弃矣。"意即把不同的事物连接在一起,不同的事物相配合就达到平衡,称作"和"。"和"才能产生新事物,如果把相同的事物放在一起就只有量的增加不会发生质的变化,就不可能产生新事物,事物的发展就停止了。而要达到"和"的状态则在于保持"中"道,"中"指事物的"度",即不偏不倚,既不要过度,也不要不及,"中"也指对待事物的态度,既不"狂",也不"狷"。孔子将"持中"的办法作为实现并保持和谐的手段。贵和谐,尚中道,作为中华文化的基本精神之一,在中华民族和中国文化的发展过程中起着十分重要的作用。中西文化的一个重要差异,就是中国文化重和谐与统一,西方文化重分别和对抗,由此形成了重和去同的文化传统。

3. 刚健有为与自强不息的精神

刚健有为是中国文化中处理天人关系和人际关系的总原则,是对中国人积极的人生态度的集中概括。孔子说:"刚毅木讷近仁。"他认为刚毅和有为是不可分割的。曾参说:"士不可以不弘毅,任重而道远。"强调知识分子要有担当道义,不屈不挠的奋斗精神。《易传》对刚健有为、自强不息的思想作了经典的表述:天行健,君子以自强不息;天地之大德曰生。这种关于刚健有为的思想,不仅对知识分子,而且对一般民众也产生了强烈的激励作用。中国传统文化中也有柔静无为之说,但刚健有为的思想仍是中国文化的主导思想。刚健有为的精神,不仅在我们民族兴旺发达时期起过巨大的积极作用,而且在民族危难之际,也总是成为激励人们起来反抗侵略与压迫的强大精神力量。它所包含的崇德利用、和与中、天人协调的思想,分别解决了人自身、人与人、人与自然的关系问题,而刚健有为的思想则是处理各种关系的总原则。刚健有为、自强不息,是实现自我价值的起始和前提,是中国人的积极人生态度最集中的理论概括和价值提炼,也是人类在认识自我之后首先要建立的立命之说。中国传统"刚健有为"思想包含自强不息、积极入世、主动进取的精神,担当道义、不屈不挠的社会责任,正直充盈的独立人格和主动创造精神等。

中华茶文化的精神内涵

中华茶文化经过几千年的创造积累,已成为一个多民族、多社会结构、多层次的文化整合系统。它蕴涵着佛家的禅机、道家的清寂、儒家的理念。佛茶最初虽然是为了养生、清思,但禅宗使佛学精华与茶文化相互结合,佛理与茶理真正贯通,禅的哲学精神与茶的精神内涵融为一体。"茶禅一味",明心见性,创造了饮茶意境。最早以茶自娱的道家,虽然是从药理出发认识茶的作用,但饮茶后的神清气爽与道家修炼主张的内省相通后,道家从饮茶中得到自身与天地宇宙合为一气的真切感受,悟出饮茶是为了"探虚玄而参造化,清神身而出尘表"。儒家观念是中华茶文化的思想主体,例如,饮茶与中庸、和谐的伦理道德相连,民间茶俗与气氛欢快浓重的儒家乐感文化相沟通,养廉、雅志、励节与积极入世的操守,秩序、仁爱、敬意与友谊的规范,甚至饮茶可以蕴涵兴邦治国之道。

归纳起来茶文化的精神内涵主要体现在以下几个方面。

1. 入世精神

中国传统文化的特点之一是刚健有为与自强不息,也就是主张积极入世,注重现实，在现实当中追求人生的价值。纵观茶文化的形成发展史，文人在其中起了很大的作用，而中国的文人历来都讲究"天下兴亡，匹夫有责""以天下为己任"等，有很强的使命感和责任心。中国许多文人都借茶养廉、以茶雅志励节、并借茶表达积极入世的精神。唐代诗人卢仝的《走笔谢孟谏议寄新茶》即俗称的"七碗茶诗"，极为传神地描绘出了喝茶后的感受而为后世所赞同，而这首诗真正的点睛之笔却在最后一句："便为谏议问苍生，到头还得苏息否？"，这句诗表达了诗人在喝茶之余仍关心着民间的疾苦、关注社会的情怀。南宋诗人陆游一生写了三百首茶诗，也正是由于壮志未酬，而借茶来表达自己匡世济国的理想。

2. 乐道精神

乐道精神是指以求道、得道为快乐的精神。道是指人们精神上的向往与追求，它可以是一种理论，也可以是一种学说，还可以是一种高超的技艺。乐道精神主要是指人们通过物质的、感性的、生理的层面的真善美去追求精神的、道德的、理性的层面的真善美。茶文化中一个重要的词汇是"茶道"，这正表明儒家、道家、佛家茶人都是在借茶悟道。儒家茶人在茶中去领悟人生理念，道家借茶去体会"天人合一"的玄机，而佛家甚至认为茶禅一味，认为禅与茶通。

3. 和合精神

"和"是中华文化的一个重要内涵，儒家强调中庸尚和，以礼仪致和；道家强调天人合一，追求人与自然之和；而佛家则追求超越现世的主客体皆空的宗教式之和。因此，儒家之和，体现中和之美；道家之和，体现无形式、无常规之美；佛家之和，体现规范之美，"和"是儒、佛、道三教共通的哲学理念。有人认为陆羽在《茶经》中就表达了五行协调、中庸和谐的思想。唐代裴汶在《茶述》中也表达了"其性精清，其味浩洁，其用涤烦，其功致和"的观点。而宋徽宗在《大观茶论》中谈到"祛襟涤滞，致清导和"。这些都表明儒家茶人将和谐、中庸的思想引入了茶文化当中。儒家对和的诠释，在茶事活动中也表现得淋漓尽致。在泡茶时，表现为"酸甜苦涩调太和，掌握迟速量适中"的中庸之美；在待客时，表现为"奉茶为礼尊长者，备茶浓意表浓情"的明伦之礼；在饮茶过程中，表现为"饮罢佳茗方知深，赞叹此乃草中英"的谦和之礼。

三 中华茶文化与我国传统文化相通之处

1. 茶文化中的中庸之道

在漫长的茶文化历史中，中庸之道或"中和"一直是儒家茶人自觉贯彻并追求的某种哲理境界和审美情趣。这在许多的文化典籍如《尔雅》《礼记》《晏子春秋》《华阳国志》《桐君录》《博物志》《凡将篇》等内容中，都有所体现。而在《茶经》等茶文化专著中，也同样贯注了这种精神。无论是宋徽宗的"致清导和"，陆羽的谐调五行的"中"道之和，裴汶的"其功致和"，还是刘贞亮的"以茶可行道"之和，都有着中庸之道的深刻内涵。

在茶文化发展的漫长过程中，儒家茶文化注重人格思想，所谓高雅、淡洁、雅志、廉俭等，都是儒家茶人将中庸、和谐引入茶文化的前提准备。只有好的人格才能实现中庸之道，高度的个人修养才能导致社会的完美和谐。儒家认为中国人的性格就要像茶，清醒、理智、平和。茶虽然能给人一定的刺激、令人兴奋，但它对人总体的效果则是亲而不乱，嗜而敬之。品茶静思最终能使人心静、自省，使人能清醒看待自己，正确对待他人，冷静地面对现实，这是与儒家倡导的中庸之道相吻合的。因此，儒家便以茶的这种亲和力作为协调人际关系的手段。通过饮茶，营造一个人与人之间和睦相处的和谐空间，达到互敬、互爱、互助的目的，从而创造出一种尊卑有序、上下和谐的理想社会环境。

2. 茶文化中"天人合一"的思想

道家思想，一言以蔽之，就是"道法自然"。"天地生物，各遂其理"，茶是契合自然之物，茶道是"自然"大道的一部分。茶道无所不在地显示了自然。所谓"自然"者，对茶人来说，就是必须真正地以自然而然的态度与精神去合于"天然之道"，以素朴的人性与茶的本性契合。这些都是茶人从道家思想中得到启发并发展成为茶人的原则。

中国茶道强调"道法自然"，包含了物质、行为和精神三个层面。在物质方面，认为茶是"南方之嘉木"，是大自然恩赐的"珍木灵芽"，在种茶、采茶、制茶时必须顺应大自然的规律才能生产出好茶；在行为上，体现在茶事活动中，一切都要以自然为美，以朴素为美：动则如行云流水，静则如山岳磐石，笑则如春花自开，言则如山泉吟诉，举手投足之中都应发自自然，任由心性，毫无弄巧造作;在精神方面,"道法自然、返璞归真"表现为使自己的心性得到完全的解放,心境清静、怡然、寂寞、无为,仿佛与宇宙相融合,升华到"天人合一"的境界。

3. 茶文化的修身养性功能

古人对事茶品茗后的美妙感受记载颇多,如唐代诗僧皎然说:"一饮涤昏寐,情思爽然满天地;再饮清我神,忽如飞雨洒轻尘;三饮便得道,何须苦心破烦闷";唐代书法家颜真卿说:"流华净肌骨,疏瀹涤心源";晚唐诗人曹邺说:"六腑睡神去,数朝诗思清"。可见茶艺、茶文化活动,不仅让人获得知识、趣味、康乐和美的享受,而且可以释放久蓄的压力,放松心情,纯化心灵,获得人文关怀,提高自身的思想境界,以应付新的人生挑战。唐代刘贞亮平生喜欢饮茶,并将事茶的好处归纳为:"以茶散闷气,以茶驱睡气,以茶养生气,以茶除病气,以茶利礼仁,以茶表敬意,以茶尝滋味,以茶养身体,以茶可行道,以茶可雅志。"荣西禅师《吃茶养生记》表述:"贵哉茶乎,上通诸天境界,下资人伦矣,诸药各为一病之药,茶为万病之药而已。"由此可见,以身事茶,既可修身养性,又可"吐纳而常新"。

当代茶圣吴觉农先生认为:"(茶道是)把茶视为珍贵、高尚的饮料,饮茶是一种精神上的享受,是一种艺术,或是一种修身养性的手段。"吴觉农认为茶道是艺术、是修身养性的手段。庄晚芳先生认为:"茶道就是一种通过饮茶的方式,对人们进行礼法教育、道德修养的一种仪式。"

总的来说,茶道过程中的饮茶本质上是艺术性的饮茶,是一种饮茶艺术,这种饮茶艺术用中国传统的说法就是"饮茶之道"。修习茶道的目的在于养生修心,以提高道德素养、审美素养和人生境界,求善、求美、求真。因此,茶道是指以养生修心为宗旨的饮茶艺术,简言之,茶道即饮茶修道。中华茶道是饮茶之道和饮茶修道的统一,饮茶之道和饮茶修道,相辅相成,缺一不可。饮茶修道,其结果在于悟道、证道、得道。悟道、证道、得道后的境界,表现为一切现成,饮茶即道。饮茶即道是茶道的最高境界,茶人的终极追求。因此,中华茶道蕴涵饮茶之道、饮茶修道、饮茶即道三义。

4. 茶文化中的协调功能

"和"是规范人伦关系和人际关系的价值尺度。中华茶文化对于"和"的精神,

为什么学习茶文化

主要表现在客来敬茶、以礼待人、和诚处世、互敬互重、互助互勉等。通过饮茶、敬茶，形成了茶礼、茶艺、茶会、茶宴、茶俗以及茶文学等多种茶的表现形式，而实质内容则是以茶示礼、以茶联谊、以茶传情，达到的目的则是以茶健身、以茶养性、以茶表德。客来敬茶，以茶示礼，既是一种风俗，也是一种礼节。人们通过敬茶、饮茶，沟通思想，交流感情，创造和谐气氛，增进彼此之间的友情。这种习俗和礼节在人们生活中积淀、凝炼和阐发，成为中华民族独特的处世观念和行为规范。具体体现在人伦关系与人际行为上，就是以和谐、和睦、和平为基本原则，来达到社会秩序的稳定与平衡。例如，在人际关系的处理上，诚信、宽厚、仁爱待人是一种"和"；遇到矛盾时，求大同、存小异，是一种"和"；在激烈的竞争中，坚持公平、公开、公正的原则，也是一种"和"；对待纷繁、浮躁的世俗生活，要求平心静气，则是另一种"和"。例如，成都"吃讲茶"，是指旧时解决纠纷的一种方法。即发生争执的双方到知名人士家中拜访，请其出面到茶馆喝茶，评判是非。总之，茶文化崇尚以"和"为目标的价值取向，对于构建和谐文化，建立团结和睦、和诚相处、和谐一致的人伦和人际关系，有着十分重要的意义。

【第三节】为什么要学习茶文化

一 茶文化体系的构成

茶文化是以茶叶为主体，包含人文和社会科学的一门学科，是人文和社会学科的结合，它是人类在社会历史发展过程中所创造的有关茶的物质财富和精神财富的总和。茶文化体系主要包括茶史学、茶文化社会学、饮茶民俗学、茶的美学、茶文化交流学、茶文化功能学等内容。物质形态表现为茶叶的栽培、制造、加工、保存、化学成分、分类、疗效、历史文物、遗迹等看得见、摸得着的物品。精神形态表现为茶德、茶道精神、以茶待客、以茶养廉、以茶养性、茶禅一味等。

可以说，茶文化是在饮茶活动过程中体现出来的，是人们在品茗活动中一种高品位的精神追求。作为一种传统文化，它不仅与儒家思想的中庸、和谐、积极入世有着相互映衬的一面，还与道家思想的审美观有着密不可分的联系，并对古代中国文人士大夫的精神世界产生了巨大影响，逐步成为一种深入民间的特有习俗。茶文化作为一种人文精神的思维轨迹实际上是把茶的自然属性与传统美德联系在一起，把人们崇尚的道德情操和人们追求的高尚品质及人格赋予到具体的茶及各种茶事活动中，使之升华为茶道文化，使得茶的精神内涵（自然、朴实、淡泊、清纯等）与人们倡导追求的高尚道德情操（朴实、礼让、勤俭、奉献等）融为一体，这就是我们常说的茶之精神。

茶文化体系的核心思想与茶人精神

1. 茶文化体系的核心思想

中华茶文化经过几千年的创造积累，已成为一个多民族、多社会结构、多层次的文化综合系统，它蕴涵着佛家的禅机、道家的清寂、儒家的理念。佛茶最初是为了养生、清思，但禅宗使佛学精华与茶文化相互结合，佛理与茶理真正贯通，禅的哲学精神与茶的精神内涵融为一体。以茶自娱的道家从饮茶中得到自身与天地宇宙合为一气的真切感受，悟出饮茶的目的是"探虚玄而参造化，清神身而出尘表"。儒家观念是中华茶文化的思想主体，养廉、雅志、励节与积极入世的操守，秩序、仁爱、敬意与友谊的规范，饮茶与中庸、和谐的伦理道德相连，民间茶俗与气氛欢快浓重的儒家乐感文化相沟通。例如，儒家讲究"以茶可行道"，是"以茶利礼仁"之道。所以这种茶文化首先注重的是"以茶可雅志"的人格思想，儒家茶人从"洁性不可污"的茶性中吸取了灵感，并应用到人格思想中。因为他们认为饮茶可自省、可审己，而只有清醒地看待自己，才能正确地对待他人；将饮茶与人生处世哲学相结合，上升至哲理高度，形成所谓茶德、茶道等，这是茶文化的最高层次，也是茶文化的核心部分。因此，茶文化的核心思想应归之于儒家学说，并且这一核心是以礼教为基础的"中和"思想。

2. 茶文化体系中的茶人精神

茶人精神是指茶人的形象或者说茶人应有的道德情操、风范、精神面貌。"默默地无私奉献，为人类造福"是"茶人精神"的朴素表达。以茶喻人，以茶树为榜样的茶人指具有这种博大胸怀、无私奉献精神的人。范增平先生将茶人的精神归纳为四点：① 理性的思考：作为一个茶人凡事能做理性的思考，有所为、有所不为。② 沉着的修养：有沉着的修养，该做的事，虽千万人，吾往矣！不该做的，一定要坚守"富贵不能淫、贫贱不能移，威武不能屈"的大无畏精神。③ 坚毅的信仰：有坚毅的信仰，就能择善固执，不畏讥怕逸，明是非、辨善恶，众善奉行，诸恶莫做。④ 正义的行为：为追求真理，只问是非、善恶，不计利害得失，只要是合乎社会正义，符合大众公平的道理，就是赴汤蹈火，也在所不惜。茶人精神体现了当代社会主义精神文明建设的内涵，在社会主义物质文明高速发展的形势下，社会主义精神文明建设需要这种茶人精神，即具有博大的胸怀，立志为人民造福，甘于默默无私奉献的精神。

三 茶文化体系的素质教育功能

茶文化作为一种人文精神的思维轨迹，实际上是把茶的自然属性与传统美德联系在一起，把人们崇尚的道德情操、人们追求的高尚品质和人格赋予具体的茶及各种茶事活动中，它不但可以去病养生，促进身体健康，而且还可以修身怡情，陶冶人的情操，引导人们养成良好的行为习惯，同时也可以增长知识，提高审美情趣，促进社会的精神文明建设，这充分体现了它的素质教育功能。我国台湾学者指出，茶文化教育将是未来对学生品格教育最方便也最深入的渠道之一。茶文化对人的感染力是全方位的，不局限在某一个层面上。它在人格塑造、情操追求、道德修养等方面的内容，对大学生树立正确的人生态度、实现人生幸福目标，具有重大意义和作用。

1. 茶德思想可引导树立正确的人生态度

大学生正处于世界观、人生观和价值观形成的关键时刻，确立什么的理想信念，对他们一生走什么样的路，做什么样的人都有着重要的影响。大学生通过学习茶文化课程和领悟茶德思想，可自省、可审己，而只有清楚地认识自己，才能正确地对待他人，有利于调整人际关系、平衡人的心态，解决现代人的精神困惑，对稳定社会秩序和精神文明建设有着重要作用。可以说，茶德思想可以为当代大学生培养健康向上的人生理想提供深刻启迪。

2. 茶道精神有助于处己立身

茶道精神以"和"为主要内容，以和为贵、以茶会友，发扬儒家中庸思想，可以塑造大学生的精神，培养大学生的品质。茶道精神蕴含着的处世哲学理念不仅有利于学生树立正确的人生观、价值观和世界观，而且还可以增强他们的爱国主义情感和文化自信。

茶道精神不仅可以帮助学生正确协调同学之间的关系，还可以陶冶情操、修身养性，通过学习茶道精神，可以更好地去适应现代社会，成长为对社会有用的人才。茶道精神作为素质教育的重要资源之一，本身就可以有效推动心理健康教育的发展。因此，如将茶道精神与高校的心理健康教育进行融合，可以更好提升学生的心理健康水平。而在思政课程中引入和谐的茶道精神，可以引导大学生在合作中学习，与他人和谐相处，建立良好的人际关系。

3. 茶道精神有助于内省自律，自我完善

茶文化的本质是要从茶中得到感悟，并可与人的追求相关。这种相关性与茶相联系，使得人们从细致入微的感官感受去感悟体验，甚至去思考一些以前没有的认识，有助于大学生在自我认识中进一步实现自我超越。通过接受茶文化的教育感受人生智慧的启迪，是茶文化以人为本的重要体现，自然也是素质教育的主要目的。茶的生命本质与人的成长有相似性，茶文化也因此可与人生的本质相联系，引导人们感受到由茶所引发的思考或排除心理障碍，以从茶中得到的启示去实践他们的目标而努力，这是茶文化课程的重要性所在。通过参与茶文化和茶事活动可缓解人们的精神压力，使自己的身心得到放松，以便保持充沛的精力和良好的情绪来完成自己的工作，迎接新挑战。

4. 茶人精神有助于培养大学生的奉献精神

茶是世界三大天然饮料中广为普及的饮料。茶，树植根大地，四季常绿，常采不败，永葆青春，给世界以清新，给人类以健康。茶人也是这样，他们不求功名利禄、升官发财，不慕高堂华屋、锦衣美食，不沉溺于声色犬马、灯红酒绿，大多茶人一生勤勤恳恳、埋头苦干、清廉自守、无私奉献。茶学研究人员历来倡导这种精神，当代大学生是祖国的未来，更需要有这种精神。

5. 茶文化有利于丰富自身知识结构

茶文化根植于华夏文化，其体系中渗透了古代哲学、美学、伦理学、文学及文化艺术等理论，并融汇了儒、道、佛各家的思想和传统文化的精髓。同时，饮茶又是美学教育、陶冶情趣、修身养性的过程。弘扬茶文化可以增长知识，提高青年学生的文化修养和审美能力。内容丰富的茶艺、茶道都容纳了礼仪、道德、科学与艺术的内容，通过欣赏茶歌、茶舞和茶音乐，可以提高欣赏美和创造美的能力；茶与一定的历史文化相融合，涉及生活的方方面面，上至社会的规章、制度与法律，下至各种的风俗、风气与习惯，以及以茶为主题所产生的各种茶诗、茶楹联和茶画，这些都能拓宽学生的视野，增加他们的人文知识；博大精深的茶文化，可培养学生的专业兴趣，强化他们的专业思想。

总而言之，茶文化已成为具有丰富内容、深刻思想内涵的动态的综合体系。当今社会各领域科学前沿内容飞速发展，交叉区域也促进了许多边缘学科的发展，如生物化学、生态经济学等。当代大学生如果将茶文化知识融入自己的知识结构中，通过学习茶文化知识，能够不断提高自己的修养。

总结：茶在中国已经超越了自身固有的物质属性，迈入一个精神领域，成为一种修养。茶文化体系，经探索、实践和丰富完善，能够为提高大学生基本素质作出应有的贡献。我国传统茶文化的基本精神是以德育为中心，注重人的思想、品德和个人的修身养性，重视人的群体价值，倡导和谐处世、化解矛盾、增进团结、无私奉献，反对见利忘义和唯利是图，毫无疑问这对于培养大学生个人修养具有重要意义。近年来，随着茶文化事业的发展，越来越多的高校开设了茶文化课程，因此，把我国传统茶文化教育和当代德育要求融合在一起，发挥传统茶文化精髓对大学生德育有积极作用，可增强高校德育的实效性。另外，茶文化作为一种渐进式的教育方式，并不是立刻就会取得明显成效的，而应与学校的校园文化建设相结合，并融合其中，作为一项长期的活动来开展，并且可与茶学专业的专业课程相结合，这样不但可强化学生的专业知识，而且也可将一种潜在教育渗透到学生身上，潜移默化地影响他们，使他们从中受到人生观、世界观、价值观的教育，受到美的熏陶。

参 考 文 献

[1] 沈佐民，曹刚. 对茶文化内涵的初探［J］. 中国茶叶加工，2002，(2)：39~41.

[2] 高旭晖，张子强. 论茶文化与当代大学生的素质培养［J］. 中国茶叶加工，2003，(2)：36-38.

[3] 吴觉农. 茶经述评［M］. 2版. 北京：中国农业出版社，2005：185.

[4] 庄晚芳. 庄晚芳茶学论文集［M］. 上海：上海科学技术出版社，1992：428-429.

[5] 黄晓琴. 茶文化的兴盛及其对社会生活的影响［D］. 杭州：浙江大学，2003.

[6] 范增平. 试论茶人的精神［J］. 茶讯，2006，4：20.

[7] 黄志根. "中国茶文化"学科体系的试论述［C］. 中国茶叶学会第三届海峡两岸茶业学术研讨会论文集，2003：379-385.

[8] 周树红，王建军，翁蔚. 弘扬校园茶文化对高校人才培养的作用［J］. 高等农业教育，2000，04：24-26.

[9] 黄志根，赵启泉，汤一等. 高校茶文化课程与提高学生文化素养的探索和实践［J］，高等农业教育，2001，3(117)：61-63.

[10] 张红霞. 中国传统文化的基本精神及其当代传承［J］. 中国石油大学学报：社会科学版，2013，29（1）：91-96.

[11] 周振华，李扬. 中国传统文化的基本精神及其对构建社会主义和谐社会的意义［J］. 上饶师范学院学报，2009，29（1）：35-38.

第二章 茶及茶文化的起源与发展

【第一节】 茶文化的起源和发展

一 茶树的起源和原产地

茶的起源

中国是茶的原产地。中国从发现和利用茶至今,已有约5000年的历史,人工栽培茶树,也有3000多年历史。1753年,植物学家林奈把茶的学名定为"Thea sinensis",根据这一分类方法,茶树属于被子植物门、双子叶植物纲、山茶目、山茶属、茶种,起源于中国西南地区。

中国西南地区作为茶树起源地的证据有很多。从茶树的自然分布来看,全世界山茶科植物共有23属、380余种,而在中国就有15属、260余种,且大部分分布在云南、贵州和四川一带。山茶科、山茶属植物在我国西南地区的高度集中,说明了我国西南地区就是山茶属植物的发源中心,当属茶的发源地。同时,自第四纪以来,云南、四川南部和贵州一带,由于受到冰河期灾害较轻,因而保存下来的野生大茶树也最多。既有大叶种、中叶种和小叶种茶树,又有乔木型、小乔木型和灌木型茶树。从茶树的进化类型来看,茶树在其系统发育的历史长河中,总是趋于不断进化。因此,凡是原始型茶树比较集中的地区,当属茶树的原产地。茶学工作者的调查研究和观察分析表明:我国西南云、贵、川三省及其毗邻地区的野生大茶树,具有原始茶树的形态特征和生化特性。这也证明了我国的西南地区是茶树原产地的中心地带。

20世纪70、80年代,日本学者志村桥、桥本实从细胞遗传学角度和形态学角度,对自中国东南部的台湾、海南茶区起,直至缅甸、泰国、印度的主要茶区的茶树进行了全面系统的分析比较,结果认为:茶树的原产地在中国的云南、四川一带。我国著名茶学专家庄晚芳从社会历史的发展、大茶树的分布及变异、古地质变化、茶字及其发音、茶的对外传播五方面作了深入细致的分析后认为,茶树原产地在我国云贵高原以大娄山脉为中心的地域。

二 茶的发现与最初利用

对于茶叶的利用起源说法不一,有的认为茶叶开始于药用,也有人认为茶叶最初是食用，还有一种观点是食用和药用交叉进行。有人认为，茶"由祭品而菜食，而药用，直至成为饮料"；还有的认为，"最初利用茶的方式方法，可能是作为口嚼食料，也可能作为烤煮的食物，后来逐渐为药料饮用"。归纳起来，对茶的利用，有如下几种说法。

1. 食用阶段

我们的祖先在发现茶树的早期，最先是把野生茶树上嫩绿的叶子当做新鲜"蔬菜"或"食物"来嚼吃的，或是纯粹当做蔬菜，或是配以必要的佐料一起食用，这是我们祖先利用茶叶最原始的方式。这种史实从古代文献中也可窥一二。如"未有火化，食草木之实、鸟兽之肉，饮其血，茹其毛"（《礼记·礼运》），人们采集各种植物作为食物，那么茶叶被当做野菜食用的可能性是很高的。茶叶最早应该是生食的，其后有了火和陶器，茶叶开始与其他食物一起进行煮食。我国西南少数民族至今仍保留有食用茶叶的习俗，如基诺族的凉拌茶、侗族的油茶。根据现有史料记载，这种"吃茶"方法，一直流行到魏晋初期或此之前，历时约3000年。据三国魏张揖的《广雅》记载："……荆巴间采茶作饼，叶老者，饼成，以米膏出之。欲煮茗饮，先炙其色赤，捣末置瓷器中，以汤浇覆之，用葱、姜、橘子芼之。"这就是说，当时的饮茶方法已经从直接用茶鲜叶煮作羹（粥）饮，开始转向先将制好的饼茶炙成"色赤"，再捣碎成茶末之后"置于瓷器中"烧水煎煮，加上葱、姜、橘皮等作料，调煮成"茶羹"，供人饮用。

2. 药用阶段

在食用茶叶的过程中，远古先民发现茶叶具有清热、解毒等功效，随即将其作为药用。有关茶为药用最早的记载是《神农本草》："神农尝百草，日遇七十二毒，得荼而解之。"其中的"荼"便是茶。随着茶叶的广泛使用，人们对它的药用功能越来越了解。最初对于茶的功效的记载有《神农食经》："茶茗久服，令人有力、悦志。"另外，陆羽《茶经·七之事》记载：司马相如在《凡将篇》中列举了20多种药材，其中就有"荈"，即茶叶；东汉华佗的《食论》云："苦荼久食，益思"，可以认为是对《神农食经》"茶茗久服，令人有力、悦志"说法的再次论证。西汉以及西汉以后的论著对茶药理作用的记述更多更详细，这说明茶作为药用越来越广泛，也从另一个方面证明茶在作为正式饮料前还主要用作药物。

3. 饮用与食用阶段

茶的饮用是在食用和药用的基础上进行的。随着人们对茶叶的药用及其色、香、味的不断认识和利用，茶叶逐步成为人们日常生活不可缺少的一部分，更是上流社会生活崇尚的物质与文化消费品。到西晋时期，人们不再仅仅把茶汤当做一种饮料或药汤，而是把饮茶活动当做艺术欣赏的对象或审美活动的一种载体，在对茶叶的认知和饮用上，开始了品饮与欣赏的"饮茶"阶段。这一阶段的根本特征就是把饮茶与吃饭分开，并开始讲究煮茶与鉴茶的"技艺"。根据目前掌握的史料，关于"饮茶"阶段的起源，最少可以追溯到西晋以前。西晋诗人张载在《登成都白菟楼》中"芳茶冠六清，溢味播九区"的诗句，已经在描写对茶叶芳香和滋味的感悟。西晋杜育的《荈赋》除了描述茶树生长环境和茶叶采摘外，还对饮茶用水、茶具、茶汤泡沫及茶的功效等进行了描述。魏晋南北朝时期，长江以南地区开始将饮茶与吃饭分开，这可以视为茶叶"清饮法"的开端，但在饮用形式上还没有将茶渣（末）与茶汤分开，而仍沿袭着"汤渣同吃"的"羹饮法"。这一时期茶叶饮用方法的创新主要表现在两个方面：一种是"坐席竟下饮"，即饭后饮茶；另一种是王濛的"人至辄命饮之"式的客来敬茶，与吃饭已经完全无关。到唐、宋时期，"煎茶""斗茶"蔚然成风，这种茶叶与茶汤同吃的古老"羹饮法"仍然得到继承和发展。如唐宣宗十年（公元856年）杨晔的《膳夫经手录》所载："茶，古不闻食之，今晋、宋以降，吴人采其叶煮，是为茗粥。"

4. 泡饮阶段

随着茶叶加工方式的改革，我国成品茶已经由唐代的饼茶、宋代的团茶发展为明代的炒青条形散茶，因此人们饮茶时不再需要将茶叶碾成细末，只需把成品散茶放入茶盏或茶壶中直接用沸水冲泡即可饮用。这种散茶"直接冲泡法"（又称"泡茶法"或"瀹茶法"）尽管在元代已经出现，但是真正成为主流饮用方法并取代宋代点茶法，是在明太祖朱元璋废除团茶而改成进贡芽茶之后。明代"泡茶法"分为"上投法""中投法"和"下投法"三种，其中应用最多的"下投法"的基本流程包括鉴茶备具、茶铫烧水、投茶入瓯（壶或盏）、注水入瓯和奉茶品饮。这种瀹茶法后来又演变发展成为盖碗泡法和玻璃杯泡法，一直沿用至今，并成为当今主流的饮茶方式之一。

三 饮茶文化在国内的传播

随着茶叶作为饮料的普及,中华茶文化由内而外,由近及远地不断传播于中华大地各族人民之间,并传至海外,闻名于世。茶在国内的传播途径是通过商人带到全国各地。茶的对外传播途径主要是通过来华的僧侣、使节、商人等将茶叶带往各个国家地区。

1. 饮茶文化兴起于何地

我国的饮茶起源和茶业初兴的地方,是在古代巴蜀或今天四川的巴地和川东。陆羽《茶经》所载:"巴山、峡川有两人合抱者,伐而掇之",由此可见,至唐朝中期,这一带即发现了野生大茶树。有人估计,两人合抱的茶树,其树龄应在千年以上,大多应该都是战国以前生长的茶树,据此可以推测,"巴山、峡川"也是我国茶树原始分布的一个中心。

在《华阳国志·巴志》讲到西周初年的情况时提到:"武王既克殷,以其宗姬于巴,爵之以子……鱼盐铜铁、丹漆茶蜜……皆纳贡之。"这里记述到,在周武王灭殷以后,巴蜀一些原始部族,一度也变成了宗周的封国,当地出产的茶叶和鱼盐铜铁等各物,悉数变成了"纳贡"之品;而且明确指出,所进贡的茶叶,"园有芳蒻(竹)香茗……",不是采之野生,而是种之园林的茶树。由此可见,在当时茶叶已经成为当地人经常饮用的植物资源。

2. 饮茶习俗的早期传播

"自秦人取蜀而后,始有茗饮之事。"秦统一全国后,巴蜀一带,尤其是成都,成了中国早期茶业发展的重要地区,并且影响了以后中国茶叶传播的路线和速度。从秦汉到两晋,巴蜀一直是我国茶叶生产和技术发展的重要地区。

汉代,茶叶贸易已初具规模,成都一带已成为我国最大的茶叶消费中心和集散中心,当时的成都是"芳茶冠六清,溢味播九区"。据考证,成都以西的崇庆、大邑、邛崃、天全、名山、雅安、荥径等地已成为茶叶的重要产区。

西汉王褒的《僮约》(公元前59年)是反映古代茶业的最早记载,其中有"武阳买茶,烹茶尽具",反映了当时饮茶已与人们的生活密切相关,且富实人家饮茶还有专门的茶具。

荼陵（今茶陵）县是西汉时设置的县。《荼陵图经》记载："荼陵县因陵谷产茶而得名。"表明时至西汉，茶已传播到了今湖南、湖北一带。

从东汉到三国，茶业又进一步从荆楚传播到了长江下游的今安徽、浙江、江苏等地。三国时魏人张揖在《广雅》中提到："荆巴间采茶作饼，成以米膏出之"，这是我国最早有关制茶的记载，也表明三国及以前，我国所制茶叶为团饼茶。

两晋时期，饮茶习俗传播到北方贵族。南方种茶的范围和规模也有了较大发展，长江中下游茶区逐渐发展起来。荆巴茶业已可相提并论。西晋杜育《荈赋》中描写，"灵山惟岳，奇产所钟，厥生荈草，弥谷被岗"，反映了晋时南方茶叶生产的繁荣景象。《荆州土地记》记载："浮陵（即武陵）茶最好""武陵七县通出茶，最好"。可见，晋时长江中下游茶区的生产规模和茶叶品质，均不亚于巴蜀。

东晋时期，有识之士借茶叶以倡俭朴，士大夫之间以茶为礼，也推动了茶业与茶文化的发展。到南北朝时，我国产茶区域，已东及浙江的温州、宁波，北至江苏宜兴。一些名山名寺也陆续开始种茶，如江西庐山，浙江天台山、径山，四川青城山、峨眉山，安徽九华山、黄山等地，都有名茶出产。

历史上的隋唐宋元时期，是我国封建社会的鼎盛期，也是古代茶业的兴盛阶段。茶从南方传到中原，再从中原传到边疆少数民族。消费层次扩展至庶民百姓。茶叶逐渐发展成为举国之饮。栽茶规模和范围不断扩大，生产贸易重心转移到长江中下游地区的浙江、福建一带。植茶、制茶技术有了明显的进步，茶类生产开始由团饼茶向散茶转变。茶书、茶著相继问世，茶会、茶宴、斗茶之风盛行。

隋朝时期，饮茶在北方逐渐普及开来。隋炀帝命修凿大运河，促进了南北方经济文化的交流，也为以后茶业的迅速发展创造了条件。

唐代茶业日益繁荣。中唐时期，是古代茶业的大发展时期。《膳夫经手录》（856年）记录了唐朝茶业的发展过程："茶，古不闻食之……至开元、天宝之间，稍稍有茶，至德、大历遂多，建中之后盛也。"封演的《封氏闻见记》中记载："古人亦饮茶耳，但不如今人溺之甚；穷日尽夜，殆成风俗。始之中原，流于塞外。"该书描述从山东的邹县、历城、惠民和河北的沧县，一直到陕西西安，许多城镇开办茶店，处处都可买到茶喝。这反映了中唐时期茶叶消费的盛况，以及茶从南方传到中原，再从中原传向塞外的过程。唐朝南方所产茶叶，大多沿大运河销往北方。扬州是唐代南茶北运的主要中转站。各地所产茶叶往往有较固定的销售市场。如新安茶（今蜀茶），主销今西南、华南、华中地区；浮梁茶，主销关西、山东一带；歙州、婺州茶，主销今河南、河北一带。

3. 茶向边疆传播

（1）西藏　茶入西藏的最早记载是在唐代。唐代的文成公主进藏，是出于安边的目的，与此同时，也将当时先进的物质文明带到了西藏。据《西藏日记》记载，文成公主随带物品中就有茶叶和茶种，吐蕃的饮茶习俗也因此得到推广和发展。到宋代时，西藏地区饮茶大兴。

（2）西北地区　西汉时，武帝派张骞出使西域，由此开通了丝绸之路，茶叶开始向西北地区传播。中原地区由于需要战马，西北民族便开始用战马与中原交换茶叶，从汉代到明代，除了元代，茶马交易一直在边疆盛行。金朝在同宋朝不断进行的战争中，也逐渐从宋朝那里学得饮茶之法，而且饮茶之风日甚一日，茶饮地位不断提高。例如，《松漠记闻》载，女真人婚嫁时，酒宴之后，"富者遍建茗，留上客数人啜之，或以粗者煮乳酪。"同时，汉族饮茶文化在金朝文人中的影响也很深。

（3）西南地区　地处我国西南边陲的滇、藏、川"大三角"地区，早在西汉时期，这里的各族人民就在深山密林中开辟驿道，马帮成为唯一的交通工具。人们用马帮把这里的特产茶叶等物资驮运出去，与外界进行互市交流。这就是广为人知的、以茶为主要物资的"茶马古道"。《普洱府志》〔光绪〕卷十九《食货志》载："普洱古属银生府，则西蕃之用普茶，已自唐代。"茶马古道的形成，不仅沟通了四川、西藏、云南、贵州、重庆等国内各省区市，而且延伸到印度、尼泊尔及东南亚国家，成为连接地域文化的重要纽带，在我国茶文化的传播过程中起到了极为重要的作用，在沟通中外经济文化交流方面有着极重要的历史地位，影响深远。另外，西南丝路也是我国西南地区各民族对外贸易的又一条重要商路，茶叶也是在这条商路上输出的重要商品。公元前3世纪庄跻入滇、秦人取蜀之后，因战争原因，许多少数民族迁往缅甸、越南、老挝、泰国和印度，茶文化也由此传入这些地区。据云南省茶叶科学研究所蒋铨考证，"缅北大茶山茶树也是'濮人（今布朗族、佤族和德昂族的先民）'所栽的"。

【第二节】中国古代茶文化发展阶段

一 茶文化萌生时期的饮茶方式

如前所述,从西晋至南北朝和隋朝,直到中唐陆羽《茶经》成书这一时期被称为中国茶文化萌生期。这一时期人们对茶的利用完成了由药用和食用到饮用为主流的发展转变。

茶文化萌生初期的茶或是用鲜叶或干叶煮成羹汤食用,或者在茶中加入各种香料如茱萸、桂皮、葱、姜、枣等煮成汤汁做药饮。晋郭璞注《尔雅》对"槚,苦荼"的注释:"树小如栀子,冬生叶,可煮作羹饮。今呼早采者为荼,晚取者为茗,一名荈,蜀人名之苦荼"。"羹"是指用肉类或菜蔬等制成的带浓汁的食物,今指煮成或蒸成的浓汁或糊状食品。唐皮日休《茶中杂咏》序说:"自周以降及于国朝茶事,竟陵子陆季疵言之详矣。然季疵以前称茗饮者,必浑以烹之,与夫瀹蔬而啜者无异也。""与夫瀹蔬而啜者无异也"说明喝茶汤跟喝蔬菜汁一样,也就是说西晋到中唐陆羽《茶经》成书之前,茶叶主要是当菜煮饮的。后来人们在食用和药用过程中发现茶的饮用价值,在食物不再匮乏,吃"羹"、喝"粥"已成习惯的条件下,茶才慢慢转化为主要作为饮品。

二 茶文化的最初成形与煎茶法的发展

1. 茶文化的最初成形与推动因素

茶文化的最初成形是在唐代。唐代陆羽所著《茶经》第一次总结和全面反映了饮茶文化功能与审美相结合的特征,标志着饮茶美学诞生和中华茶文化的最初成型。其后,裴汶撰写《茶述》,张又新撰写《煎茶水记》,温庭筠撰写《采茶录》,皎然、卢仝作茶诗茶歌,使饮茶文化日益普及。

尤其是中唐以后,随着饮茶文化的普及,大批文人介入茶事活动,以孟浩然、李白、皎然、卢仝、白居易、皮日休、陆龟蒙、元稹等为代表的诗人都留下了脍炙人口的茶诗,对唐代品茶艺术的发展产生了积极的影响。文人饮茶,提升了饮茶的文化品位,使品茗成为一种艺术享受,他们强调从审美的角度来品赏茶汤的色、香、味，更注重追求一种精神感受。

唐朝茶文化之所以能够形成与发展，其推动因素除了上述的茶文化外，还包括经济因素、宗教因素和政治因素。首先，唐王朝作为我国历史上一个繁荣的朝代，在很多方面都得到了长足的进步；其次，从唐代的政策法令可以发现，唐王朝非常关注中下层百姓的生活，为饮茶文化在社会大众中推广打下了坚实的政治基础。最后，唐代有"贡茶"制度，在重要产区设有贡茶院，以便加工贡茶，供皇家享有；这种贡茶除了皇家自己享用之外，还常常用作御赐之品，赏赐给官员们。如此一来，就大大推动了饮茶文化的发展。

2. 唐代饮茶方式——煎茶法

唐代饮茶方式主要为煎茶法，煎茶法包括列具、取火、炙茶、碾茶、罗茶、择水、煮水、投盐、备汤、旋汤、投茶、育华、酌茶等过程。

（1）列具　即茶具选择与准备的过程。

（2）取火　陆羽对于煎茶煮水燃料的选择十分苛刻，燃料最好是用木炭，其次是硬柴，不可以用那些沾染了膻腻和含油脂较高的柴薪以及已经朽烂的家具。"其火，用炭，次用劲薪。其炭曾经燔炙为膻腻所及，及膏木、败器，不用之。"

（3）炙茶　炙烤茶饼，其作用一是烘烤茶叶使其干燥，利于碾末；二是进一步激发茶的香气。

（4）碾茶、罗茶　茶饼烤好之后就趁热装入纸袋，隔纸袋敲碎。纸袋既可保香，又可以防止茶末飞溅。继而入茶碾碾成末，用罗合筛出细末。

（5）择水　陆羽对于煮茶用水有"其水，用山水上，江水中，井水下"，"其山水，拣乳泉石池漫流者上……其江水，取去人远者。井，取汲多者"。认为山水出于乳泉石池的流动缓慢的水为好，适合煮茶，而江水一般污染较大，因此去少有人去的地方取水较洁净，井水要去使用频繁的井汲取，因为"汲多则水活"，水比较洁净、鲜活，适合煮茶。

（6）煮水　陆羽对于水温的判断有"三沸"之说："其沸如鱼目，微有声为一沸，缘边如涌泉连珠为二沸，腾波鼓浪为三沸，已上水老不可食也"。

（7）投盐　当水初沸的时候，根据水量按比例加入盐。

（8）备汤　二沸时，舀出一瓢水放在熟盂中。

（9）旋汤　用竹夹旋激沸水中心使其形成漩涡。

（10）投茶　量取适当茶末从漩涡中心投下。

（11）育华　等到水沸腾翻滚，放入之前舀出的水止沸，使其孕育沫饽，称为育华。

（12）酌茶　即用瓢将茶舀出。这一步也是十分讲究，当水第一次沸腾时，要去掉水面上形成的一层类似黑云母的水膜。酌茶时，将第一瓢茶称为"隽永"，要放在熟盂中以备孕育沫饽或止沸之用，然后依次舀出几碗茶，各碗中的沫饽要均匀，因为"沫饽，汤之华也"。茶分好之后要趁热饮用，"如冷，则精英随气而竭"。

3. 唐代茶人饮茶意趣与精神追求

（1）唐代饮茶意趣的文人诗化特征　中唐以后，饮茶开始普及，唐朝是诗的国度，大批文人介入茶事活动，《全唐诗》中以"茶"字为诗题的咏茶诗有112篇，诗人有61人，孟浩然、李白、皎然、卢仝、白居易、皮日休、陆龟蒙、元稹等都留下了脍炙人口的茶诗，对唐代品茶艺术的发展产生了积极的影响。文人饮茶，提升了饮茶的文化品位，使品茗成为艺术享受，他们强调从审美的角度来品赏茶汤的色、香、味，更注重追求精神感受。唐代饮茶意趣也在众多唐代茶诗中被描画得淋漓尽致，比如诗僧皎然的《饮茶歌诮崔石使君》描述如下：

> 越人遗我剡溪茗，采得金芽爨金鼎。
> 素瓷雪色飘沫香，何似诸仙琼蕊浆。
> 一饮涤昏寐，情思爽朗满天地；
> 再饮清我神，忽如飞雨洒轻尘；
> 三饮便得道，何须苦心破烦恼、
> 此物清高世莫知，世人饮酒多自欺。
> 愁看毕卓瓮间夜，笑向陶潜篱下时。
> 崔侯啜之意不已，狂歌一曲惊人耳。
> 孰知茶道全尔真，唯有丹丘得如此。

诗中描绘了煎茶清郁隽永的香气，甘露琼浆般的滋味，并生动描绘了一饮、再饮、三饮的感受，与卢仝的《走笔谢孟谏议寄新茶》有异曲同工之妙。卢仝在茶诗中描写的"七碗茶"将饮茶的感受从身到心淋漓尽致地表现出来：

> 一碗喉吻润，两碗破孤闷。三碗搜枯肠，惟有文字五千卷。
>
> 四碗发轻汗，平生不平事，尽向毛孔散。五碗肌骨清，六碗通仙灵。七碗吃不得也，唯觉两腋习习清风生。

诗中讲到喝茶喝到五碗的时候身骨都轻盈了，到第六碗的时候已经可以与神仙交流了，而到了第七碗，已经感觉到身子轻飘起来，一种飘飘欲仙的感觉。因为这首脍炙人口的"七碗茶诗"，卢仝在茶界的大名仅次于陆羽，被尊为"亚圣"。

（2）唐代饮茶精神追求　如前所述，唐代文人们品茶，已经超越解渴、提神、解乏、保健等生理上的满足，着重从审美的角度来品赏茶汤的色、香、味，强调心灵感受，唐代是中国儒、释、道思想竞争而逐渐相互渗透融合的时期，由于茶的一系列特性，儒士、道士、僧人均成为茶的爱好和推广者，这大大推动了中国主流思想融入到饮茶活动中来。

陆羽在《茶经》中提到："茶之为用，味至寒，为饮，最宜精行俭德之人"。"精行俭德之人"便是古代"君子"的意思，认为饮茶有利于君子的修行。中唐时期，饮茶精神诉求大大提升，煎茶法形式、器具完备，注重对饮茶环境的选择，完成了饮茶功能与审美特征的普遍性结合，表明中华茶文化已经初步成形。

三　中华茶文化的兴盛阶段

1. 宋代茶文化兴盛的基础

一般认为，中华茶文化兴于唐代，盛于宋代。主要表现在四个方面：① 宋元时期，中国饮茶文化在唐代大发展的基础上，茶叶经济空前发展，茶叶的生产区域和产量进一步扩大，宋代的茶区分布已与近现代中国茶区分布接近，茶业在税收、商贸领域日益发展。② 宋代饮茶更加普及，上至皇帝、王公贵族、文人墨客，下至平民百姓，社会各阶层均形成了日常饮茶的习惯，茶已成为"人家不可一日无也"的日常饮品。③ 宋代团饼茶的加工技术发展提升达到高峰，宋代制茶工艺比唐代更加精致烦琐。④ 宋元时期点茶法较唐代流行的煎茶法更加方便，对茶品质的鉴赏和要求走向精致化发展的趋势。

概而言之，唐宋时期的饮茶实质上是一种"吃茶法"，宋代茶饮基本沿袭了唐代末茶"饮用"的模式,只不过在茶叶加工和茶汤准备方面有了新的发展,由于宋代帝王将相的爱好与广泛参与,宋代茶文化贵族化倾向显著:一方面体现在团饼茶的精工细作,耗费巨大的人力财力强调龙团凤饼外形纹饰之美;另一方面体现在茶汤调制方法,从唐代"煎煮"为主到宋元"冲点"为主,使宋代饮茶的价值取向出现了斗茶、茶百戏等强调游戏性和注重外在美的艺术特征。也正是以龙团凤饼、斗茶、茶百戏为特征引导了宋代茶艺过多强调外在美和饮茶游斗情趣,弱化了茶的饮用价值的歧途。元代是上承唐代、宋代,下启明代、清代的一个过渡时期。元代饮茶形式上基本延续宋代,却因政治、经济原因而逐渐放弃宋代点茶的奢华与闲情雅致而重饮用,沸水直接冲泡散茶之法进一步发展,为最终迎来了明朝茶叶散茶化的重大变革打下了基础。

2. 宋代饮茶方式与茶文化特点

仿宋点茶

(1) 宋代点茶的流程　宋代点茶在唐代煮茶的基础上,技艺又有了系列发展和进步,客观上讲,点茶法大大提升了茶的品饮艺术,是中国末茶茶艺最辉煌的时期。点茶法源自煎茶法,开始于晚唐至五代间,宋代点茶法代替煎茶法成为主要的饮茶方式。主要操作流程包括炙茶、碾茶、罗茶、候汤、熁盏、调膏、点汤、击拂等步骤。

① 炙茶　用茶夹夹住茶饼置于火上慢慢烤干,其目的一是使茶叶中的水分充分散发,便于碾茶;二是使茶叶发出烘烤香。

② 碾茶　将烤过的茶片用干净的纸将茶叶包裹、冷却,之后再捣碎,再放于碾中反复碾压,使茶叶呈粉末状。古人以金银所制的茶碾为上,认为此法不会损伤茶色。碾茶是十分重要的一步,只有掌握好碾茶时间,才能碾出鲜白的茶色,为后面点出好的汤色及汤花打好基础。

③ 罗茶　将碾好的茶末放入茶罗中进行筛分。茶罗一般选用细密的丝绢,要求绢"细、紧、轻、平"。《茶录》中写道"罗细则茶浮,粗则水浮",罗得过细,则茶浮;过粗则水浮在茶上,都不利于汤花的形成。

④ 候汤　即掌握点茶用水的沸滚程度,它是点茶中比较难掌握的一步。蔡襄《茶录》中说:"候汤最难,未熟则沫浮,过熟则茶沉。前世谓之蟹眼者,过熟汤也。沉瓶中煮之不可辨,故曰候汤最难。"蔡襄认为蟹眼汤已是过熟,煮水用汤瓶,气泡难辨,故候汤最难。

⑤熁盏　用热水预热茶盏。古人认为茶盏若冷，则茶末不能浮于水面。

⑥调膏　将茶末置入预热的茶盏中，然后向茶盏中注入少量沸水，用茶筅加以搅动，使盏中茶末呈有黏度和浓度的均匀膏状物。

⑦点汤和击拂　点汤是继续往茶盏中注入一定比例的沸水。击拂是在点汤的同时用茶筅在茶盏中环回击拂，使之泛起汤花。点汤以及点汤手法有很高的要求，《茶录》中写道："茶少汤多，则云脚散；汤少茶多，则粥面聚。"在实际操作过程中注水和击拂同时进行。要创造出点茶的最佳效果要注意三点：第一要注意调膏，第二要有节奏地注水，第三是茶筅击拂需根据汤花的具体情况而有轻重缓急的运用。这种高明的点茶能手被称为"三昧手"。北宋苏轼《送南屏谦师》中写道："道人晓出南屏山，来试点茶三昧手"，说的就是这个意思。

根据《大观茶论》中点茶的描述，调制出如同融胶状的好茶汤，必须取茶粉适量，注入沸水方法得当，具体方法是沸水要分次注入。

第1次注入沸水时，不应直接冲到茶粉上，要沿着碗内壁周围注入。开始注水时，用茶筅搅动的手势宜轻，先搅成茶浆糊，然后边注水，边快速旋转击拂，使之上下透彻，乳沫随之产生。

第2次注入沸水时，可直冲茶汤表面，但宜急注急止，这时已形成的乳沫没有消失，同时用力击拂（搅动），这时可看到白绿色小珠粒状乳沫堆积起来。

第3次注入沸水的量如前，但击拂的动作宜轻，搅动要均匀，这时白绿色粟米蟹眼般水珠和粒状乳沫已盖满茶汤表面。

第4次注入沸水的量可以少一些，茶筅击拂动作要再轻一点，让茶汤表面的乳沫增厚堆积起来。

第5次注入沸水时，击拂宜轻宜匀，乳沫不多时可继续击拂，乳沫足够时即停止击拂，使乳沫凝聚如堆积的雪花为止，形成最理想的茶色。

第6次注水要看乳沫形成的情况而为之，乳沫多而厚时，茶筅只沿碗壁轻轻环绕拂动即可。

第7次是否注水，要看茶汤稀稠程度和乳沫形成的多少而定，茶汤稀稠程度适可，乳沫堆积很多时，就可不必注入沸水。经过上述7次注水和击拂，乳沫堆积很厚，紧贴着碗壁不露出茶水，这种状况称之为"咬盏"。这时才可用茶匙将茶汤均分至茶盏内供饮用。

（2）最为兴盛的点茶——斗茶　宋代点茶的兴盛催生了一种流行的竞技游

戏——斗茶。所谓斗茶，又称茗战、点试、点茶，实际上就是点茶比赛，此法源于唐，盛于宋，终于元、明。唐代冯贽在《记事珠·茗战》中云："建人谓斗茶为茗战。"其意是说京畿一带称斗茶，福建一带称茗战，这说明唐代帝京和重要茶区已存在斗茶习俗。斗茶是以竞赛的形态品评茶叶品质及冲点、品饮技术高低的一种风俗，具有技巧性强、趣味性浓的特点。

唐代《梅妃传》也有宫廷斗茶的记载：开元年间，玄宗与梅妃斗茶，顾谓王戏曰："此梅精也。吹白玉笛，作《惊鸿舞》，一座光辉，斗茶今又胜我矣。"唐朝后期是茶道形式由煮茶向点茶发展的过渡期，至宋代斗茶之风开始真正盛行。宋代斗茶对于用料、器具、烹法及优劣评定都有严格的要求，其中"点汤"与"击拂"的好坏是评价斗茶技巧高低优劣的主要指标。

宋人在斗茶过程中评判点茶效果，第一是看茶面汤花的色泽和均匀程度，第二是看盏的内沿与茶汤相接处有没有水的痕迹。汤花面上要求色泽鲜白，民间把这种汤色称为"冷粥面"，意思是汤花像白米粥冷却后稍有凝结时的形状。汤花要均匀，称为"粥面粟纹"，就是像粟粒一样细碎均匀。汤花保持的时间较长，能紧贴盏沿而不散退的，称为"咬盏"，散退较快的，或随点随散的，称为"云脚涣乱"。汤花散退后，盏的内沿就会出现水的痕迹，宋人称为"水脚"。汤花散退早，先出现水痕的斗茶者，便是输家。《大观茶论》里如此描述汤色："点茶之色，以纯白为上真，青白为次，灰白次之，黄白又次。"以茶叶加工技术来论，汤色纯白，表明茶质鲜嫩，蒸时火候恰到好处；色偏青，表明蒸时火候不足；色泛灰，是蒸时火候太老；色泛黄，则采制不及时；色泛红，是烘焙火候过了头。《茶录》中写道："汤上盏可四分则止，视其面色鲜白，著盏无水痕为绝佳。建安斗茶，以水痕先者为负，耐久者为胜，故较胜负之说，曰相去一水两水。"

宋代斗茶，在文人中普遍流行。宋代诗人范仲淹的《和章岷从事斗茶歌》中，对宋代斗茶进行了生动描写。除了在诗词文章中多有表现外，在绘画中也多有反映，南宋刘松年的《茗园赌市图》和元代赵孟頫的《斗茶图》（图2-1），形象地记录了当时斗茶的情景。

（3）宋代斗茶技艺的茶文化审美特点　如前所述，宋代点茶的兴盛催生了一种流行的竞技游戏——斗茶。斗茶以"斗浮斗色"来进行评比，比试茶的质量和点茶技艺。斗茶主要有三个评判标准。

图 2-1 赵孟頫《斗茶图》

① 看茶面汤花的色泽与均匀程度。
② 看茶盏内沿与汤花相接处有无水痕。
③ 品茶汤,要求茶味真香、回甘、滑口。

经过观色、闻香、品味三道程序,色香味俱佳者,方能大获全胜。

斗茶技艺强调鉴赏汤花,不断追求技艺和情趣,导致了"茶百戏"和"分茶术"的出现。茶百戏和分茶术是在点茶时让汤花呈现出诸如山水雨雾、花鸟鱼虫、诗词等图案,须臾即灭,需要十分高超的技术。成书于五代的陶谷(970年)《清异录·茗荈门·茶百戏》记载:"茶至唐始盛,近世有下汤运匕,别施妙法,使汤纹水脉成物象者,禽兽虫鱼花草之属,纤巧如画,但须臾即就散灭,此茶之变也,时人谓之'茶百戏'。"另外,《清异录·茗荈门·生成盏》记录了福全和尚娴熟的分茶技艺:"能注汤幻茶,成一句诗,并点四瓯,共一绝句,泛乎汤表。小小物类,唾手办耳。"福全对这种"馔茶而幻出物象于汤面"的"通神"之"汤戏",自鸣得意,"生成盏里水丹青,巧画工夫学不成。欲笑当时陆鸿渐,煎茶赢得好名声。"分茶在宋代十分流行,许多文人雅士也十分喜欢,并留下了不少关于分茶的诗词。

澹庵坐上观显上人分茶
杨万里

分茶何似煮茶好,煎茶不似分茶巧。
蒸水老禅弄泉手,隆兴元春新玉爪。
二者相遭兔瓯面,怪怪奇奇真善幻。
纷如擘絮行太空,影落寒江能万变。
银瓶首下仍尻高,注汤作势字嫖姚。
不须更师屋漏法,只问此瓶当响答。
紫薇仙人乌角巾,唤我起看清风生。
京尘满袖思一洗,病眼生花得再明。
汉鼎难调要公理,策勋茗碗非公事。
不如回施与寒儒,归续《茶经》传衲子。

杨万里的《澹庵坐上观显上人分茶》十分生动地描述他观看显上人玩分茶的情景:细腻的末茶与水相,在黑釉的兔毫盏盏面上幻变出怪怪奇奇的画面来,有如淡雅疏朗的丹青,或似劲疾洒脱的草书。

然而,宋代茶艺对于汤花的过分追求,客观上弱化了茶的饮用功能,甚而使宋代点茶艺术偏向于游戏与娱乐情趣而缺乏对精神追求,显得奢华而空洞。

另外,随着宋代斗茶技艺的发展,描写茶事活动的茶诗空前繁荣。欧阳修、梅尧臣、苏轼、王安石、黄庭坚等有名的诗人都留下了咏茶诗,据《全宋诗》统计,北宋以茶字为诗题的茶诗有300余首,诗人有102人。其中梅尧臣咏茶诗中以茶字为诗题有24首,诗中言及茶的有36首;苏轼咏茶诗中以茶为诗题的有21首左右,诗中言及茶的有55首左右;黄庭坚咏茶诗中以茶字为诗题的有23首,诗中言及茶的有72首。

宋代,儒、释、道三教合一成为时代思潮,在这种思潮影响下,文人雅士人生态度倾向于理智、平和与淡泊,文人雅士这种人生范式与茶之飘逸超然、清雅脱俗的灵性相契合,在饮茶中文人雅士体现出道德关怀的儒家情怀、若隐若现的佛性禅机、羽化成仙的道家情结,成为宋代茶文化的又一特点。

四 明清茶文化的多元发展时期

明清时期是中国茶业向近现代发展的时期,与宋代茶文化轻饮重艺、热衷于游戏娱乐的特点不同,明代茶业走上了综合考察茶叶品质和更加重视茶叶饮用功能的道路,强调加工理论和技术创新,散茶冲泡饮用法的普及,革新了唐宋时期的"吃茶"文化,与此同时,宋代所崇尚的一些饮茶审美标准被一一弃用,取而代之的是崇尚品茶方式从简、追求清饮之风,对茶品要求"味清甘而香,久而回味,能爽神者为上",追求茶品之原味与保持自然之性。明清时期六大茶类相继出现,茶具趋于多样创新发展,主张用陶、瓷、竹等制器,讲究天然。饮茶重视人文情怀,讲究精茶、真水、活火、妙器、闲情,强调品茶环境。概而言之,明清茶文化的发展具有以下特点。

1. 明清散茶发展与瀹茶法的兴盛

唐陆羽在《茶经·六之饮》提到"饮有粗茶、散茶、末茶、饼茶者"。宋代,团饼茶大行其道,但散茶同样得到了发展。欧阳修在《归田录》中说:"腊茶出于剑、建,草茶盛于两浙……",其中的"草茶"就是散茶。

朱元璋以团茶制作劳民伤财为由,下诏废除贡团茶,由此,饼茶逐渐退出历史舞台,而散茶兴起,以瀹茶法为主的散茶品饮方式逐渐代替点茶法成为一直延续至今的饮茶方式。

瀹茶法是用条形散茶直接冲泡饮用的饮茶方式,这种饮茶方式杯中的茶汤没有"汤花"可欣赏,因此,品尝时更看重茶汤的滋味和香气,对茶汤的颜色也从宋代的以白为贵变成以绿为贵。许次纾《茶疏》精练地概括了瀹饮法的具体要求:"未曾汲水,先备茶具,必洁必燥,开口以待。盖或仰放,或置瓷盂,勿意覆之。案上漆气食气,皆能败茶。先握茶手中,俟汤既入壶,随手投茶汤,以盖覆定。三呼吸时,次满倾盂内。重投壶内,用以动荡香韵,兼色不沉滞。更三呼吸项,以定其浮薄。然后泻以供客,则乳嫩清滑,馥郁鼻端。"瀹茶法不仅操作简便,而且保留了茶叶天然的色、香、味,受到人们的欢迎。

明代众多茶人著书立说,总结了散茶的冲泡技艺。综合明代茶学著作的有关内容,明代泡茶茶艺包含了以下几个方面。

(1)焚香 名香和名茶相伴,营造了安详、缥缈的气氛,增添了品茶的感受,为文人雅士所推崇与仿效。晚明苏州文震亨撰著的一部关于生活和品鉴的笔记体著作《长物志》认为："品之最优者以沉香、岕茶为首，第焚煮有法，必贞夫韵士，乃能究心耳。"

（2）涤器　先用上等泉水洗涤烹茶器皿，务必保持洁净。程用宾《茶录》指出："饮茶先后，皆以清泉涤盏，以拭具布拂净。不夺其香，不损茶色，不失茶味，而元神自在。"

（3）煮水　程用宾《茶录》说："汤之得失，火其枢机。宜用活火，彻鼎通红，洁瓶上水，挥扇轻疾，闻声加重，此火候之文武也。盖过文则水性柔，茶神不吐。过武则火性烈，水抑茶灵。"

（4）温壶　程用宾在《茶录》中提出："伺汤纯熟，注杯许于壶中，命曰浴壶，以祛寒冷宿气也。"

（5）洗润茶　顾元庆《茶谱》提出："凡烹茶，先以热汤洗茶叶，去其尘垢冷气，烹之则美。"冯可宾《岕茶笺》说："以热水涤茶叶，水不可太滚，滚则一涤无余味矣。以竹箸夹茶于涤器中，反复涤荡。去尘土黄叶老梗净，以手搦干置涤器内盖定。少刻开视，色青香烈。"

（6）冲泡投茶　张源提出应根据不同季节采取不同的投茶法。他在《茶录》说："投茶有序，勿失其宜。先茶后汤，曰下投；汤半下茶，复以汤满，曰中投；先汤后茶，曰上投。春秋中投，夏上投，冬下投。""投茶多寡宜斟酌，茶多则味苦香沉，水多则色清气寡。"

（7）斟茶　许次纾《茶疏》认为："酌分点汤，量客多少，为役之繁简。三人以下，止熟一炉。如五六人，便当两鼎。""一壶之茶，只堪再巡。初巡鲜美，再则甘醇，三巡意欲尽矣。"

（8）品茶　明代非常强调茶汤的品饮，陆树声《茶寮记》描述品饮茶汤的具体步骤为："茶入口，先灌漱，须徐啜。俟甘津潮舌，则得真味。"要求茶汤入口，先灌漱几下，再慢慢下咽，让舌头味蕾充分接触茶汤，满口生津，细细品尝，从茶的色、香、味体会审美的愉悦。

2. 明清时期茶类多样化创新与饮茶文化的技术进步

明清时期制茶技术得到空前发展，伴随着炒青绿茶的兴盛，之后又发明创制了黄茶、黑茶、白茶、青茶（乌龙茶）、红茶五大茶类。对茶叶品质的要求讲究因茶而异，追求外形与内质的统一。

明清时期，人们注重对茶叶品质的审评，许多茶人称得上是茶叶审评专家。张源《茶录》讲述了炒青茶的评辨："茶之妙，在乎始造之精。藏之得法，泡之得宜。优劣定乎始锅，清浊系乎末火。火烈香清，锅寒神倦。火猛生焦，柴疏失翠。久延则过熟，早起却还生。熟则犯黄，生则着黑。顺那则甘，逆那则涩。带白点者无妨，绝焦点者最胜。"当时已经通过品质判断加工的问题，认为高温炒出来的茶香味较清香，炒的时间太长则茶叶变黄，时间太短茶叶则变黑，指出茶叶没有爆点才好。

张源《茶录》中还提出："茶以青翠为胜，涛以蓝白为佳，黄黑红昏，俱不入品。雪涛为上，翠涛为中，黄涛为下"；"味以甘润为上，苦涩为下"。程用宾《茶录》则认为："甘润为至味，淡清为常味，苦涩味斯下矣"，对滋味的品评深入细致。

清代梁章钜《归田琐记》提到福建泉州、厦门人的工夫茶时指出："一曰香，花香小种之类皆有之。今之品茶者以此为无上妙谛矣，不知等而上之则曰清，香而不清，犹凡品也。再等而上之则曰甘，香而不甘，则苦茗也。再等而上之则曰活，甘而不活，亦不过好茶而已。活之一字，须从舌体辨之，微乎微矣，然亦必瀹以山中之水，方能悟此消息。"梁章钜将茶之香味区分为香、清、甘、活四个品级，要从舌头上去细细辨析、体味，可见清代品茶是何等之精。

明清形成的通过嗅觉、味觉、视觉、触觉等方式，从色、香、味、形诸角度来鉴别茶叶品质的方法，是现代茶叶感官审评的基础。

3. 明清茶具创新发展和茶文化倾向

明清瀹饮法为主流的沏茶法使得饮茶茶具发生了变化。其一，明代开始，茶具主要指饮茶之器，唐宋时的炙茶、碾茶、罗茶、煮茶器具成了多余之物，一些新的茶具品种脱颖而出。许次纾《茶疏》指出："茶滋于水，水藉乎器，汤成于火，四者相须，缺一则废。"将茶具在明代品茶活动中的作用，提高到极其重要的地位。随着多茶类的出现，又使人们对茶具的种类与色泽，质地与式样，以及茶具的轻重、厚薄、大小等，提出了新的要求，创制了系列与各种茶类泡品饮相适的茶具。如茶壶的广泛应用，既可作泡茶又可作品茶的盖碗的形成，与茶壶配套的专用品茶杯的形成等。其二，明清时期，茶具品种增多，形状多变，色彩多样，再配以诗、书、画、雕等艺术元素，从而把茶具制作推向新的艺术高度，出现了一系列既具有良好品饮功能，又具有较高的艺术鉴赏和收藏价值的茶具。极具代表性的是江西景德镇青花瓷茶具和江苏宜兴紫砂茶具。

【第三节】古代茶业制度

一 贡茶制度

贡茶的起源可以追溯到西周时期。《华阳国志·巴志》中记载了周武王联合四川各民族共同伐纣以后,将巴蜀所产的茶列为贡品的事情:"土植五谷,牲具六畜,桑蚕麻苎,鱼盐铜铁,丹漆茶蜜……皆纳贡之。"这是历史上茶叶最早作为贡品向天子进献的记载。

贡茶制度的真正形成始于唐朝。唐代贡茶制度有两种形式:一种是朝廷选择茶叶品质优异的地区定额纳贡,另一种是朝廷选择茶树生长的生态环境得天独厚、产量集中、品质优异的产茶地区,由朝廷直接设立贡茶院制作贡茶进贡朝廷。当时的常州阳羡茶、湖州顾渚紫笋茶、睦州鸠坑茶、舒州天柱茶、宣州雅山茶、饶州浮梁茶、溪州灵溪茶、峡州碧涧茶、荆州团黄茶、雅州蒙顶茶、福州方山露芽等都是品质优异的贡茶。

宋代沿袭了唐代的贡茶制度,与之不同的是在唐代兴盛的许多贡茶院已经风光不再,而建安北苑茶在历史的舞台大放光彩。根据熊蕃的《宣和北苑贡茶录》记载,北苑贡茶共有细色粗色两大类,共40多个品种。其中龙凤团茶是专供皇室的茶品,其茶以银模压之,饰以龙凤花纹,栩栩如生,精湛绝伦。宋代茶学专著,如《大观茶论》《宣和北苑贡茶录》《北苑别录》《茶录》等多以建安贡茶为主要内容,这充分说明了建安茶在当时的重要地位。

进入元明时期后,贡焙制有所削弱,仅在福建武夷山设有小型御茶园,仍旧实施定额纳贡制。至明朝,明太祖朱元璋认为精工细琢的龙凤团饼茶既劳民又耗国力,因此诏令"罢造龙团,唯采芽以进"。至此,贡茶区的茶农重新开始交纳茶税,唐朝以来建立的贡茶制度不复存在。

贡茶院是贡茶制度中的重要官方机构，属于中央官产业的一个组成部分。贡茶院除中央指派官吏负责管理外，当地州长官也有义不容辞的督造之责。贡茶制度一方面把私有茶园变为官方茶园，茶农不能因种茶而谋生，定额纳贡加重了茶农负担，使他们生活日益贫困。但另一方面，人们为了制作出精良的贡茶，不断研究茶树栽培与茶叶加工技术，如《北苑别录》等书还详细列出了北苑茶的制作流程以及优缺点。古人对于贡茶的痴迷与钻研使得茶叶种植及加工技术得到了飞跃的进步与发展。

二 茶税制度

茶税是我国古代官府重要的财政收入。茶之有税，最早可以追溯至唐代。唐代是我国茶业发展的兴盛时期，茶业经济的繁荣使得唐政府认识到了制定茶税对于提高财政收入的意义。安史之乱后地方藩镇割据，兵革连绵不息，沉重的军费支出以及供养政府官僚的支出使得国库日益告急，唐德宗时的户部侍郎赵赞为了筹措国家实施轻重"常平"政策的本钱，主张对"竹木茶漆"等一类商品均征收10%的税，这一举措开启了中国历史上中央政府征收茶税的漫长历程。然而这次所设置的茶税并非专税，唐德宗在兴元元年大赦天下，并且"悉宜停罢"了"竹木茶漆榷铁"等税。直至唐德宗贞元九年，国家由于受水灾等的影响财政出现问题，铁盐使张滂上奏提出了茶税课征，这是我国历史上真正对茶专门设立单一税种的开端。至此，茶税成为一种固定的税赋。

茶税征收的范围、税率等在不同历史背景下有着极大的不同，它的征税原则的变化某种程度上讲可以看作政治风雨的晴雨表。茶税的变化总的来说是征收范围不断扩大，征收率不断提高。

在唐代有过三次较为明显的茶税增收。第一次是在唐穆宗长庆元年，由于元和以前财政支出不断，又恰逢宫廷建造百尺高楼，导致国家财政拮据，盐铁使王播上奏增加茶税，将过去的每千钱征收百文骤然提高到一百五十文，增加了百分之五的税率。第二次是在唐文宗大和九年，在榷茶制度短暂实施又因民怨戛然而止后，政府为了获取较高的茶利致使茶税又有了一次较为明显的提高。第三次茶税的提升是在唐武宗即位以后，盐铁转运使崔琪上奏增加江淮茶税，"是时茶商所过州县有重税，或掠夺舟车，露积雨中，诸道笠邸以收税，谓之拓地钱"。通过多次提高税率，唐政府的茶税收入有了明显的提高。至唐宣宗大中十年，全国茶叶税收总计约六十万三千三百九贯，较贞元九年增加了百分之五十。另一方面，中央政府和地方官员对于茶税的横征暴敛最终也导致了民间茶叶私贩的兴起。

唐后的五代十国时期，全国分裂割据，导致茶法各地不一，但是都有一个明显的特征——放松了对茶的征税。到了宋代，茶业经济发展到了一个顶峰时期，全国各地上至皇族官僚，下至平民百姓，皆盛行饮茶之风，全国的茶叶生产量也较唐代翻了几番，此时在兴起的榷茶制度下，茶农茶商所获茶利较以前大为减少，茶税可谓是变相地增加了。

明朝由中央户部主管全国茶务，在地方设"茶课司""茶马司"办理征税和买马事宜，并且专门设立了批验所检查茶引的真伪。清代中叶，茶税在国家财政收入中所占比重有所减小，而至清朝后期，外强侵入，国内爆发农民起义等战事，战争赔款及军费开支都使清朝政府财政吃紧，朝廷被迫通过加重赋税来解决危机。此时各地任意设卡征税，一物数征，运销越远税额越大，这使得茶农和普通民众的负担异常沉重，茶叶流通严重阻滞，茶园茶庄大量荒废。

榷茶制度

对某些商品实行征榷（专卖）以取得财政收入是西汉及唐以后的历代王朝所实行的一项基本国策。唐代已经出现了榷茶制度，但其真正的兴盛则是在宋代以后。

1. 唐代榷茶

榷茶的最早出现可以追溯到唐文宗太和九年（835年），王涯被任命为江南榷茶使。王涯制定并实施了残酷的榷茶措施，命令百姓把他们的茶树都挖掘起来移植到官场中去，并把他们已经加工好而尚未出售的茶叶统统烧掉。这一举措导致民间怨声载道。但正好"甘露事变"发生，王涯为宦官们所杀。这时大臣令狐楚提出取消榷茶，皇帝下诏停止，唐代榷茶就此结束，历时仅为短短的两个月。

宋代开始国家对于茶叶长期实行政府独占收购批发环节，商人只得从政府购买茶叶进行销售的政策。这项制度对于整个宋代的茶业经济及茶叶发展有着十分重要的影响。此后的朝代政府多延续宋代发展起来的榷茶制度。

2. 十三山场与六榷货务

十三山场与六榷货务是宋代东南地区实施榷茶的重要机构,十三山场是指淮南蕲州王祺、石桥、洗马,黄州麻城,庐州王同,舒州太湖、罗源,寿州霍山、麻步、开顺,光州商城、光山、子安场等收茶场。

十三山场是宋政府在淮南产茶地区设立的机构,茶区种茶的民众被称作"园户",隶属于所在的山场,园户交茶租和自己的"食茶",按官府制定的价格卖给山场,而另一方面商人要想取得十三山场的茶叶,必须先在京师交纳一定的金帛,然后到指定的山场获取茶叶。宋政府通过山场控制园户,以"本钱"切断他们同商业资本、高利贷资本的联系,以此来垄断茶利。

六榷货务是指江陵府、蕲州蕲口等贮藏批发茶叶的机构,这两个机构终于嘉祐四年(1059年)。六榷货务所在之地都是所谓"要会之地",这些地方既是茶叶的集散地,又是交通要冲,这些机构将东南各地的茶叶分别集中起来,由当地所在的榷货务掌握,然后再转向各地售卖。这种措施切断了商人同园户的直接联系,保证了政府对茶利的垄断,同时使商人所交纳的金帛的价格与各榷货务存茶叶数量的价格相当。这是宋政府维护其对茶利垄断的办法。

3. 交引法

宋代榷茶制度的发端要追溯至宋太祖建隆三年(962年),这一年宋政府开始参与南方北销茶叶的经营,政府开始对北销的江南茶叶实行官府垄断收购。这项举动是宋代官府确立榷茶法的引子。至乾德二年(964年),政府扩大了对江南北销茶叶的全面垄断,对江南北销茶叶正式实行专卖。此时江南商人不许过江贩卖,其茶除折税外悉由官买,宋朝茶商贩茶需"入金帛京师,执引诣沿江给茶",向朝廷购买。因商人在京师交纳金帛后到沿江地区购买茶叶是以交引为凭证,所以这种榷茶制度又称"交引法"。在北宋初期特殊形式下形成的以垄断收购为特色的交引法是北宋前期东南地区的主要榷茶制度。

4. 折中法

端拱二年(989年),由于军队急需军饷粮草,榷茶制度开始实行折中法,以此通过民间商人运输军用粮草换取茶盐等榷货来保证军队后勤的供应。折中法是指不同产品之间进行相互的折价用以兑换。当时的折中法具体为商人运粮草于边塞下，按照运输距离的长短折算价格，接受粮草的机构发给商人凭证到京师去换取钱财，或者到江淮荆湖地区换取等价的茶盐。由于茶利丰厚，茶商获取茶叶后转卖西北地区可以获得较高的利润，同时政府通过"加抬""虚高"等优惠价格手段吸引商人运送粮草，因此，一时有大量的茶商贩沿边运送粮草换取榷货凭引。至道二年（996年），宋夏战争的爆发导致了官茶的陈积，政府为了缓解财政，从而出现了榷茶制度中的"三说法"与"现钱法"。现钱法是指商人在边塞地区的粮草直接以现钱折中换取钱财或者等价的茶引。而三说法是指商人以茶叶、香药、现钱三种物品按照比例折中的办法。这两种方法本质都是沿边折中法，都只涉及了茶叶是否直接用于沿边折中，并未触及茶叶的生产与收购环节。三说法与现钱法曾断续几次出现在榷茶历史上。

5. 贴射法

贴射法是对交引法的彻底改革。宋政府实行榷茶制之后，国家、商人和园户之间展开了斗争，这种斗争使宋政府一再改变它的茶法，因而出现了贴射法。贴射法允许商人与园户直接交易，"令商人就出茶州官场算买，既大省车运，又商人皆得新茶"，而政府从中按交引法时的榷茶净利收取息钱。政府设置的榷货务和茶场不得干涉，这种允许商人与园户直接交易的管理制度又被宋人称作"通商法"。然而贴射法施行的时间远不如交引法长，至嘉祐四年（1059年），只在淳化三年（992年）和天圣元年（1023年）两次实施贴射法。贴射法虽然解决了沿边折中法存在的虚估问题，但其对于政府而言存在一个巨大的弊端，即减少了榷茶的茶利收入，欧阳修曾说："贴射法有一利而有五害"。

嘉祐四年（1059年），宋仁宗在听取了多方意见后，诏罢十三茶场和六榷货务，"开江淮茶禁，听民自卖，通商收税"。宋代自乾德二年（964年）至此，茶法更改反复变化，但在江淮和东南执行的基本上都是禁止自由通商的榷茶制度。嘉祐四年罢榷实行通商法后，过去实行禁榷之地，"惟腊茶（建茶）禁如旧，余茶肆行天下矣"。然而这次禁榷并未达到永久的效果，熙宁五年（1072年），政府以福建茶叶陈积，诏福建茶在京、京东西、淮南、陕西、河东禁榷，余路通商。熙宁七年（1074年），东南榷茶时无禁榷的蜀茶开始了它的禁榷历史。到宋神宗元丰八年（1085年）东南和广东茶开始复榷，除汴京及开封府界、陕西路通商外，宋境均为榷茶地。至崇宁元年（1102年）蔡京变法后，嘉祐通商法彻底被取代了。

6. 元代榷茶

元代执行榷茶的总机构是置于江州（今江西省九江市）的江州榷茶都转运司（又称江西等处都转运司）。江西都转运司为发放引据之处，它与分布产茶区的若干提举司在"散据卖引"之外，同时执行"规办国课"的使命，被称作"场务官"，由此形成了较宋代"卖引法"更为重叠而严密的管制网络。这套建置，便利了商贩买引，但受官场政治的腐败之风影响，也会扰乱地方税收，紊乱茶法。相对于宋代采用的官造茶笼，元代采用加盖官印的茶袋，又称"官印筒袋"。茶袋在茶卖完后必须依限上缴所在官司。元代的四川茶法受到了宋代四川茶法的影响，在中统二年（1261年），即已"官卖蜀茶，增价窝于羌人"，政府统购茶叶销售于蒙藏地区，后由于加价过高，引起了少数民族的不满。以后政府停止经营，改由商人按行纳税，自行购运。

四　茶马互易政策

茶马互易主要是指我国北部与西部从事畜牧业经济的少数民族，用马匹等牲畜及畜产品与内地换取茶叶、布帛、铁器等生产、生活必需品的比较集中的大规模集市性贸易活动。它开始于唐代，盛行于两宋、明、清，长达千余年。茶马互易这种贸易因大多由封建国家所控制，或在国家政令的许可下，更多时候成为国家控制边境游牧民族贸易并且获取战马的外交手段。

"番人食乳酪，不得茶则困以病"是对游牧民族对于茶的强烈需求的写照。游牧民族长期以食肉为主，因此，需要通过饮茶来温润暖胃、消食解腻，而游牧民族所在的地区通常是不产茶的，必须通过与内地进行贸易而获取茶叶。游牧民族盛产牲畜和畜产品，其中马的品质更是胜过中原地区。马是狩猎、交通、骑射、战争中的重要工具，与一个国家的生产发展、军备强弱、国势盛衰有着密切的关系。因此茶马互市的产生便有了其充分条件，游牧民族与中原地区开始进行茶马互市，各取所需。

茶马互易的记载，最早见于唐代。唐开元十九年（731年），当时占据青、康、藏高原的吐蕃王朝，要求与唐划界互市，提出交马于赤岭（今青海湖东岸日月山），互市于甘松岭（今四川松潘西北）的请求。当时输入北方牧区的茶叶主要产于四川与汉中地区。

宋代，在北方相继出现了以经营畜牧业为主的少数民族建立的辽、金、夏政权。这些政权长期威胁着宋朝边境，使得宋朝政府不得不在国防与外交上下足功夫。因此，宋代的茶马互易制度较之前有了很大的发展。宋代易马主要依赖川茶，川茶法在北宋初期为自由通商法，但禁出境，其余各地茶也不可以进入川境，至北宋后期则逐渐全面禁榷。川茶的禁榷在物质上确保了宋代官营茶马贸易繁荣发展。

宋代官营茶马贸易的管理机构为都大提举茶马司，该司统筹兼管茶马二政，专职榷茶易番马。熙宁七年（1074年），宋神宗采纳熙河路经略使王韶以茶易番马的建议，即设置提举成都府路茶场司、熙河路买马司，分别办理榷茶和买马事宜。二司最初都隶属于提举市易司，由此导致机构设置不当，三方职权不清，给茶马贸易的实施带来了一些障碍。熙宁十年（1077年），提举成都府等路茶场司脱离市易司成为一个独立机构，标志着宋代官营茶马贸易机构的正式创立。至崇宁四年（1105年），茶马二司合并成茶马司，成为茶马事务的最高管理机构。

宋代茶马贸易大体为以熙河、秦凤为中心的西北茶马贸易格局。这主要是因为熙河（治所在熙州，在今甘肃临洮）、秦州（秦凤路的治所，在今甘肃天水市）是西北养马的天然牧场，自古盛产良马。其位于陇右（古人以西为右，故称陇山以西为陇右，古时又称陇西。陇右地区位处黄土高原西部，界于青藏、内蒙古、黄土高原三大高原结合部）通关中、蜀中的三岔交汇之地的这一优越地理位置也使之成为西北贸易的集散地，便于运送川茶交换马匹。

宋王朝为了稳定发展茶马贸易，根据质量差价、季节差价、地区差价、规格差价等制定了一系列茶马比价政策。为了获取更多的马和满足边疆少数民族对茶叶的需求，政府还规定了茶马贸易年额。宋初政府每年买马五千余匹，至熙宁三年（1070年）升至一万匹，徽宗初期买马数最多，一度突破年额两万匹。徽宗以前陕西买马用茶年额一般均在两万驮（指一匹骡马所负载的茶叶）上下波动，崇宁时期由于买马额稍有增加，加之马价变动，年用茶额遂增至五万驮以上，为北宋最高年额。

南宋时，政府偏安于江南一隅，但为了巩固局势，抗击金兵，马匹来源至为重要，于是互市的重点便由原来的北方转向西南，主要与大理政权之间进行。至元朝由于统治者是蒙古族，其本身便为草原上的游牧民族，战马来源充足，加之国土空前辽阔，边荒皆为内地，因此对茶马互易的重视远不如前代。

茶马互易发展到明代，其性质已发生很大的变化。在实行茶叶专卖的同时，制定了更加完备的茶马市易制度。明代的茶马贸易，主要还是与北部及西部的蒙、藏等少数民族间进行。所易之茶，初期仍是唐宋以来传统的"巴茶"，后来逐渐为物美价廉的湖南茯茶所取代。明朝还对茶马互市采取了一系列新举措，以保障茶马互易的正常进行。第一是在洪武十六年（1383年）出台了"土赋"制度。第二是实行金牌信符制度，即差发马制度。明洪武初相继在秦州、河州、洮州、庄浪、西宁、甘州设立茶马司，负责用四川、汉中等地出产的茶换取西宁卫（今西宁市）、河州卫（治所在今甘肃临夏市）、甘州卫（今张掖市）等地所产的马。洪武三十年间，对西北各"纳马之族"给发金牌，以为纳马凭证。金牌信符成为明代茶马贸易的合法凭证。第三是实行"收纳差发马匹，给以价差"的茶马比价制度。蒙古族地区每年输出如此大量的马匹，但他们的生活必需品茶叶却受到明廷的限制，经常得不到满足。于是"万历五年俺答款塞，请开茶市"，这反映了蒙古游牧民族对扩大茶叶贸易的迫切要求。明代政治相对于宋代较为安定，少数民族地区的畜牧业也较为发达，这使得明代的茶马互市贸易十分活跃。

清初延续了明代的"茶马互易"制度。顺治二年（1645年）设西宁、甘州等5个茶马司，由陕西茶马御史督理。康熙七年（1668年）裁撤陕西茶马御史，茶马事务由巡抚兼理。康熙四十四年（1705年）中止以茶易马事务，改征茶叶税款并且允许商人自由贸易。随着清朝在全国范围内统治秩序的建立、社会的安定，以及农牧业经济的发展和民间贸易的繁盛，茶法、马政也开始发生了相应的变化。清朝政府在康熙二十年（1681年）、二十二年（1683年）分别平定"三藩"和收复台湾之后基本达到了全国的政治统一，朝廷对茶马贸易开始淡化。雍正九年（1731年）因用兵新疆，恢复"茶马互市"，仍设西宁等地茶马司。对新疆的军事行动结束后（1735年），所需马匹数量已大不如战时，仅靠贡赋形式就可以满足，延续近千年的茶马互市制度至此正式宣告结束，茶马贸易转由民间经营。

— 参 考 文 献 —

[1] 邓前程. 论明代"以茶驭番"的立法与实践 [J]. 社会科学战线，2008，(1)：104-106.

[2] 黄纯艳. 宋代茶法研究［M］. 昆明：云南大学出版社，2002.

[3] 章秉纯. 唐代茶税考述［J］. 云南师范大学哲学社会科学学报，1996，28（2）：8-11.

[4] 张凯农，肖纯. 我国茶税演进与茶业发展［J］. 福建茶叶，1996，(2)：43-45.

[5] 钱时霖. 我国古代的茶税、榷茶和茶法［J］. 中国茶叶加工，1994，(4)：44-46.

[6] 钱时霖. 我国古代的茶税、榷茶和茶法（续）［J］. 中国茶叶加工，1995，(1)：43-46.

[7] 刘瑛. 元代的茶法和茶叶生产［J］. 中国茶叶，2006，(3)：42-44.

[8] 象多杰本. 略论茶马互市的历史演变［J］. 青海社会科学，2007，(5)：79-81.

[9] 沈冬梅. 论宋代北苑官焙贡茶［J］. 浙江社会科学，1997，(4)：98-102.

[10] 白振声. 茶马互市及其在民族经济发展史上的地位和作用［J］. 中央民族大学学报：哲学社会科学版，1982，(3)：28-34.

[11] 中华茶叶联谊会编. 中华茶叶五千年［M］. 北京：人民出版社，2001.

[12] 张学亮. 明代茶马贸易与边政探析［J］. 东北师大学报，2005，(01)：75-80.

第三章 茶叶分类与加工

【第一节】茶叶的分类与品质特征

● 我国茶区分布

中国茶区分布辽阔，东起东经122度的台湾省东部海岸，西至东经95度的西藏自治区易贡，南自北纬18度的海南岛榆林，北到北纬37度的山东省荣成市，东西跨经度27度，南北跨纬度19度。共有浙江、湖南、湖北、安徽、四川、福建、云南、广东、广西、贵州、江苏、江西、陕西、河南、台湾、山东、西藏、甘肃、海南等21个省及自治区的上千个县市，地跨中热带、边缘热带、南亚热带、中亚热带、北亚热带和暖温带。在垂直分布上，茶树最高种植在海拔2600米高地上，而最低仅距海平面几十米或百米。不同地区生长着不同品种的茶树，其品质、适制性及适应性也不同，从而形成了一定的茶类结构。在我国茶区一般分为4个，即江北茶区、江南茶区、西南茶区、华南茶区。

茶叶的分类

江北茶区指南起长江，北至秦岭、淮河，西起大巴山，东至山东半岛，包括甘南、陕南、鄂北、豫南、皖北、苏北、鲁东南等地，是我国最北的茶区，该茶区种植的茶树大多为灌木型中叶种和小叶种，主要以生产绿茶为主。

江南茶区在长江以南，大樟溪、雁石溪、梅江、连江以北，包括粤北、桂北、闽中北、湘、浙、赣、鄂南、皖南和苏南等地。江南茶区产茶历史悠久，资源丰富，历史名茶甚多，如西湖龙井、君山银针、洞庭碧螺春、黄山毛峰等，享誉海内外。该茶区种植的茶树大多为灌木型中叶种和小叶种，以及少部分小乔木型中叶种和大叶种。该茶区是发展绿茶、乌龙茶、花茶、名优茶的适宜区域。

西南茶区在昆仑山、大巴山以南，红水河、南盘江、盈江以北，神农架、巫山、方斗山、武陵山以西，大渡河以东的地区，包括黔、川、滇中北和藏东南。西南茶区茶树资源较多，由于气候条件较好，适宜茶树生长，所以栽培茶树的种类也多，有灌木型和小乔木型茶树，部分地区还有乔木型茶树。该区适制红碎茶、绿茶、普洱茶、边销茶和花茶等。

华南茶区位于大樟溪、雁石溪、梅江、连江、浔江、红水河、南盘江、无量山、保山、盈江以南，包括闽中南、台湾、粤中南、海南、桂南、滇南。华南茶区茶树资源极其丰富，汇集了中国的许多大叶种（乔木型或小乔木型）茶树，适宜加

绿茶

工红茶、黑茶（普洱茶、六堡茶）、白茶、乌龙茶、绿茶等。

二 我国茶叶分类与品质特征

我国生产的茶有绿茶、黄茶、黑茶、青茶（俗称乌龙茶）、白茶和红茶六大类，各类茶均有各自的品质特征。分类的主要依据是根据初制加工过程中，鲜叶的主要化学成分特别是多酚类中的一些儿茶素类发生不同程度的酶性或非酶性的氧化，其氧化程度的不同而形成不同风格的茶类。绿茶、黄茶和黑茶类在初制中，都先通过高温杀青，破坏鲜叶中的酶活性，制止了多酚类的酶促氧化。绿茶经揉捻、干燥形成绿茶清汤绿叶的特征；黄茶和黑茶在初制过程中，通过闷黄或渥堆工序使多酚类产生不同程度的非酶性氧化，黄茶形成黄汤黄叶，黑茶则干茶乌黑、汤色橙黄。相反，红茶、乌龙茶和白茶类，在初制过程中，都先通过萎凋，为促进多酚类的酶促氧化准备条件。红茶是经过揉捻或揉切、发酵和干燥，形成红汤红叶的品质。乌龙茶则进行做青，破坏叶子边缘的细胞组织，多酚类局部与酶接触发生氧化，再经杀青固定氧化和未氧化的物质，形成具有汤色金黄和绿叶红边的特征。白茶经长时间萎凋后干燥，多酚类缓慢地发生酶性氧化，形成白色芽毫多、汤嫩黄、毫香毫味显的特征。

当然，也可直接按照茶叶发酵程度来划分：① 不发酵茶：绿茶；② 半发酵茶：乌龙茶；③ 全发酵茶：红茶；④ 微发酵茶：黄茶和白茶；⑤ 后发酵茶：黑茶。也可以根据加工层次分为初制茶、精制茶以及再加工茶，花茶、速溶茶、袋泡茶、保健茶、茶饮料等都属于再加工茶。各茶类分别介绍如下。

1. 绿茶

绿茶是中国产区最广泛、产量最多的一个茶类，占我国茶叶总产量的75%左右。绿茶种类很多，按照杀青与烘干的方法不同分为蒸青、炒青、烘青和晒青四类。由于采用的工艺不同，在滋味、香气等品质特征上也体现出不同的风格。

（1）蒸青　蒸青是指采用热蒸汽瞬间破坏茶叶中多酚氧化酶的活性，由于茶叶受热时间短，茶叶中的绿色成分如叶绿素得到大量保存，故所加工出的茶叶形成的"叶色、汤色、叶底"都具有嫩绿的特征。蒸青绿茶加工技术在我国唐宋时期广泛应用，现在国内只有个别省区生产蒸青绿茶。蒸青茶在唐代随着茶叶种植与蒸青茶制作技术传入日本后一直沿用至今。蒸青茶有煎茶、玉露、番茶、碾茶之分，上好的玉露被碾成粉末，称碾茶或末茶（又称抹茶），在举行茶道时使用。在国内常见的绿茶面包、月饼里添加的绿茶粉也多为蒸青绿茶原料。

（2）炒青　炒青是指利用金属传热方式，茶鲜叶通过与高温锅体接触引起多酚氧化酶的变性失活，是我国现代绿茶的主要杀青方法。

如果杀青后再采用热炒方式进行干燥的叫炒青绿茶。炒青绿茶由于炒制时作用力不同，产生了不同的形状，分为长炒青、圆炒青、扁炒青等。长炒青经过精制加工后称为眉茶，成品花色有珍眉、贡熙、雨茶、茶芯、针眉、秀眉、茶末等，是我国出口绿茶的主要花色。圆炒青其品质特征是外形圆颗粒状，色泽深绿油润，汤色黄绿，有栗香，滋味浓厚，叶底深绿较壮实。历史上名优炒青有平炒青（原产于浙江嵊州、新昌、上虞等市县。因历史上毛茶集中于绍兴平水镇精制和集散，成品茶外形细圆紧结似珍珠，故称"平水珠茶"或平绿，毛茶则称平炒青）、泉岗辉白（又称前岗辉白茶，因产于四明山脉的浙江省嵊州市下王镇前岗村而得名）、涌溪火青（原产于安徽省泾县城东70公里涌溪山的枫坑、盘坑、石井坑、湾头山一带）等。扁炒青外形扁平光滑，产于西湖周边的龙井为西湖龙井，素有"色绿、香郁、味甘、形美"四绝，外形光扁平直，色翠略黄，滋味甘鲜醇和，香气幽雅清高，汤色碧绿黄莹，叶底细嫩成朵。

名优炒青，又称细嫩炒青绿茶，是指著名的炒青绿茶，包括龙井茶、涌溪火青等扁炒青、圆炒青，也包括毛尖型、芽型的各种名茶。特种炒青绿茶品质各异，名扬中外，著名的有西湖龙井、江苏洞庭碧螺春、南京雨花茶、安化松针等。其品质的共同特点是外形独特，色泽鲜活翠绿，内质香气清鲜高长，滋味鲜美纯甘，汤色绿亮，叶底嫩匀鲜活。

（3）烘青　烘青是指茶叶原料经过杀青、揉捻处理后，采用热风进行干燥所形成的绿茶。普通烘青绿茶大多作为制作茉莉花茶的原料，香气一般不如炒青高。品质优越的烘青又称特种烘青绿茶，有黄山毛峰、太平猴魁、六安瓜片、开化龙顶等品种。其基本特征是外形条索紧直、显锋毫，色泽深绿油润，香气清高，汤色清澈明亮，滋味鲜醇，叶底匀整嫩绿明亮，也是现在绿茶消费市场上的主流产品。

（4）晒青　晒青是指利用日光晒干绿茶。主要产于云南、四川、湖南、湖北等地。这种茶在市场上直接流通的并不多，大部分晒青茶叶用于制作黑茶，个别流通的晒青佳品多出于云南古茶树产区，以小产区概念茶行销于市，如老班章（属于云

红茶

南省西双版纳傣族自治州勐海县布朗山布朗族乡管辖）、冰岛（属于云南省临沧市双江拉祜族佤族布朗族傣族自治县勐库镇）、昔归（属于云南省临沧市临翔区邦东乡邦东行政村）等。晒青绿茶再加工成紧压茶，如果不渥堆仍属于晒青茶，经过渥堆之后属于黑茶。

2. 红茶

红茶起源于中国武夷山，武夷山桐木关是小种红茶的发祥地。早在16世纪末就发明了红茶，之后在此基础上慢慢地演变出工夫红茶和红碎茶的制法。红茶是世界上消费的主要茶类，占世界茶叶产量的75%左右。根据初制工艺及品质的不同，红茶主要分工夫红茶、红碎茶和小种红茶三大类。红碎茶是世界红茶贸易的主要品种，占红茶世界贸易总量的98%左右。

（1）工夫红茶　工夫红茶是我国传统的特有红茶品种，属于条形茶，又称"条红"，以内销为主。通常以地名来给茶叶冠名，如祁红（安徽祁门）、滇红（云南凤庆一带）、越红（浙江）、粤红（广东）、闽红（福建）等。由于产地不同，采用的茶树品种和加工工艺都有差异，因此形成了各种风格迥异的工夫红茶。

高档工夫红茶的品质特征为：外形条索紧结，有金毫，色泽乌润，香高味浓，汤色红艳明亮，叶底红亮嫩匀。

（2）红碎茶　红碎茶与工夫红茶不同，做形环节以揉切工艺代替普通红茶的揉捻工艺，茶叶破碎率高，萎凋及发酵程度偏重。因此，红碎茶滋味浓强，收敛性强，汤色红艳明亮，适合加奶或加糖后饮用。

红碎茶分叶茶、碎茶、片茶和末茶4种规格。① 叶茶类：外形成条状，要求条索紧结，匀齐，色泽纯润，有金毫（或少或无金毫）。内质汤色红艳（或红亮），香味鲜浓有刺激性，按品质分为"花橙黄白毫"（flowery orange pekoe, F.O.P）和"橙黄白毫"（orange pekoe, O.P）两个花色。② 碎茶类：外形呈颗粒状，要求颗粒重实匀齐，含毫（或无毫），色泽乌润，内质汤色红浓，香味鲜爽浓强，按品质分"花碎橙黄白毫"（flowery broken orange pekoe, F.B.O.P）、"碎橙黄毫"（broken orange pekoe, B.O.P）、"碎白毫"（broken pekoe, B.P）等花色。③ 片茶类：外形呈木耳形片状，要求尚重实匀齐，汤红亮，香味浓爽，按品质分"花碎橙黄白毫屑片"（flowery broken orange pekoe fanning, F.B.O.P.F）、"碎橙黄白毫屑片"（broken orange pekoe fanning, B.O.P.F）、"白毫屑片"（pekoe fanning, P.F）、

"橙黄屑片"（orange fanning，O.F）和"屑片"（fanning，F）等花色。④末茶类：外形呈砂粒状，要求重实匀齐，色乌润，内质汤色红浓稍暗，香味浓强微涩。等级规格清晰，具体可分为"花橙黄白毫"（flowery orange pekoe，F.O.P）、"橙黄白毫"（orange pekoe，O.P）、"白毫"（pekoe，P）、"花白毫"（flowery pekoe，F.P）、"花碎橙黄白毫"（F.B.O.P）、"碎橙黄白毫"（B.O.P）、"碎白毫"（B.P）、"碎白毫片"（broken pekoe fanning，B.P.F）等。当前，国内红碎茶的分类是根据GB/T 13738.1—2017《红茶　第1部分：红碎茶》执行的，根据茶树品种和产品要求的不同，将红碎茶产品分为大叶种红碎茶和中小叶种红碎茶两种产品。其中大叶种红碎茶分为碎茶1号、碎茶2号、碎茶3号、碎茶4号、碎茶5号、片茶、末茶，共7种规格；中小叶种红碎茶分为碎茶1号、碎茶2号、碎茶3号、片茶、末茶，共5种规格。

黄茶

（3）小种红茶　小种红茶是福建省武夷山的特种红茶，生产历史悠久，是我国最早产生的红茶。小种红茶具有特殊的松烟香，似桂圆香，滋味浓爽，带桂圆味，汤色橙黄。小种红茶根据产地的不同，分正山小种和人工小种。

正山小种是武夷山自然保护区内星村乡桐木关一带生产的，又称"桐木关小种"或"星村小种"，而周边的政和、坦洋、北岭、屏南、古田、沙县及江西铅山等地所产的仿正山品质的小种红茶，统称"外山小种"或"人工小种"。

白茶

3. 乌龙茶

乌龙茶是我国特有的茶类，又称"青茶"，属于半发酵茶。乌龙茶的命名一般与所采制的茶树品种相关，不同茶树品种的茶树单独采摘分别付制，如铁观音茶是由铁观音茶树品种采摘的鲜叶加工而成。

我国的乌龙茶产区主要分布在福建、广东、台湾地区。福建乌龙茶又分为闽北和闽南两个产区，闽北以武夷岩茶为代表，闽南以安溪铁观音为代表。广东地区以潮州的凤凰单丛为代表。台湾乌龙茶则以冻顶乌龙、白毫乌龙、文山包种等为代表。

乌龙茶

闽南乌龙茶主产于福建南部的安溪、漳州、平和、永春等县市。闽南乌龙茶的发酵程度比闽北乌龙茶青轻，揉捻环节采用包揉工艺。其外形紧结，重实卷曲，色泽砂绿油润，香气清高持久，带花香，滋味浓厚鲜爽，回甘明显。代表性的茶叶有铁观音、黄金桂（黄旦）、本山、毛蟹、佛手等。

武夷岩茶是闽北乌龙茶的代表，茶树生长于山坑岩壑间，生产的茶叶具有天然的

"岩骨花香"。根据茶树生长的环境不同，平地茶园所产的为"洲茶"，武夷山区内的慧苑坑、牛栏坑、大坑口、天心岩、天游岩、竹窠岩等范围内所产的为"正岩茶"，武夷山区内除生产洲茶和正岩茶之外的茶园生产的岩茶为"半岩茶"。茶树花色品种繁多，品质差异大，代表的四大名丛如大红袍、白鸡冠、铁罗汉、水金龟等，每个茶名的背后都有一个美丽的传说。另外还有武夷水仙、武夷肉桂等当家品种。

台湾乌龙茶源于福建，但是福建乌龙茶的制茶工艺传到台湾后有所改变，依据发酵程度和工艺流程的区别可分为：轻发酵的文山包种茶、中等发酵的冻顶乌龙茶，重发酵的台湾乌龙茶（如东方美人茶）。

凤凰单丛，产于广东省潮州市凤凰山一代，是采用凤凰水仙群体品种中选拔优良单株茶树，经过培育、采摘和加工而成的产品。根据其成品茶香气的差异，可分为黄枝香、芝兰香、杏仁香、蜜兰香、桂花香、通天香等。由于过去不同香型的茶树实行单株采摘、单株制茶、单株销售方法，其产品称为凤凰单丛茶。成品茶外形条索紧结，匀整挺直，色泽黄褐，油润有光，并有朱砂红点；冲泡时花香持久，滋味浓醇鲜爽，润喉回甘，具独特的山韵。

4. 黄茶

黄茶也是我国特有的茶类之一，是从绿茶演变而来的特殊茶类。在唐代时已有蒙顶黄芽作为贡茶。黄茶具有干茶色黄、汤色黄、叶底黄的"三黄"品质特征，其香气高锐，滋味醇爽。

加工过程中，在揉捻前后或初干后进行"闷黄"，在湿热的条件下茶叶中的茶多酚等物质进行氧化，并促使叶绿素降解，形成了黄茶"黄汤黄叶"的特点。根据采摘标准的不同，黄茶又分黄芽茶、黄小茶、黄大茶。我国的黄茶产量小，品种也比较少，代表的茶品有君山银针、霍山黄芽、蒙顶黄芽、平阳黄汤、莫干黄芽等。

5. 白茶

白茶是我国的特产，原产于福建省的福鼎、政和、松溪和建阳等县市，云南省、广东省、台湾省也有少量生产。白茶生产已有200年左右的历史。茶叶外形以"满披白毫"为显著特点，加工工艺以"不炒不揉"为特点。白茶在加工过程中，经过长时间的萎凋，茶多酚进行轻度而缓慢的氧化。

白茶最主要的特点是毫色银白，素有"绿妆素裹"之美感，且芽头肥壮，汤色黄亮，滋味鲜醇，叶底嫩匀。冲泡后品尝，滋味鲜醇可口，还能起药理作用。中医药理证明，白茶性清凉，具有退热降火之功效，海外侨胞将白茶视为不可多得的珍品。白茶的主要品种有白毫银针、白牡丹、新工艺白茶、贡眉、寿眉等。

6. 黑茶

黑茶

黑茶是六大茶类中的后发酵茶，过去以边销为主，少量内销，因此又称"边销茶"。黑茶根据产地和工艺的不同，分为湖南黑毛茶、湖北老青砖、四川边茶、广西六堡茶、云南普洱茶等。下面介绍几种市场上常见的流通黑茶产品。

（1）湖北老青砖　湖北老青砖新中国成立前集中于湖北蒲圻（今赤壁市）的羊楼洞一带，故又称"洞砖"，砖面印有"川"字，又称"川字砖"。新中国成立后，老青砖主要集中在湖北赤壁市赵李桥茶厂加工，每块重2千克，长34厘米、宽17厘米、厚4厘米。青砖原料里外等级不一样，洒面、二面和里茶分别由老青茶的一、二、三级毛茶拼配压制而成。

（2）茯砖　茯砖是以湖南黑毛茶和四川西路边茶为原料的一种紧压茶。茯砖因在伏天加工，因此又称"伏砖"。湖南的茯砖主要集中在安化、益阳一带，茶砖呈长方形，一般每片重2千克，主要销往新疆、甘肃、青海一带。

茯砖在压制前需要经过一道特殊的工序——"发花"，在一定的温度、湿度条件下，茶坯内部滋生微生物，分泌多种胞外酶，促进内含物质转化，使毛茶中的青涩味减弱，茶砖内部出现"金花"茂盛，茶叶色泽黄褐。"金花"学名冠突散囊菌，金黄色颗粒就是这种菌的孢子囊。

（3）康砖和金尖　康砖和金尖都是四川南路边茶中的紧压茶，主产于四川雅安、宜宾及重庆市等地，主要销往西藏、青海一带，现在市场上又称"藏茶"。

现在，传统的康砖由各种绿毛茶拼配、压制而成，重0.5千克，呈圆角长方体，每篓装20块。金尖每块净重2.5千克，呈圆角长方体，每篓装4块，金尖色泽棕褐，香气平和，滋味醇厚，汤色红亮。从原料上来看，康砖的等级要高于金尖。

7. 再加工茶——花茶

花茶是我国传统的再加工茶，由茶坯（绿茶或乌龙茶等基本茶类）与各种香花进行窨制而成的茶叶。因此，花茶又称"香花茶""熏花茶""香片"。花茶以所用花的名称来命名，如"茉莉花茶""珠兰花茶""玫瑰花茶"等。

现在市场上销售最多的为茉莉花茶，是茉莉花与烘青绿茶经过窨花、通花、起花、烘干、提花等工序制成的。茉莉花茶香气清高鲜灵，滋味醇厚，汤色淡黄，饮后唇齿留香。

8. 深加工茶

随着茶叶种植面积的扩大，传统茶叶的消费不能完全消耗掉我国的茶叶产量，每年大量的库存茶需要通过深加工来提高茶叶的附加值和产值。传统散茶的消费，需要用特有的茶具冲泡，对水温、环境等都有要求，而且冲泡后有茶渣，无法迎合年轻人和生活节奏较快的都市人群的需求。通过深加工，生产出不同类型的茶产品，适应各种层次消费者的需求，扩大茶叶的消费量，如速溶茶、茶饮料、茶提取物等。

【第二节】各类茶的加工方法

一 绿茶的加工方法

绿茶是鲜叶先经锅炒杀青或蒸汽杀青，揉捻后炒干或烘干以及炒干加烘干加工而成的。在绿茶加工过程中，由于高温湿热作用，破坏了茶叶中酶的活性，阻止了茶叶中的主要成分——多酚类的酶性氧化，较多地保留了茶鲜叶中原有的各种化学成分，保持了"清汤绿叶"的品质风格。因此，绿茶又称"不发酵茶"。

绿茶的初制加工工艺为：鲜叶→杀青→揉捻→干燥。

（1）鲜叶原料　普通绿茶鲜叶嫩度要求为一芽二叶和一芽三叶，高档绿茶要求芽头、一芽一叶和一芽二叶初展。鲜叶采摘后不能立即进行加工，需要经过一定时间的摊放。摊放后，鲜叶中的水分减少，叶质变软，青草气减弱，茶叶中的氨基酸和可溶性糖增加。摊放后，鲜叶的失水率一般为15%~20%。

（2）杀青　采用高温破坏鲜叶中多酚氧化酶的活性，阻止鲜叶中多酚类物质在酶的作用下氧化，防止茶叶变化，保持茶叶固有的绿色，同时蒸发叶内部分水分，使叶质变软，便于揉捻，随着水分蒸发，一些低沸点的芳香物质散发，高沸点的芳香物质显露，从而使成品茶香气改善。杀青过程中要注意三个原则：首先，要"高温杀青，先高后低"，高温能使茶鲜叶迅速升温，达到快速破坏细胞内多酚氧化酶的活性的要求，后期温度降低，以免茶尖和叶缘由于水分过度散失而导致焦化；其次应"抛闷结合，多抛少闷"，绿茶要保持绿色的叶底和外形，叶绿素分解要少，因此多抛能使水蒸气尽快散发，以免过多湿热状态（闷）而使叶绿素降解产生黄的颜色；再者，应注意"老叶嫩杀，嫩叶老杀"的原则，老叶水分含量少，杀青程度宜轻，嫩叶水分含量高，酶活性强，杀青程度应重一些。

（3）揉捻　用手或机器的力量使叶子卷曲，为茶叶塑形，并使叶细胞适量破坏，细胞中的茶叶生化成分以茶汁的形式溢出，并附于茶叶表面，冲泡时溶解于茶汤，增加茶汤浓度，形成茶的滋味。

（4）干燥　干燥的目的是利用高温蒸发水分，固定茶叶品质，进一步巩固和发展香气。干燥的方法有烘干、炒干、晒干三种形式。烘干一般分为初干（又称毛火）和足干（又称足火），初干温度较高，高温有利于迅速固定品质，进一步发展香气，将茶叶烘至八成干，再用足火低温烘至足干。

红茶的加工方法

红茶是世界上生产和贸易的主要茶类，但在中国它的生产量次于绿茶。红茶是全发酵的茶类。鲜叶经工序加工，制出的茶叶，汤色和叶底均为红色，故称为红茶。其主要品质特点是"红汤红叶"。红茶的加工工艺为：鲜叶→萎凋→揉捻→发酵→干燥。

（1）萎凋　萎凋是红茶初制的第一道工序，萎凋的目的是鲜叶在一定的条件下，均匀地散失适量的水分，使细胞张力减小，叶质变软，便于揉卷成条，为揉捻创造物理条件。伴随水分的散失，叶细胞逐渐浓缩，酶的活性增强，引起内含物质发生一定程度的化学变化，为发酵创造化学条件，并使青草气散失。

（2）揉捻　揉捻是红茶初制的第二道工序，是形成工夫红茶紧结细长的外形、增进内质的重要环节。揉捻的目的是在机械力的作用下，使萎凋叶卷曲成条；充分破坏叶细胞组织，茶汁溢出，使叶内多酚氧化酶与多酚类化合物接触，借助空气中氧的作用，促进发酵作用的进行。由于揉出的茶汁凝于叶表，在茶叶冲泡时，可溶性物质溶于茶汤，增进茶汤的浓度。

（3）发酵　发酵是红茶初制的第三道工序。发酵在萎凋、揉捻的基础上，是形成红茶色香味的关键，是绿叶红变的主要过程。发酵的目的是多酚类化合物的氧化缩合进一步形成茶黄素、茶红素，形成红茶特有的色泽和滋味。在适宜的环境条件下，使叶子发酵充分，减少青涩气味，并产生浓郁的香气。

（4）干燥　干燥目的是利用高温破坏酶的活性，停止发酵，固定萎凋、揉捻，特别是发酵所形成的品质。蒸发水分使茶叶含水量降低到6%左右，以紧缩茶条，防止霉变，便于贮运。此时继续发散青臭气，进一步发展茶叶香气。一般红茶烘干分两次进行，第一次烘干称毛火，中间适当摊晾，第二次烘干称足火。毛火掌握高温快速的原则，以便能迅速抑制酶的活性，防止发酵过度、散失叶内水分。足火掌握"低温慢烤"的原则，继续蒸发水分，发展香气。

三　乌龙茶的加工方法

乌龙茶的加工工艺结合了绿茶和红茶的工艺，使乌龙茶具有了介于绿茶和红茶之间的品质特点，香气高，且具有天然的花香，滋味醇厚，回甘明显，耐冲泡，叶底具有绿叶红镶边的特点。乌龙茶的基本加工工艺为：鲜叶→晒青→做青→杀青→揉捻→干燥。

（1）鲜叶　乌龙茶的采摘标准一般为成熟采，形成驻芽的成熟新梢，又称"开面梢""开面采"。新梢顶部第一叶与第二叶的面积比例≤1/3为小开面，面积比例≥2/3为大开面，介于两者之间的为中开面。

（2）晒青　乌龙茶鲜叶采摘后，需要进行晒青。其原理是鲜叶在阳光的红外线和紫外线的作用下，叶温迅速提高，水分蒸发，酶的活性逐渐加强，促进了香气物质的转化和对叶绿素的破坏，同时对香气成分的形成与青草气成分的挥发也起着很好的作用。晒青方法为：鲜叶薄摊于水筛、竹帘或专用的布帘上，选择15:00后或者11:00之前，日光较弱的时候进行晒青。晒青时间15~30分钟，中间翻叶2~3次。当晒青叶萎蔫，叶面贴伏，第二叶下垂，叶色呈暗绿并失去光泽，水分降至74%左右，到此程度即可。闽北乌龙茶晒青程度较闽南乌龙重，减重率为10%~15%，闽南乌龙一般为6%~12%。

（3）做青 做青是乌龙茶制作的重要工序，特殊的花香和绿叶红镶边的特征就是在做青过程中形成的。做青过程包括摇青和凉青。根据茶叶品质要求、鲜叶特点及气候等因素的不同，乌龙茶的做青工艺要求"看青做青""看天做青"，因此即使同样的鲜叶、设备和加工人员，由于天气的不同，加工而成的乌龙茶品质也不尽相同。做青较适宜的温度为16～26℃，相对湿度55%～58%。其加工工艺原理为：萎凋后的茶叶放入摇青机或筛子上，通过机械的摇动，使叶片与叶片或叶片与摇青工具间相互摩擦和碰撞，擦伤叶缘细胞，从而促进细胞中的多酚类生化成分外溢，多酚类物质通过酶促作用与空气中的氧发生氧化反应，形成茶黄素类等氧化物质。通过凉青过程，将茶叶的水分重新分布，并促进醇类花香物质的形成。叶片刚开始时水分蒸发非常缓慢，失水也较少，摇青伴随着水分的蒸发，推动叶梗叶脉中的水分和水溶性物质，通过输导组织向叶片渗透、运转，水分从叶面蒸发，而水溶性物质在叶片内积累起来，最终形成茶叶的滋味物质。因此，做青的过程也是走水过程，是以水分的变化控制物质的变化促进香气滋味形成和发展的过程。掌握和控制好摇青过程中的水分变化，是乌龙茶加工的关键。

当青叶呈半紧张状态，叶缘垂卷，叶背呈"汤匙状"，主脉半透明，手握柔软，做青程度较适宜。如果做青过度，则青叶色泽发暗，无光泽，红边面积不大，香气低淡；做青若不足，叶态萎蔫，叶色呈暗绿，青臭气明显。

（4）杀青 做青叶达到一定程度后，需要通过杀青来固定品质，一般采用锅式和滚筒杀青方式。杀青温度在200℃以上，杀青完成后，叶子能握成团而不散，梗折而不断，清香或花香显露。

（5）揉捻 杀青完成后，进行揉捻或包揉成形。条形乌龙茶，如闽北和广东乌龙采用揉捻机成形，然后进行烘干。而闽南乌龙需要进行多次包揉、烘干。包揉是安溪乌龙茶和台湾高山茶制造的特殊工序，也是塑造外形的重要手段。包揉运用"揉、搓、压、抓"等动作，作用于茶坯，使茶条形成紧结、弯曲螺旋状外形。通过初包揉可进一步摩擦叶细胞，挤出茶汁，黏附在叶表面上，加强非酶性氧化，增浓茶汤。包揉时，用力先轻后重，抓巾先松后紧，包揉过程中要翻拌1～2次，翻拌速度要快，谨防叶温下降，包揉时间2～3分钟，初包揉后要及时解去布巾，进行复焙，如不能及时复焙，应将茶团解开散热，以免茶叶闷热泛黄。

（6）干燥 乌龙茶的干燥是在热力的作用下，茶叶中一些不溶性物质发生热裂作用和异构化作用，对增进滋味醇和、香气纯正有很好的效果。干燥应采用"低温慢烤",分两次进行。第一次干燥茶农称为"走水烘",茶叶气味清纯,第一遍烘焙,八九成干,下烘摊放,使梗叶不同部位剩余水分重新分布,摊晾一小时左右,进行第二次烘焙。这次烘焙称为"烤焙",烘焙的作用是蒸发水分,固定品质,紧结条形,发展香气和转化其他成分,对提高乌龙茶品质有良好作用。如岩茶毛火时,采用高温快速烘焙法,使茶叶通过高温转化成一种焦脆香味,足火后的茶叶还要进行文火慢烘的吃火过程,对于增进汤色,提高滋味醇度和辅助茶香熟化等都有很好的效果。

四 黄茶的加工方法

黄茶的加工方法与绿茶相似,只是在工艺中增加了"闷黄"的工序。在闷黄过程中,发生了热酶促反应,湿热条件下促使茶叶内部成分发生一系列氧化、水解反应,叶绿素含量下降,胡萝卜素保留较多,因此形成了黄色的外形和叶底,同时儿茶素和黄酮类发生水解和氧化聚合,形成了黄汤的特征,滋味也较绿茶醇和,回甘明显。黄茶的加工工艺为:鲜叶→杀青→闷黄→干燥。

(1)鲜叶 黄大茶鲜叶原料要求一芽四五叶,其他要求为芽头、一芽一叶或一芽二叶初展。

(2)杀青 黄茶杀青原理、目的与绿茶基本相同,但黄茶品质要求黄叶黄汤,因此杀青的温度与技术就有其特殊之处。杀青锅温较绿茶锅温低,一般在120~150℃。杀青采用多闷少抖,造成高温湿热条件,使茶叶内含物发生一系列变化,例如,叶绿素受到较多破坏,多酚氧化酶、过氧化物酶失去活性,多酚类化合物在湿热条件下发生自动氧化和异构化,部分淀粉水解为单糖,蛋白质分解为氨基酸等。这些都为形成黄茶醇厚滋味及黄色创造条件。

(3)闷黄 闷黄是形成黄茶品质的关键工序。黄茶的闷黄是在杀青基础上进行的。在闷黄过程中,由于湿热作用,多酚类化合物总量减少很多,特别是复杂儿茶素类大量减少。由于这些酯型儿茶素自动氧化和异构化,改变了多酚类化合物的苦涩味,从而形成黄茶特有的金黄色泽和较绿茶醇和的滋味。

(4)干燥 黄茶干燥分两次进行。毛火采用低温烘焙,足火采用高温烘焙。干燥温度先低后高,是形成黄茶香味的重要因素。堆积变黄的叶子,在较低温度下烘焙,水分蒸发得慢,干燥速度缓慢,多酚类化合物的自动氧化和叶绿素的降解等在湿热作用下进行缓慢转化，促进了黄叶黄汤的进一步形成。然后用较高温度烘焙，固定已形成的黄茶品质，同时在干热作用下，使酯型儿茶素裂解为简单儿茶素和没食子酸，增加了黄茶的醇和味感。

五 白茶的加工方法

传统白茶的加工过程中，不炒不揉，即不进行杀青和揉捻，其基本工艺为：鲜叶→萎凋→干燥。

萎凋是白茶加工过程中最重要的工序，萎凋方法有室外自然萎凋、室内自然萎凋、加温萎凋等。在萎凋过程中，白茶内含成分发生轻度转化，部分儿茶素形成茶黄素等，部分蛋白质水解为氨基酸，香气由青臭气转为清香。白茶的萎凋至九成干左右进行烘干，阴雨天时，可萎凋至六七成干时进行，以免茶叶变红变黑。

新工艺白茶是福建福鼎白琳茶厂1968年创制的新产品，在加工过程中与传统工艺不同，增加了揉捻。通过揉捻，能使茶叶外形更加紧结、滋味更加浓厚，在运输过程中也不易破碎。

六 黑茶的加工方法

黑茶属后发酵茶，主产区为四川、云南、湖北、湖南等地。黑茶是以黑毛茶为原料经蒸压而成的边销茶。由于四川、湖北等地的茶叶要运输到西北地区，当时交通不便，运输困难，为减少体积，所以蒸压成团块。黑茶在加工成团块的过程中，要经过二十多天的湿坯堆积，所以毛茶的色泽逐渐由绿变黑。成品团块茶叶的色泽为黑褐色，并形成了成品茶的独特风味。由于黑茶的原料比较粗老，制造过程中往往要堆积发酵较长时间，所以叶片大多呈现暗褐色，因此被人们称为"黑茶"。黑茶主要供边区少数民族饮用，所以又称边销茶。

黑茶按地域分布，主要分类为湖南黑茶、四川黑茶、云南黑茶、广西黑茶及湖北黑茶。

传统黑毛茶的初制加工工艺为：鲜叶→杀青→揉捻→干燥→渥堆→干燥。一般黑茶所采用的原料较粗老时，由于含水量少，在杀青时可进行洒水。杀青叶趁热揉捻，揉捻成形后进行渥堆。黑茶在渥堆过程中，微生物大量繁殖，呼吸和分解产物使堆内温度升高，为防止渥堆过度，在这个过程中还应适时翻堆。

渥堆过程促进了茶叶内部非酶性的氧化，转化成茶褐色等氧化物，形成褐绿或褐黄的外观特征，滋味更加醇和。以黑毛茶作为原料，经过蒸压最终形成黑茶成品"紧压茶"。

云南普洱茶分生茶和熟茶两种。普洱生茶以云南大叶种为原料，加工工艺为：鲜叶→ 杀青 → 揉捻 → 晒干 → 拼配 → 蒸茶压制 → 干燥 → 包装 → 入库自然陈化。

普洱熟茶在滇青毛茶经过拼配后，通过增加茶叶的含水量（洒水），促进普洱茶内的微生物和酶类的作用，堆高1~1.5米，每堆加工量为8~10吨，并保持叶层20%~30%的湿度进行发酵。在渥堆过程中，还应进行6~7次的翻堆，堆温达不到40℃或超过65℃均应进行翻堆。渥堆的过程一般要进行4~6周。渥堆完成后，可采用自然干燥的方式进行干燥，此时加工完成的是普洱散茶（熟茶）。散茶经过拼配、筛分、拣剔、蒸压、包装，就制成了各种形状的普洱紧压茶（熟茶）。

【扩展阅读】 再加工茶——茉莉花茶的加工

花茶又称熏制茶，或香片，主产于福建、广西、浙江等地，采用精加工好的茶叶与鲜花窨制而成。花茶的加工从我国明代开始就有，钱椿年、顾元庆校编的《茶谱》中，记载："木樨、茉莉、蔷薇、蕙兰、橘花、栀子、木香、梅花皆可做茶，诸花开放，摘其半含半放、蕊之香气全者，量其茶叶多少，扎花为伴。"其中提到多种花可以用来制作花茶，另外提到加工过程中应注意："花多则太香而脱茶韵，花少则不香而不尽美"。

用于窨制花茶的茶坯主要是烘青绿茶。用于窨制花茶的鲜花主要有茉莉花、白兰花、珠兰花、桂花等，近年来，也有采用玫瑰花、柚花。芬芳的花香加上醇厚的茶味是花茶的总体品质特征。其加工工艺是： 茶坯处理 → 鲜花处理 → 茶花拼和 → 窨花 → 通花散热 → 收堆续窨 → 起花烘焙 → 提花。

茶坯处理：毛茶进行筛分后进行复火，复火是为了减少茶坯含水量，增进吸香。

鲜花处理：鲜花采回后摊放至90%的花开成鱼口形时，便可用来窨花。

茶花拼和、窨花：将茶与花按照一定比例拼和，然后开始窨花。

通花散热、收堆续窨：窨花过程中会产生热量，因此要通花散热，散热之后又收堆，继续窨制。

起花烘焙、提花：窨花后期，鲜花失去生机，此时要将花提出，之后用高温快速干燥，干燥后再用少量花提香。

【第三节】我国各地名茶简介

一 绿茶中的名茶

1. 西湖龙井

"西湖之泉，以虎跑为最，两山之茶，以龙井为佳。"西湖龙井是我国绿茶中的名品，也是浙江省十大名茶之首。西湖龙井主产于浙江省杭州市西湖区的狮峰、龙井、虎跑、梅家坞、云栖竹径一带。特级西湖龙井一般用一芽一叶加工而成，干茶色泽翠绿，外形扁平光滑，形似"碗钉"，汤色碧绿明亮，滋味甘醇鲜爽，享有"色翠、香郁、味醇、形美"四绝之誉。

2008年，国家质量监督检验检疫总局颁布了GB/T 18650—2008《地理标志产品 龙井茶》标准，规定了浙江省龙井茶的地理标志产品的保护范围、生产及品质等要求。根据规定，杭州市西湖区现辖行政区域为西湖产区；杭州市萧山、滨江、余杭、富阳、临安、桐庐、建德、淳安等县级行政区域为钱塘产区；绍兴市越城、新昌、嵊州、诸暨等县级行政区域以及上虞、磐安、东阳、天台等县级行政区域为越州产区。

西湖龙井的采制技术相当讲究，通常以清明前采制的龙井茶品质最佳，称明前茶，谷雨前采制的品质尚好，称雨前茶。另外在采摘上十分强调细嫩和完整。只采一个嫩芽的称为"莲心"；采一芽一叶，叶似旗，芽似枪，称为"旗枪"；采一芽二叶初展的，叶形卷曲如雀舌，称为"雀舌"。

高级龙井茶的手工炒制是在特制的铁锅中，不断变换手法炒制而成。龙井茶的全手工炒制手法复杂，俗称"十大手法"，包括抓、抖、搭、搨、捺、推、扣、甩、磨、压。炒制时根据鲜叶大小、老嫩程度和锅中茶坯的成形程度，不断变化手法，非常巧妙，只有掌握了熟练技艺的人，才能炒出色、香、味、形俱佳的龙井茶。

高级龙井茶的炒制分青锅、回潮和辉锅。青锅，即杀青和初步造型的过程，当锅温达80~100℃时，涂抹少许炒茶专用油（主要成分为茶籽油）使锅面更光滑，投入约100克经摊放过的叶子，开始以抓、抖式为主，散发一定水分后，逐渐改用搭、压、抖、甩等动作进行初步造型，压力由轻而重。起锅后进行回潮，摊凉回潮一般为40~60分钟，最后经过辉锅，锅温60~70℃，主要采用抓、扣、磨、推、压等手法。

现今市场上的龙井茶大部分采用半手工或全机械的方式加工。先采用长板式扁形茶炒制机青锅，摊晾后用龙井锅手工辉锅，或者用滚筒式龙井茶辉干机进行辉锅。

2. 江苏洞庭碧螺春

碧螺春是我国绿茶中的珍品，以形美、色艳、香浓、味醇享誉中外。碧螺春名称的由来说法有多种。相传以前此茶称作"吓煞人香"，康熙得此茶时认为其名不雅，最后题名碧螺春。也有人认为，碧螺春是因为形状卷曲如螺，色泽碧绿，采于早春而得名。

碧螺春产于江苏洞庭山，洞庭山位于太湖东南部，由洞庭东山与洞庭西山组成，东山是伸入太湖之中的一座半岛，上面有洞山与庭山，故称洞庭东山；西山是太湖里最大的岛屿，因位于东山的西面，故称西山，全称洞庭西山。两山为茶、果间作区，茶树和桃、李、杏、柿、橘等果木交错种植，生态环境优越，使碧螺春具有天然的"花香果味"。

碧螺春一般在每年清明前后开采，谷雨前后结束。特级碧螺春通常采一芽一叶初展，芽长1.6~2.0厘米的原料，叶形卷如雀舌，称之"雀舌"，炒制500克高级碧螺春需采6.8万~7.4万颗芽头。碧螺春炒制的主要工艺为：鲜叶→杀青→揉捻→搓团→干燥。杀青是在平锅或斜锅内进行，当锅温190~200℃时，投叶500克左右。揉捻时锅温控制在70~75℃，采用抖、炒、揉三种手法。搓团是形成条索卷曲似螺，茸毫满披的关键过程。锅温控制在50~60℃，边炒边用双手用力将全部茶叶搓成数个小团，不时抖散，反复多次。

碧螺春的品质特点是：条索纤细，卷曲成螺，满披白毫，银白隐翠，香气浓郁，滋味鲜醇甘厚，汤色碧绿清澈，叶底嫩绿明亮，嫩匀成朵。

碧螺春表面茸毛多，适宜用沸水放凉到70~80℃冲泡，冲泡时，在玻璃杯中先放入水,然后再投茶,使茶叶慢慢在水中展开。

3. 信阳毛尖

信阳毛尖产自河南信阳。信阳毛尖外形细、紧、圆、直、多白毫,内质香高、味浓、耐泡,享誉海内外,是我国传统十大名茶之一,曾经在1915年巴拿马万国博览会上荣获过一等金质奖。历史上,信阳毛尖主产于浉河区(原信阳市)、平桥区(原信阳县)和罗山县(部分乡)一带。现产地包括:信阳市浉河区、信阳市平桥区、罗山县、光山县、新县、商城县、固始县、潢川县管辖的128个产茶乡镇。而今"信阳毛尖"的驰名地域为"五云、二潭、一寨"。五云即原信阳县的车云山、集云山、云雾山、天云山、连云山,二潭则是白龙潭和黑龙潭,一寨就是何家寨。如今信阳毛尖主要产区在浉河区、平桥区及罗山县一部分。

信阳毛尖产区茶叶的采摘,每年四月份开采,九至十月份停采。有时气温高,可采明前茶。采摘要求采大不采小,采嫩不采老。芽叶完整的采,有病虫害机械损伤的不采,紫芽、老对夹叶、老单片叶不采,雨天不采等。在分级上以一芽一叶或一芽二叶初展为特级和一级毛尖,一芽二三叶制2~3级毛尖。

信阳毛尖炒制工艺独特,炒制分"生锅"(相当于茶青工艺)、"熟锅"(相当于炒二青工艺)、"烘焙"三个工序,用双锅变温法进行。"生锅"是两口大小一致的光洁铁锅,并列安装成35~40度倾斜状。"生锅"用细软竹扎成圆扫茶把,在锅中有节奏地反复挑抖,鲜叶下锅后,开始初揉,并与抖散相结合。反复进行4分钟左右,形成圆条,达四五成干(含水量55%左右)即转入"熟锅"内整形;"熟锅"开始仍用茶把继续轻揉茶叶,并结合散团,待茶条稍紧后,进行"赶条",当茶条紧细度初步固定不粘手时,进入"理条",这是决定茶叶光和直的关键。"理条"手势自如,动作灵巧,要点是抓条和甩条,抓条时手心向下,拇指与另外四指张成"八"字形,使茶叶从小指部位带入手中,再沿锅带到锅缘,并用拇指捏住,离锅心13~17厘米高处,借用腕力,将茶叶由虎口处迅速有力敏捷摇摆甩出,使茶叶从锅内上缘依次落入锅心。"理"至七八成干时出锅,进行"烘焙",烘焙经初烘、摊放、复火三个程序。控制含水量≤6%即为成品信阳毛尖。

4. 黄山毛峰

黄山毛峰是清代光绪年间谢裕泰茶庄所创制,该茶庄创始人谢正安(字静和)

是歙县人，为了迎合市场需求，亲自率人到黄山充川、汤口等高山各园选采肥嫩芽叶，经过精细炒焙，创制了风味俱佳的优质茶，由于该茶白毫披身，芽尖似峰，取名"毛峰"，后冠以地名为"黄山毛峰"。黄山风景区境内海拔700~800米的紫云峰、桃花峰、云谷寺、松谷庵、吊桥庵、慈光阁一带为特级黄山毛峰的主产地。

黄山毛峰采摘细嫩，特级黄山毛峰的采摘标准为一芽一叶初展，1~3级黄山毛峰的采摘标准分别为一芽一叶、一芽二叶初展；一芽一二叶；一芽二三叶初展。特级黄山毛峰开采于清明前后，1~3级黄山毛峰在谷雨前后采制。鲜叶进厂后先进行拣剔，剔除冻伤叶和病虫危害叶，拣出不符合标准要求的叶、梗和茶果，以保证芽叶质量匀净。然后将不同嫩度的鲜叶分开摊放，散失部分水分。为了保质保鲜，要求上午采，下午制；下午采，当夜制。

黄山毛峰的制造分杀青、揉捻、烘焙三道工序。

（1）杀青　使用名优茶电炒锅（名优茶杀青机），锅温要先高后低，温度为130~150℃。每锅投叶量，特级200~250克，一级以下可增加到500~700克。鲜叶下锅后，闻有炒芝麻声响即为温度适中。单手翻炒，手势要轻，翻炒要快（每分钟50~60次），扬得要高，撒得要开，捞得要净。杀青程度要求适当偏老，即芽叶质地柔软，表面失去光泽，青气消失，茶香显露即可。

（2）揉捻　特级和一级原料，在杀青达到适度时，继续在锅内抓带几下，起到轻揉和理条的作用。二、三级原料杀青起锅后，及时散失热气，轻揉1~2分钟，使之稍卷曲成条即可。揉捻时速度宜慢，压力宜轻，边揉边抖，以保持芽叶完整，白毫显露，色泽绿润。

（3）烘焙　分初烘和足烘。初烘时每只杀青锅配四只烘笼，火温先高后低，第一只烘笼烧明炭火，烘顶温度90℃以上，以后三只烘笼温度依次下降到80℃、70℃、60℃左右。边烘边翻，顺序移动烘顶。初烘结束时，茶叶含水量为15%左右。初烘过程翻叶要勤，摊叶要匀，操作要轻，火温要稳。初烘结束后，茶叶放在簸箕中摊凉30分钟，以促进叶内水分重新分布均匀。待初烘叶有8~10烘时，并为一烘，进行足烘。足烘温度60℃左右，文火慢烘，至足干。拣剔去杂后，再复火一次，促进茶香透发，趁热装入铁桶，封口贮存。

特级黄山毛峰条索细扁，形似"雀舌"，带有金黄色鱼叶（俗称"茶笋"或"金片"，是有别于其他毛峰的特征之一）；芽肥壮、匀齐、多毫；香气清鲜高长；滋味鲜浓、醇厚，回味甘甜；汤色清澈明亮；叶底嫩黄肥壮，匀亮成朵。

二 红茶中的名茶

1. 祁门红茶

祁门茶叶，唐代就已出名。据史料记载，这里在清代光绪以前，并不生产红茶，而是盛产绿茶，制法与六安茶相仿，故曾有"安绿"之称。光绪元年（1875年），有个黟县人叫余干臣，从福建罢官回籍经商，因羡福建红茶（闽红）畅销利厚，想就地试产红茶，于是在至德县（今池州市东至县）尧渡街设立红茶庄，仿效闽红制法，获得成功，次年就到祁门县的历口、闪里设立分茶庄，始制祁红成功。与此同时，当时祁门人胡元龙在祁门南乡贵溪进行"绿改红"，设立"日顺茶厂"试生产红茶也获成功，并取号牌"胡日顺"，从此"祁红"不断扩大生产，形成了中国的重要红茶产区。胡元龙也成了"祁红"鼻祖。

茶叶的自然品质以祁门历口、闪里、平里一带最优。当地的茶树品种高产质优，植于肥沃的红黄土壤中，而且气候温和、雨水充足、日照适度，所以生叶柔嫩且内含水溶性物质丰富，又以三至四月份所采收的品质最佳。祁红外形条索紧细匀整，锋苗秀丽，色泽乌润；内质清芳并带有蜜糖香味，上等红茶更蕴含兰花香（号称"祁门香"），馥郁持久；汤色红艳明亮，滋味甘鲜醇厚，叶底红亮。其加工序如下。

（1）采摘工序　祁红的采摘标准十分严格，高档茶以一芽一叶、一芽二叶原料为主，分批多次留叶采，春茶采摘6~7批，夏茶采6批，秋茶少采或不采。

（2）日光萎凋　将采下的生叶薄摊在晒簟上，在日光下晾晒直至叶色暗绿。

（3）揉捻　将萎凋后的生叶人工揉成条状，适度揉出茶汁。

（4）发酵　将揉捻叶置于木桶或竹篓中，上盖湿布放在日光下晒至发酵叶及叶柄呈古铜色并散发茶香，即成毛茶湿坯。

（5）烘干　旧时茶农将湿坯用太阳晒，遇阴雨用炭火烘焙，至五六成干，俗称毛茶。

2. 正山小种

正山小种红茶是世界红茶的鼻祖。武夷山市桐木关是生产正山小种红茶的发源地，至今已经有400多年的历史。在桐木关内，流传着这样一个关于正山小种的故事：明朝中后期的某年，在采茶的季节，有一支军队路过于此，晚上驻扎于今天的桐木村所在地，当地茶农未曾见过如此场面，纷纷到山上躲避，当天已采摘的茶青没有来得及制作茶叶,第二天已经发酵。为了挽回损失,茶农以当地马尾松干柴进行炭焙烘干,并通过增加一些特殊工序,以最大程度保证茶叶成分。制成的茶叶运往镇上销售,本是无心之作的茶叶,却受到大量茶客的欢迎与喜爱。这种说法真实与否,都无法考证了。而桐木的正山小种红茶,在得到市场认可的情况下,为了保证垄断性,将星村及桐木一带自然保护区范围内生产的红茶,取名"正山"小种,而其他的地区生产的红茶,称为"外山"小种,以示正宗。

16世纪末17世纪初(约1604年),正山小种被远传海外,由荷兰商人带入欧洲,随即风靡英国皇室乃至整个欧洲,并掀起流传至今的"下午茶"风尚。自此正山小种红茶在欧洲历史上成为中国红茶的象征,成为世界名茶。

正山小种产区四面群山环抱,气候严寒,年降水量达2300毫米以上,当地具有气温低、降水多、湿度大、雾日长等气候特点。茶树生长繁茂,茶芽粗纤维少,持嫩性高。正山小种红茶的原料为不同地域的武夷菜茶群体品种所制,为野生、半野生的菜茶品种。

正山小种的加工工艺极具特点。由于桐木关终年云雾,特别是春茶季节日照极少,故鲜叶萎凋大部分依靠加温萎凋,当地松树很多,日常燃料都用松柴,故萎凋用燃料也是松柴。萎凋在烘房青楼上进行(同武夷传统岩茶加温萎凋法),青楼分两层,中间无楼板,只用横木档隔开,档与档之间孔隙3~4厘米,档上铺有小四方孔的竹席,供萎凋摊叶用,档下0.3米处,悬置焙架,供熏焙用。加温萎凋时将湿松柴于地面排列成"T"字形或"一"字形,点燃后使其慢慢燃烧,利用下层焙架上放置之湿坯上升的热气使青叶受热软化。青叶是均匀摊放在档上的萎凋竹席上,利用小四方孔的间隙受热。青叶摊厚3~7厘米,紧闭门窗以免热气散失,室温控制在30℃左右,每隔20分钟左右翻拌一次,动作要快,防止伤叶,下面火力要均匀。晴天也可在外面晒青架(高2.5米,宽长不限)的青席上进行日光萎凋,中间翻动2~3次,使鲜叶水分散失均匀,萎凋至叶面失去光泽,叶张柔软,手握如棉,梗折不断,叶脉透明,青气减退而略有清香为适度。萎凋叶均需在室内地面稍摊凉后,再进行揉捻。揉捻时间为1小时左右。首先不加压轻揉25分钟,再轻压揉15分钟,解块一次,再重压10分钟,然后松压5分钟,最后下桶解块待发酵。揉捻程度以叶细胞破碎率达85%左右为适度,茶汁大量流出、部分叶色呈微黄绿。发酵场所温度控制为22~25℃,发酵时间8~12小时,发酵适度时叶色变淡红,绝大部分青草气消失,发出清香甚至有花果香。

过红锅工序是小种红茶特有的技术，它具有快速钝化酶的活性，去掉茶叶杂异味，形成焦糖香与花果香，使香气更加爽快成熟、滋味更甘甜醇厚、汤色更明亮清澈、叶底色泽更均匀的作用。过红锅工序是将发酵适度的发酵叶投入锅中，锅温高达150~200℃，晚上可见锅底发红，快速炒1~2分钟扬闷磨相结合，下锅复揉1~2分钟，解块后可进行干燥。

干燥分为初焙和复焙足干。初焙需要高温，温度120~130℃，迅速散发水分及去除杂异味，以促进香气滋味更加完善。时间20~35分钟，每2~3分钟翻动一次。复焙宜低温文火，以75~85℃、时间3~4小时为宜，以促其花果香进一步巩固，汤色清澈，耐冲泡。其间每半小时翻动一次，动作要轻，以防断碎。当闻到清香花果香，手抓干茶有刺手感，搓之成粉末即可，趁热装箱以保持固定其高香。

三、乌龙茶中的名茶

1. 大红袍

大红袍是武夷岩茶中的名丛珍品，是武夷岩茶中品质最优异者，产于福建武夷山市东南部的武夷山。武夷山大红袍是武夷岩茶的代表。大红袍母树于明末清初发现并采制，距今已有350年的历史。大红袍母树生长在武夷山天心九龙窠的峭壁上，两旁岩壁矗立，日照不长，温度适宜，多反射光，昼夜温差大，岩顶终年有细泉浸润。这种特殊的自然环境，造就了大红袍的特异品质，大红袍茶树现有6株，都是灌木茶丛，叶质较厚，芽头微微泛红。

传说明朝洪武十八年，举子丁显上京赴考，路过武夷山时突然得病，腹痛难忍，巧遇天心永乐禅寺一和尚，和尚取所藏大红袍茶泡与他喝，病痛即止。考中状元之后，前来致谢和尚，并用锡罐装取大红袍带回京城。状元回朝后，恰遇皇后得病，百医无效，便取出那罐茶叶献上，皇后饮后身体逐渐康复，皇上大喜，赐红袍一件，命状元亲自前往九龙窠披在茶树上以示龙恩，同时派人看管，采制茶叶悉数进贡，不得私匿。从此，武夷岩茶大红袍就成为专供皇家享受的贡茶，大红袍的盛名也被世人传开。现代市售大红袍产品均为母树扦插无性繁殖的后代。

大红袍是工序最多、技术要求最高、最复杂的茶类。其制法极为精细，基本制作工艺包括：采摘→萎凋→摊晾→做青→杀青→揉捻→走水焙→

焙火与趁热装箱→毛茶等工序。

（1）采摘　其鲜叶采摘标准为新梢芽叶生育至成熟（开面三四叶），无破损、新鲜、均匀一致。鲜叶不可过嫩，过嫩则成茶香气低、味苦涩；也不可过老，过老则滋味淡薄，香气粗劣。

（2）萎凋、摊晾　其标准为新梢顶端弯曲，第二叶明显下垂且叶面大部分失去光泽，失水率为10%~15%。其中日光萎凋是最好的萎凋方式。萎凋时，将鲜叶置于谷席、布垫等萎凋器上，摊晾时摊叶密度每平方米1~2千克。阳光强烈时要二晒二凉。晒青程度以叶面光泽消失、青气不显、清香外溢、叶质柔软，手持茶梢基部，顶叶能自然下垂为度。

（3）做青　手工做青时要以特有的手势摇青。将水筛中的凉青叶不断滚动回旋和上下翻动，通过叶缘碰撞、摩擦、挤压而引起叶缘组织损伤，促进叶内含物质氧化与转化。摇后静置，使梗叶中水分重新均匀分布，然后再摇，摇后再静置，如此重复7~8次，逐步形成其特有的品质特征。做青在岩茶制作中占有特殊地位，费时最长，一般需要8~12小时。若操之过急，走水不够，则会给茶汤滋味带来不良影响。

（4）杀青　杀青标准为叶态干软，叶张边缘起白泡状，手握茶团无汁溢出且呈粘手感，青气去尽呈清香味即可。

（5）揉捻　装茶量需达揉捻机盛茶桶高1/2以上至满桶；揉捻过程掌握先轻压1~2次，即采用轻—重—轻，以利于桶内茶叶的自动翻拌和整形。初揉后即可投入锅中复炒，使茶条回软利于复揉，又补充杀青之不足，并使已外溢的茶汁中的糖类、酶类等直接与高温锅接触，轻度焦化而形成岩茶的韵味，时间虽仅30秒，却对品质起很大作用。复揉除使条形紧结外，还能提高茶汤浓度。

（6）走水焙　岩茶"走水焙"在一个密闭的焙间中用焙笼进行。在各个不同温度（90~120℃）的焙笼上以"流水法"操作，使复揉叶经历高、低、高不同温度的烘焙，达六七成干下焙。整个过程10多分钟。

（7）焙火与趁热装箱　拣剔后的茶条先以90~100℃的温度复焙1~2小时，再改用70~90℃低温"文火慢焙"。这是武夷岩茶特有的加工过程，对增进汤色、冲泡次数、改进滋味、熟化香气等有很好效果。最后趁热装箱，也是一种热处理过程，对毛茶品质也有一定良好影响。

大红袍外形条索壮结匀整，色泽绿褐鲜润。冲泡后，汤色深橙黄色，明亮清澈，滋味甘醇，叶片黄绿相间，典型的叶片有绿叶红镶边之美感。大红袍品质最突出之处是，香气馥郁有兰花香，香高而持久，"岩韵"明显，岩骨花香。大红袍很耐冲泡，冲泡七八次仍有余香。

2. 铁观音

铁观音既是茶树品种名，也是茶名。铁观音原产安溪县西坪乡，已有200多年的历史。传说安溪西坪南岩仕人王士让，曾经在南山之麓修筑书房，取名"南轩"。有一天，他偶然发现层石荒园间有株茶树与众不同，就移至南轩的茶圃，悉心培育，茶树枝叶茂盛，采制成品，乌润肥壮，泡饮之后，香馥味醇，沁人肺腑。乾隆六年，王士让奉召入京，谒见礼部侍郎方苞，并把这种茶叶送给方苞，方侍郎品后方知其味非凡，便转送内廷，皇上饮后大加赞誉，因此茶乌润结实，沉重似铁，味香形美，犹如"观音"，赐名"铁观音"。

铁观音是乌龙茶的极品，其品质特征是茶条卷曲，肥壮圆结，沉重。匀整，色泽砂绿，整体形状似蜻蜓头、螺旋体、青蛙腿。冲泡后汤色金黄浓艳似琥珀，有天然馥郁的兰花香，滋味醇厚甘鲜，回甘悠久，俗称有"音韵"。铁观音茶香高而持久，可谓"七泡有余香"。

铁观音茶加工工艺为：鲜叶→晒青、凉青→做青→炒青→揉捻、烘焙。

（1）鲜叶　铁观音茶的原料是采摘成熟新梢的2~3叶，俗称"开面采"，是指叶片已全部展开，形成驻芽时采摘。采来的鲜叶力求新鲜完整，具体工艺如下。

（2）晒青、凉青　晒青时间以16:00阳光柔和时为宜，叶子宜薄摊，以失去原有光泽，叶色转暗，手摸叶子柔软，顶叶下垂，失水率6%~9%为适度。然后移入室内凉青后进行做青。

（3）做青　摇青与凉青相间进行，合称做青。铁观音鲜叶肥厚，要重摇并延长做青时间，摇青共3~5次，每次摇青的转数由少到多。摇青后摊凉历时由短到长，摊叶厚度由薄到厚。第二、三次摇青必须摇到青味浓强、鲜叶硬挺，俗称"还阳"，梗叶水分重新分布平衡。第四、五次摇青，视青叶色、香变化程度而灵活掌握。做青适度的叶子，叶缘呈朱砂红色，叶中央部分呈黄绿色（半熟香蕉皮色），叶面凸起，叶缘背卷，从叶背看呈汤匙状，发出兰花香，叶张出现青蒂绿腹红边，稍有光泽，叶缘鲜红度充足，叶梗表皮显有皱状。

（4）炒青　又称杀青，现在多采用滚筒杀青机杀青。一般在青味消失，香气初露即可进行。

（5）揉捻、烘焙　铁观音的揉捻是多次反复进行的。初揉3~4分钟，解块后即行初焙。焙至五六成干，不粘手时下焙，趁热包揉，运用揉、压、搓、抓、缩等手法，经三揉三焙后，再用50~60℃的文火慢烤，使成品香气敛藏，滋味醇厚，外表色泽油亮，茶条表面凝集有一层白霜。包揉、揉捻与焙火是多次重复进行的，直到外形满意为止，最后才焙火烤干成品。

3. 凤凰单丛

凤凰单丛，属条形乌龙茶。产于广东潮安凤凰山区。当地种植水仙茶树种、制茶均已有900余年，宋《潮州府志》载："凤山名茶待茶，亦名贡茶"。现尚存300~400年老树龄茶树3000余株，性状奇特。凤凰山区濒临东海，茶区分布在海拔1400多米的乌岽山麓。茶区云雾缭绕，昼夜温差大，自然环境有利于茶树的发育及芳香物质的形成。用于制作凤凰单丛的茶树，是从凤凰水仙群体中选出的优异单株，古时每株茶树根据其风味取名，分株单采单制，都品质优良，但名目繁杂。1950年统一命名为"凤凰单丛"。因其茶叶香气（型）、滋味差异，习惯将单丛茶按茶香型分为如蜜兰香、玉兰香、黄枝香、肉桂香、桂花香、茉莉香、芝兰香等十大香型。

凤凰单丛茶的制法过去多以手工制作为主，目前摇青、揉捻、干燥均采用机械加工。初制工艺流程为：鲜叶→晒青→凉青→摇青（碰青）→杀青（炒青）→揉捻→烘焙。将0.5千克鲜叶均匀摊于一竹筛中晒青：根据气温情况需要历时20~30分钟，气温28~33℃，历时10~15分钟。晒青时不宜翻动，以叶子失水率10%（叶子含水量约70%）、顶芽下垂、略有清香产生为适度。凉青历时60分钟左右，使叶内水分重新均匀分布，恢复伸张状态（俗称叶子返阳）。摇青是将凉青叶2~3筛并为一筛，以室温22~26℃、相对湿度70%以上为宜，摇青6~7次，每次间隔120分钟。摇青手势应先轻后重，摇青动作次数应先少后多，全过程需10~14小时。摇青适度标准是：叶缘二成变红，叶脉透明，叶面黄绿色，清香味减退，果香味增浓，叶子含水量65%左右。杀青与揉捻两个工序互相交替进行，两杀两揉。第一次杀青锅温为140~160℃，投叶1~2千克，手法是多闷少扬，历时5分钟左右，出锅揉捻，初步成条后进行第二次杀青，锅温100~110℃，历时3分钟。第二次揉捻至条索紧卷，解块后进行烘焙。第一次烘焙温度80~90℃，历时

10分钟,达五六成干时摊凉;第二次烘焙温度为50~60℃,历时约3小时。毛茶含水量4%~5%。成茶品质特点:其外形条索粗壮,匀整挺直,色泽黄褐,油润有光,并有朱砂红点;冲泡清香持久,有独特的天然花香,滋味浓醇鲜爽,润喉回甘;汤色清澈黄亮,叶底边缘朱红,叶腹黄亮,素有"绿叶红镶边"之称。具有独特的山韵品格。

四 黄茶中的名茶

君山银针,产于湖南省岳阳市洞庭湖一带,属于黄芽茶。君山银针始于唐代,清朝时被列为"贡茶"。据《巴陵县志》记载:"君山产茶嫩绿似莲心。""君山贡茶自清始,每岁贡十八斤。"君山银针茶香气清高,味醇甘爽,汤色清澈,芽壮多毫,条直匀齐,白毫如羽,芽身金黄发亮,有淡黄色茸毫,叶底肥厚匀亮,滋味甘醇甜爽,久置不变其味。冲泡后,茶芽竖立于水中,徐徐下沉,再升再沉,三起三落,蔚成趣观。

君山银针采摘时间为清明前三天左右,直接从茶树上拣采芽头。芽头要求长25~30毫米、宽3~4毫米,一个芽头包含三到四个已分化却未展开的叶片。雨天不采、露水芽不采、紫色芽不采、空心芽不采、开口芽不采、冻伤芽不采、虫病芽不采、瘦弱芽不采、过长过短芽不采,即君山银针的"九不采"。

君山银针的制作特别精细而又别具一格,分杀青、摊凉、初烘、初包、复烘、摊凉、复包、足火八道工序,历时三昼夜,长达70小时之久。杀青锅温在80~120℃,先高温后低温。初烘温度控制在50~60℃,复烘温度和足火温度在50℃左右。初包即初次闷黄大约48小时,复包20小时左右。当茶芽色泽金黄,香气浓郁即为适度。

君山银针有其特殊的冲泡方法:用开水预热茶杯,清洁茶具。用茶匙轻轻从茶罐中取出君山银针约3克,放入茶杯待泡。用水壶将70℃左右的开水,先快后慢冲入盛茶的杯子,至1/2处,使茶芽湿透。稍后,再冲至七八分满为止。君山银针经冲泡后,可看见茶芽渐次直立,上下沉浮,并且在芽尖上有晶莹的气泡。君山银针在饮茶中欣赏。冲泡初始,芽尖朝上、尾部下垂而悬浮于水面,随后缓缓降落,竖立于杯底,忽升忽降,蔚为壮观,有"三起三落"之称。最后竖沉于杯底,如刀枪林立,似群笋破土,堆绿叠翠,令人心仪。其原因极简单,不过是"轻者浮,重者沉"。"三起三落",因茶芽吸水膨胀和重量增加不同步,芽头密度瞬间变化而引起。最外一层芽肉吸水,密度增大即下沉,随后芽头体积膨胀,密度变小则上升,继续吸水又下降,如此往复。

【扩展阅读】 为什么高山云雾出好茶?

古有诗云:"雾芽吸尽香龙脂",自古以来,好茶总是与名山大川有着紧密的关系,高山云雾的地方能出好茶,这是人们选择优质茶叶的一个很常见的条件。高山云雾出好茶的主要原因有以下几点。

1. 云雾对茶树生长的影响

海拔较高的山地茶园,容易形成云雾,俗话说"高山多雾",云雾使不同波长的太阳光通过以后光质发生改变,蓝紫光增加,芽叶中叶绿素、氨基酸等成分的含量增加,进而能产生优质的茶叶。

同时,云雾缭绕的环境缩短了光照时间,降低了光照强度,有利于含氮化合物的代谢,使芽中蛋白质、氨基酸含量明显增加,提高芽叶持嫩性,使叶质柔软。

2. 日夜温差大

高山茶园一般昼夜温差比平地大,因此,白天积累的物质在晚间被呼吸作用消耗的较少,茶叶的内含营养成分增加,水浸出物比平地茶园所产的茶叶含量高,因而高山茶叶比较耐冲泡。

3. 高山低温有利于芳香油和糖类累积

环境温度对茶树酶活性强弱有重要影响,高海拔地区气温较低,昼夜温差大,糖的代谢作用较弱,多糖类的纤维素、半纤维素不易形成,有利于氨基酸和芳香油的形成和积累,因此,茶叶原料的持嫩性好,所制得的茶叶外观油润、香气也高。

4. 高山茶园的生态环境优良

高山森林植被保存完好,枯枝落叶层有利于水源保持和有机质缓慢分解,从而给茶树生长发育提供了良好的肥力和水源,保证了优质茶叶生长的需要。

第四章

饮茶与健康

【第一节】茶叶有益健康的主要成分

茶与健康

有关茶的药理功能的最早记载出现在秦汉年间《神农本草·木部》,"茗,苦荼,味甘苦,饮之使人益思、少卧、轻身、明目。"司马相如《凡将篇》中,开列"乌喙、桔梗"等20种药物,其中"荈诧"一名,即为当时巴蜀方言的茶,这反映茶叶最初曾是作为药用。东汉华佗《食论》记载:"苦荼久食,益意思",这是最先提出长期饮茶,能提高人们思维能力的记载。唐代陆羽《茶经》有云:"茶之为用,味性寒,若热渴、凝闷、脑疼、目涩、四肢烦、百节不舒,聊四五啜,与醍醐、甘露抗衡也。"陆羽在《茶经》中明确而详细地阐述了茶的性质及其药用价值。

唐代兵部《手集方》记载:"久年心痛,十年五年者,煎湖茶,以头醋和匀,服之良。"明代李时珍《本草纲目》记载:"茶,阴中之阴,沉也降也,最能降火。火有虚实,若少壮胃健之人,心肺脾胃之火多盛,故与茶相宜,温饮则火因寒气而下降,热饮则茶借火气而升散。又兼解酒食之毒,使人神思爽,不昏不睡,此茶之功也。"清代黄宫绣《本草求真》记载:"凡一切食积不化,头目不清,痰涎不消,二便不利,消渴不止,及一切吐血、衄血、血痢、火伤目疾等症,服之皆有效。"清代赵学敏《本草纲目拾遗》记载:"口烂,茶树根煎汤代茶,立效;泡过的茶叶干燥,治无名肿毒、犬咬及火烧成疮;经霜老茶叶治羊癫疯。"纵观我国古文献记载可知,茶叶作为一种饮料,作为一种药物物质,在我国已经得到了千百年的传承和记载。茶叶在营养和药用价值上,都得到了历史的认可和证明。

营养价值指在特定食品中的营养素及其质和量的关系,一般认为含有一定量人体所需的物质即为营养物质,具有一定的营养价值,如茶叶含有的维生素、蛋白质、氨基酸和矿物质等。茶作为一种营养物质,不仅是因为茶叶含有人体所需的多种营养物质,还在于茶叶本身能够有效地调理人体对各种营养物质的综合吸收利用,从而更好地维持人体功能的平衡。对于"药用价值"的阐述,从"伏羲尝百药""神农尝百草,一日而遇七十毒"至今,都有被使用和传承。茶叶所含药用物质有250多种,其中含量较多的茶多酚、咖啡碱、茶多糖和茶氨酸等对人体的功能调节非常有效。

一　茶的营养价值

1. 茶中含有人体需要的多种维生素

茶叶中含有多种维生素。目前已知的20多种维生素中，茶叶中被证实的就有十多种。我们通常按照溶解性，将维生素分为水溶性维生素和脂溶性维生素。茶叶中的水溶性维生素，如维生素C和B族维生素等，可以通过饮茶直接被人体吸收利用。

在茶叶中维生素C含量较高，一般每100克绿茶中含量可高达100～250毫克，高级龙井茶含量可达360毫克以上，比柠檬、柑橘等水果含量还高。红茶、乌龙茶因加工中经发酵工序，维生素C受到氧化破坏而含量下降，每100克茶叶只剩几十毫克，尤其是红茶，含量更低。因此，绿茶档次越高，其营养价值也相对越高。从营养平衡角度分析，成人每日只要喝10克高档绿茶，就能满足人体对维生素C的日需要量。

B族维生素中的维生素B_2又称核黄素，在茶叶中的含量较一般粮食、蔬菜高10～20倍；维生素B_3又称泛酸，对人体能量代谢、ATP的生成有重要协助作用；维生素B_5又称烟酸，在茶叶中的含量比糙米、粗面、杂粮、瓜果、蔬菜等食物还多；维生素B_{11}又称叶酸，其生理功能是携带一碳单位，是人体新陈代谢不可缺少的稀有维生素；维生素B_{12}对治疗恶性贫血非常有效。

对于茶叶中难溶于水的脂溶性维生素，即使用沸水冲泡也难以析出。因此，现今提倡适当"吃茶"来弥补这一缺陷，即将茶叶制成超微细粉，添加在各种食品中，如含茶豆腐、含茶面条、含茶糕点、含茶糖果、含茶冰淇淋等。通过食用茶食品，则可获得茶叶中所含的脂溶性维生素营养成分，更好地发挥茶叶的营养价值。

茶叶中含有丰富的水溶性维生素，有规律地经常饮茶可以补充人体对多种维生素的需要。茶叶中也含有丰富的脂溶性维生素，"吃茶"是获取这些维生素的好办法。

2. 茶中含有人体需要的蛋白质和氨基酸

茶叶中蛋白质和氨基酸的含量非常丰富，它们不仅是构成茶叶本身品质的重要物质，也是人类身体所需的重要营养物质。茶叶中的蛋白质主要有白蛋白、球蛋白、醇溶蛋白和谷蛋白等，其含量占鲜叶干重的20%左右。依据水溶与否，将蛋白质分为可溶性蛋白质和不可溶性蛋白质两类。茶叶中能通过饮茶被直接吸收利用的水溶性蛋白质含量约为2%，大部分蛋白质为水不溶性物质，存在于茶渣内，很难通过直接饮用被人体吸收。

茶叶中的氨基酸种类丰富，达25种以上，其中的异亮氨酸、亮氨酸、赖氨酸、苯丙氨酸、苏氨酸、缬氨酸，属于人体必需氨基酸。谷氨酸、精氨酸能降低血氨，治疗肝昏迷；胱氨酸有促进毛发生长与防止早衰的功效；半胱氨酸能抗辐射性损伤，参与机体的氧化还原过程，调节脂肪代谢等；精氨酸、苏氨酸、组氨酸对促进人体生长发育以及智力发育非常有效，又可促进钙与铁的吸收，预防老年性骨质疏松。茶叶中还有婴儿生长发育所需的组氨酸。这些氨基酸在茶叶中含量虽不高，但可作为人体日需量不足的补充。其中，与茶叶保健功效关系最密切的氨基酸是茶氨酸和 γ-氨基丁酸。茶氨酸能镇静安神，提高注意力。而 γ-氨基丁酸可改善睡眠质量。

3. 茶中含有人体需要的矿物质元素

茶叶中含有几十种矿物质元素，其中大部分可溶于热水，易被人体吸收利用。通常将人体所需的矿物质元素分为大量元素和微量元素。常见的大量元素主要是磷、钙、钾、钠、镁、硫等；微量元素主要是铁、锰、锌、硒、铜、氟和碘等。茶叶中矿物质元素含量与茶叶品质存在一定的相关性。锌、磷、钾、镍、铜元素含量较高的茶叶，品质较好，锰、铝、钙、钡元素含量较高的茶叶，品质较次。研究人员通过对贵州茶中矿物质元素的含量分析与茶叶质量关系的测定发现，茶叶中锌、铜、镁、锰的溶出率较高，而钙、铁的溶出率较低，且元素的溶出数量与茶叶含有量呈正相关。

茶叶中存在的矿物质元素，很大部分与人体健康有着密切关系。磷和钙是骨骼生长的重要材料，食物中含有丰富的磷元素。锌具有参与人体糖代谢、核酸和蛋白质的合成、促进细胞生长、促进性功能发育、提高免疫力等多种药性。铁是人体血红素的组成成分，直接参与血液氧的运输和传递。铁元素不足将导致缺铁性贫血，铁在每克干茶中的平均含量约为123微克，在红茶干茶中的含量约为196微克。锌是人体许多酶类必需的微量元素，缺锌可导致儿童智力发育不良、抵抗力弱、生长缓慢，孕妇妊娠中影响宫内胎儿发育，造成男性弱精不育等各种疾病。缺铜会导致全身软弱、呼吸减速、皮肤溃烂。茶叶含锌量较高，每克红茶中平均含锌32微克；绿茶含锌量最高，每克绿茶平均含锌量达73微克，有的可达252微克。茶叶是一种富集锰的植物，一般低含量在0.3毫克/克左右，老叶中含量更高，可达4~6毫克/克，茶汤中锰的浸出率为35%。成人每天需锰量为2.5~5.0毫克，一杯浓茶最高含量可达1毫克。硒（Se）是人体内最重要的抗过氧化酶辅基，辅助保护红细胞不受破损，具有一定的抗癌、抗衰老和保护人体免疫功能的作用。据我国科研人员的研究和报道证明，硒元素对人体抗氧化、抗衰老具有十分重要的作用。茶叶含有硒元素相对于粮食中的硒元素更容易被人体吸收。

此外，茶叶是一种富含氟的植物。我国茶叶中的氟含量为21~550毫克/千克，比粮食高114~571倍，比一般植物高十倍至几百倍。氟在骨骼与牙齿的形成中有重要作用，氟对儿童常见的龋齿与老年常见的骨质疏松症的防治非常有利。人体对氟的需求量极为敏感，从满足人体生理需求到过量中毒之间，差额很小。如氟摄取量过多，就会对骨骼和牙齿产生危害，如发生氟骨症、氟牙症等。茶叶中的氟很易被浸出，热水冲泡时浸出率为60%~80%，容易被人吸收。大量研究和长期实践证明，茶叶以老嫩来分，老茶叶中氟的含量是嫩叶的12~36倍；以茶类来分，绿茶最低，黑茶最高。

上述这些元素对人体的生理功能有着重要的作用。因此，经常饮茶，科学饮茶，是获得这些矿物质元素的重要渠道之一。

二 茶的药用成分

现代科学大量研究证实，茶叶含有与人体健康密切相关的生化成分，如茶多酚、茶色素、茶多糖、茶皂素、生物碱、芳香物质、维生素、氨基酸、微量元素和矿物质等。茶叶具有药理作用的主要成分是茶多酚、咖啡碱、茶氨酸、茶多糖、茶黄素等。

1. 茶多酚

茶多酚，俗称茶鞣质、茶单宁，是茶叶中30多种多酚类物质的总称，含量占茶叶干物质总量的20%~30%，是由黄烷醇类为主和少量黄酮及苷组成的混合物。主要包括黄烷醇类、羟基-黄烷醇类(花白素类)、花色素类、黄酮类、酚酸类等。其中儿茶素类属于黄烷醇类物质,占茶多酚总量的60%~80%,是茶多酚的主要组成成分。茶多酚分子中带有多个活性羟基(—OH)可终止人体中自由基链式反应,清除超氧离子,具有类似超氧化物歧化酶(super oxide dismutase, SOD)之功效。茶多酚对超氧阴离子与过氧化氢自由基的消除率达98%以上,呈显著的量效关系,其效果优于维生素E和维生素C;茶多酚对细胞膜与细胞器有保护作用,对脂质过氧化自由基的消除作用十分明显。茶多酚还有抑菌、杀菌作用,能有效降低大肠对胆固醇的吸收,防治动脉粥样硬化,是艾滋病毒(HIV)逆转酶的强抑制物,有增强机体免疫能力;茶多酚还具有抗肿瘤、抗辐射作用、具有抗氧化防衰老作用。毒理学研究证实,茶多酚安全、无毒,是食品、饮料、药品及化妆品的天然添加成分,目前已经广泛应用于轻工业领域。

2. 咖啡碱

咖啡碱是茶叶中含量最多的生物碱,在茶叶中含量一般为2%~4%(在咖啡中的含量一般为0.8%~1.8%),是茶叶中重要的滋味物质,与茶黄素络合形成复合物,使其具有鲜爽味。咖啡碱、茶叶碱和可可碱等都是茶叶中重要的生物碱,这三类生物碱的药理作用相似,但对人体的不同组织器官的作用强度不同。咖啡碱存在于茶、咖啡、碳酸饮料、巧克力等多种食物(和药物)中,这使得它可以作为一种普遍的兴奋药物得以传播和发展。

咖啡碱对中枢神经系统有兴奋作用,能解除酒精毒害、强心解痉、平喘、提高胃液分泌量、增进食欲、帮助消化以及调节脂肪代谢,因此,适量地摄入咖啡碱,对人体是非常有利的。咖啡碱在茶叶中的分布也是嫩芽叶含量最多、老叶含量相对较少,以一杯茶饮量需茶叶3~4克、咖啡碱含量最高4%来计,其咖啡碱的含量也不过是140毫克,远低于人体可接受咖啡碱的最高水平,是可以放心饮用的。现代研究也显示,如果咖啡碱的摄入量过多,人体就会产生不良反应,但适当地品饮,还是不需担心的。因为茶叶中有对咖啡碱起协调作用的茶多酚、茶氨酸等成分存在,它们之间的拮抗作用可适当消除纯咖啡碱的不良作用。所以,因过度喝茶而造成咖啡碱摄入量过多而引起的不良反应,发生的可能性相对较轻、较缓和。

3. 茶氨酸

茶氨酸是茶叶中的一种特殊氨基酸，是茶树中含量最高的游离氨基酸，一般占茶叶干重的1%～2%。春茶及特种品种的茶叶含量较高。茶氨酸能引起脑内神经递质的变化，促进大脑的学习和记忆功能，并能对帕金森症、传导神经功能紊乱等疾病起预防效果。茶氨酸能抑制脑栓塞等脑障碍引起的短暂脑缺血（常导致缺血敏感区发生延迟性神经细胞死亡）。因此，茶氨酸有可能用于脑栓塞、脑出血、脑中风、脑缺血以及老年痴呆等疾病的预防。茶氨酸具有促进脑波中α波产生的功能，从而引起舒畅、愉快的感觉，同时还能使人注意力集中。动物和人体试验均表明，茶氨酸可以作用于大脑，快速缓解各种精神压力，放松情绪，对容易不安、烦躁的人更有效。人们在饮茶时感到平静、心境舒畅，也是茶氨酸对咖啡碱有拮抗作用的结果。茶氨酸是谷氨酰胺的衍生物，二者结构相似。肿瘤细胞的谷氨酰胺代谢比正常细胞活跃许多，因此，作为谷氨酰胺的竞争物，茶氨酸能通过干扰谷氨酰胺的代谢来抑制肿瘤细胞的生长。另外茶氨酸可降低谷胱甘肽过氧化物酶的活性，从而使脂质过氧化的过程正常化。

4. 茶多糖

茶多糖，即茶叶复合多糖，是茶叶中含有的与蛋白质结合在一起的酸性多糖或酸性糖蛋白，由糖类、蛋白质、果胶和灰分组成的一种类似灵芝多糖和人参多糖的高分子化合物。茶多糖主要为水溶性多糖，易溶于热水，易被人体吸收，茶多糖在茶叶中的含量相对较高，在绿茶饮料中，茶多糖总量占绿茶饮料固体物含量的3.5%。现代科学研究证实，茶多糖具有降血压和减慢心率的作用，能起到抗血凝、抗血栓、降血脂、降血压、降血糖、改善造血功能、帮助肝脏再生、短期内增强机体非特异性免疫功能等功效。

5. 茶黄素

茶黄素是存在于红茶、乌龙茶、黑茶等中的一种金黄色色素，是茶叶发酵（茶多酚氧化）的产物。在生物化学上，茶黄素是一类多酚羟基具茶骈酚酮结构的物质。茶黄素，占干茶重量的0.5%～2%，具体含量取决于茶叶加工的方法。茶黄素在茶汤鲜亮的颜色和浓烈的口感方面起到了一定的作用，是红茶的一个重要的质量指标。现已发现，茶黄素具有调节血脂、抗氧化、抗肿瘤、抗心脑血管疾病的多种药理活性，以及调节机体免疫、抗菌、抗病毒等多方面的药理作用，并在多种相关疾病防治上具有确切疗效。

【第二节】 茶叶的主要保健功能

茶叶作为药用由来已久。"诸药为各病之药，茶为万病之药"，早在唐代的《本草拾遗》中，先人就已对茶的药疗功效作出过总结性评价。茶叶中含500多种成分，其中具有药用价值的就有250多种。茶叶不仅具有提神清心、清热解暑、消食化痰、去腻减脂、清心除烦、解毒醒酒、生津止渴、降火明目、止痢除湿等药理作用，还对现代疾病如高脂血症、心脑血管病、癌症等，有一定的好处。随着现代医学研究的发展，人们已将茶叶中所含的功效物质进行提取并加以利用，造福人类。

一 抗氧化和调节机体免疫作用

自由基又称"游离基"，是指化合物的分子在光热等外界条件下，共价键发生钧裂而形成的具有不成对的原子或基团。按照自由基学说，自由基处于生物生成体系与生物防护体系的平衡之中。由于人体的衰老或者外界影响，就会导致这个平衡失调，自由基积累，危害机体健康。此时就需要增加外援的抗氧化剂清除自由基，保护机体正常运转。依据抗氧化剂清除自由基的性质，可将其分为预防型抗氧化剂和断链型抗氧化剂。SOD、过氧化氢酶（catalase，CAT）等抗氧化剂属于预防型抗氧化，而茶多酚及其氧化产物不仅具有酚类抗氧化剂的通性，能够直接清除自由基，还可作用于自由基的相关酶类，络合金属离子，间接清除自由基，从而起到内源性（断链）抗氧化和外源性（预防）抗氧化的双重特性，更好地保护机体。

免疫是机体免疫系统对抗原物质的生物化学应答过程，具有"识别"和"排除"抗原性异物、维持机体生理平衡的功能。茶多酚能有效地增加机体的细胞免疫功能，对免疫功能低下的机体有刺激促进免疫提高的作用，如延缓人体胸腺衰退、保护淋巴细胞、促进胸腺淋巴细胞增殖、刺激抗体活性等；而对正常机体的免疫功能具有一定的调节和保护作用，预防免疫系统的变态反应。经实验研究发现，红茶、乌龙茶和绿茶都可较大幅度地抑制酶活力，且抑制作用依次增强。

调节血脂、预防心脑血管疾病

心脑血管疾病是21世纪发病率极高，对人体危害极大的常见性多发病。高血压病是我国常见的心血管疾病之一。动脉粥样硬化是导致心脑血管疾病的主要因素。饮茶可以有效降低血脂，抗动脉粥样硬化。茶多酚可以调节血脂代谢，有研究显示，喝茶多的人其血液中胆固醇总量较低。其调节血脂的原理在于它能与体内的脂类结合，并通过粪便将其排出体外，从而抑制脂质斑块的形成；同时它也能促进高密度脂蛋白固醇逆向转运胆固醇，使血管内膜斑块中的胆固醇较多地逆向转运至肝脏，并在肝脏中经代谢生成胆固酸，排出体外，从而起到调节血脂、预防心脑血管疾病发生的作用。茶多酚也可通过抗凝、促纤溶以及抑制血小板聚集，抑制动脉平滑肌细胞增生，影响血液流变学特性等多种机制，从多个环节对心血管疾病起调理作用。

茶叶中的可溶性色素是指茶叶中儿茶素等多酚类及其氧化衍生物的混合物，其主要成分为茶黄素类、茶红素类及其络合物等。茶色素可增强血红细胞活性，改善血液微循环，改善机体免疫力和组织代谢水平，从而达到有效预防心脑血管疾病的目的。相应的临床研究也表明，茶色素在调节血脂、抵抗脂质过氧化、消除自由基和抗凝、促纤溶等方面起积极作用，且在抑制主动脉平滑肌细胞增殖、抑制主动脉脂质斑块形成等多方面也非常有效。绿茶中多酚类物质含量较高，特别是儿茶素类。科学饮用绿茶，可有效降低心血管疾病和癌症的风险。

三 防癌抗突变

饮茶可抑制多种不同肿瘤的生长,实验表明,茶多酚能抑制啮齿动物皮肤、胃、肺、食管、十二指肠、结肠肿瘤的致癌诱导。其功能主要体现在茶多酚的抗氧化作用,对细胞生长、分化、死亡过程中多种分子机制的调控作用,以及清除或抑制致癌化学物质,抗突变,抗离子辐射、紫外线辐射,抑制微生物和病毒入侵,提高人体免疫力等方面。茶多酚的抗癌作用是多方面的,它可以清除活性氧和自由基,增强机体解毒酶活力,阻止转化细胞表达及促进DNA修复等。此外,茶多酚对肿瘤放疗、化疗引起的白细胞、血小板减少也有显著的提升作用。

通常医学上将基因突变和染色体变异常统称为突变,突变通常会导致细胞运作不正常,或细胞死亡,甚至引发癌症等。茶叶中的茶多酚可以通过对代谢的调节、阻断、抑制DNA的复制、修复、增殖和转移,有效实现抗突变。

四 抗菌消炎

茶多酚具有广谱微生物抗性,对自然界中几乎所有动植物病原微生物都可通过生物化学和物理化学机理来改变病菌的生理,干扰病菌的代谢,从而起到一定的抑制能力。这其中包括了真菌、细菌、微浆菌、病毒及其分泌的毒素等。其中茶多酚对细菌和病毒的作用最强,对酵母的抑制作用很微弱,对霉菌则完全没有抑制作用。

茶多酚对微生物有抑制和杀灭双重作用,并可抑制细菌毒素的活性和某些芽孢的萌发。其还可阻止病菌对机体的侵袭等。并且其抑菌能力与细菌的性质相关。例如,其对革兰阳性菌的抑制作用强于革兰阴性菌;茶多酚抑菌有极好的选择性,可抑制有害菌群的生长,维持正常菌群平衡,而对有益菌有促进作用;茶多酚选择性作用的另一意义是对病原菌有毒性,而对正常寄主细胞(机体)无害,茶多酚抗菌过程中,不会使细菌产生耐药性。这些特点使得茶多酚非常符合医药、食品及农业生产应用需要。另外,茶多酚还能有效沉淀多数重金属盐如铅离子、汞离子、镉离子等,从而起到对饮用水消毒的作用。现今社会水源多存在金属超标现象,清除水内多余金属,缓解体内金属离子的毒害作用,对人体也起到一定的解毒抗菌的功效。

五 抗辐射作用

大量的高能射线辐射会引起血液中白细胞减少、免疫力下降，从而引发多种疾病。随着社会经济的发展，电脑、手机、电视等电子产品越来越普及，人们长期承受着越来越严重的低剂量长时间电磁辐射的危害。长期遭受辐射会引起头晕乏力、胸闷气滞、体质下降；重者可使胃肠功能紊乱，免疫力下降，导致各类慢性疑难疾病，危及身体健康。多年的研究证实，茶多酚具有抗辐射作用，主要表现在对辐射损伤的防护和对损伤机体的治疗两方面。茶多酚能直接参与清除辐射产生的过量自由基，避免生物大分子的损伤；通过提高体内抗氧化酶的活力，调节和增强免疫功能，从而提高细胞对辐射的抗性；防护并修复造血干细胞和骨髓细胞，促进造血功能，并使免疫细胞增殖和生长，使辐射损伤组织得到恢复。在动物试验中发现，服用茶多酚可减缓辐射引起的免疫细胞损伤，促进受损免疫细胞和白细胞的恢复，防治骨髓细胞的辐射损伤。另外，茶多酚还可防止紫外线A、紫外线B对皮肤造成的损伤，因此，也常用茶叶提取物制作防晒化妆品等。

六 消除口臭作用

口臭是指呼吸时散发出一种以挥发性硫化物为主要物质，产生令人不愉快气味的病症。形成口臭的因素很多，其中约90%来源于口腔内因素。口腔中未治疗的龋齿、残根、残冠、不良修复体、不正常解剖结构、牙龈炎、牙周炎及口腔黏膜病等都可以引起口臭。饮茶能有效地消除口臭。因为茶多酚能与引发口臭的多种化合物起化学反应，生成无挥发性的产物，蛀牙及齿根膜疾病主要由口腔细菌感染引起，茶多酚对这些病原菌都有抑制效果。茶多酚不仅抑制各种口腔细菌的黏附、生长和繁殖，还可直接杀灭口腔细菌，因此对口腔细菌表现较强的抑制作用。除了口腔微生物，茶多酚对咽喉微生物同样有抑制作用。茶多酚对口腔咽喉主要致病菌如肺炎球菌、金葡萄球菌、表皮葡萄球菌、乙型链球菌及与牙周病相关的坏死梭杆菌、牙龈卟啉菌等都有明显的抑菌和杀菌作用，从而消除口臭。调查显示，中国口臭患病率为27.5%，将茶叶中消除口臭的药理物质进行提取利用，是治疗口臭等多种疾病的途径之一。

【第三节】科学饮茶常识

一 如何做到科学饮茶

1. 饮茶要适量

饮茶有益于健康,但也应该有个度。现代医学研究证明,每个饮茶者具有不同的遗传背景,因而体质也有较大差异,脾胃虚弱者,饮茶不利,脾胃强壮者,饮茶有利;饮食中多油脂类食物者,饮茶有利;饮食清淡者要控制饮茶的量。一般来说每天饮茶不超过30克为宜,此数据是根据氟元素的摄入量来计算的。前文已经表述,氟是一种有益的微量元素,但是摄入过多则会损害人体健康。《中国居民膳食营养素参考摄入量(2023版)》建议氟元素的适宜摄入量为0.01~1.5毫克/天。以茶叶实际氟含量最高值、泡水时茶叶中氟的浸出率计算,每天可饮茶30~60克。考虑到从其他食物和水中会摄取的氟,每天喝茶15~30克不会造成氟过量。

2. 饮茶要适时

从科学饮茶的角度而言,每个人的生活习惯不同,饮茶的时间并不需要固定,但是由于饮茶与一日三餐不同,还需要讲究一定的时间。一般来说,空腹不能饮茶,而饭后也不可以立即饮茶,因为饭后如果立即饮茶会影响到铁元素的吸收,长期下去会引起缺铁病症,而等到饭后一个小时,人体对铁的吸收基本完成,所以饭后一个小时饮茶最佳。另外,如果是对咖啡碱的兴奋作用特别敏感的人在睡前也不要饮茶,否则咖啡碱的兴奋作用会使人失眠,而对此不敏感的人则可不忌讳。当然,在吃药时也不可用茶水送服,主要原因是茶水中的茶多酚会络合药物中的有效成分,进而导致药物失效。

一般认为,鱼类、肉类食物中含有丰富的铁元素,且大部分的铁是以血红素铁的形态存在的,所以用餐前后饮茶对铁的吸收影响不会太大,而以素食为主的食物中,铁元素含量相对较少,且大多以非血红素铁形态存在,在这样的情况下,如果进食前后饮茶就可能导致铁元素摄入不足。

3. 空腹不适合饮茶

空腹不适合饮茶，特别是发酵程度较低的绿茶、黄茶等。由于其中茶多酚等保留较多，如在空腹状态下饮用，会对人体产生不利影响。空腹时，茶叶中的茶多酚等会与胃中的蛋白结合，对胃形成刺激。除了会对胃肠有刺激，空腹喝茶还会冲淡消化液，影响消化。同时，空腹时，茶里的一些物质容易被过量吸收，如咖啡碱和氟。咖啡碱会使部分人群出现心慌、头昏、手脚无力、心神恍惚等症状，医学上称为"茶醉"现象。一旦发生茶醉现象，可以吃一块糖、喝杯糖水，或者吃甜食，上述症状即可缓解并消失。患有胃溃疡、十二指肠溃疡的人，更不宜清晨空腹饮绿茶，因为茶叶中的多酚类会刺激胃肠黏膜，导致病情加重，还可能引起消化不良或便秘。

4. 饮茶与解酒

饮茶到底能不能解酒，一直有争论。一般认为，茶虽然有利尿功能，可以加快人体的水分代谢，饮茶之后小便增多，这样人体通过排尿将血液中的酒精带出体外以达到醒酒的目的，通过饮茶醒酒减轻了肝脏的负担，但如此一来，却增加了肾脏的负担，长此以往会造成肾脏的一些疾病。另外，过量饮酒者会因为饮酒而心跳加速，如果饮用大量浓茶，增加咖啡碱的摄入，由于咖啡碱也有兴奋神经的作用，饮用浓茶会使心跳过快，从而增加心脏功能负担。但是，如果通过饮用淡茶来补充人体所需要的水分，通过增加人体内茶多酚浓度，清除酒精代谢过程中产生的过量自由基，也会有利于酒精代谢。而经过科学实验表明，饮茶可以解酒，但要在饱腹的情况下才有效，若空腹则不仅无效，而且会加剧酒精对人体的损害。

二 饮茶也有适宜人群

茶虽然是一种保健饮料，但对于不同体质、不同习惯的人群来讲，适合喝哪种茶还是有所区别的。对于初次接触茶叶的人群，如其口味相对清淡，可推荐品饮上好的绿茶和黄茶，如西湖龙井茶、碧螺春茶、黄山毛峰茶、君山银针茶等；如口味偏重，可推荐品饮茉莉花茶、炒青绿茶等。对于老茶客，则应首选个人嗜好的茶品，在品饮时，需适当控制茶叶用量。

从中医角度分析，茶性微寒，偏于中凉。单就茶叶来讲，红茶性偏温，对胃的刺激性相对较小，适宜平性惧寒的人群品饮；绿茶性偏寒，对肠胃的刺激性较大，容易使人产生清凉的感觉，适合惧热的人群使用；乌龙茶介于红茶和绿茶之间，性情适中，适合身体肥胖的人饮用。而刚炒制出来的炒青绿茶，其性质与初制的爆米花、板栗等性质类似，这些刚炒制出来的茶叶是不适合立即品饮的，一般都要放置一周甚至数周后才宜饮用。

我国茶叶品类繁多，不同的品饮者选择茶品也是有差异的，原因在于不同的茶叶其功能成分含量是有差异的。例如，绿茶的氨基酸、儿茶素、维生素C等含量较高，用于抗氧化、抗辐射效果比较明显；红茶的茶黄素、茶红素等氧化缩合物含量较高、香味物质较多，对于大多体性偏寒的女性来讲，非常适宜；乌龙茶则介于绿茶和红茶之间，其独特的韵味得到大多消费者的青睐。对于砖茶，因原料粗老，茶砖中含有较多的茶多糖和氟元素，对糖尿病的治疗非常有益，但同时也需注意人体对氟的吸收。

从年龄上分析，年轻人阳气足、活力强盛，适当地喝些茶叶是有益的。儿童饮茶量不宜过多，每天1~2克即可；饮茶不宜过浓，清淡茶汤即可；饮用茶叶宜嫩不宜老，以上好的绿茶为佳。有研究表明，儿童适量饮茶具有增进食欲、补充人体多种营养物质、防止肥胖和抗龋齿、抗辐射的功效。对于老年人来讲，因自身新陈代谢放缓、抵抗力下降、生理功能下降等，使得老年人在饮茶方面更要留意，喝茶时需做到早、少、淡。

以上，从饮茶人群对茶的接触程度、茶的中医冷热秉性、茶类功效以及年龄阶层等方面对饮茶的机理进行了简单的分析，下面针对特殊人群的饮茶科学进行一一阐述。

1. 糖尿病患者

糖尿病的本质是血糖的摄入和代谢间失去正常状态下的动态平衡。

茶多糖可以降血糖已被公认，我国民间一直流传着泡饮粗茶来治疗糖尿病的说法，蔡鸿恩、李布青以及石垣健一等人的研究结果显示，粗茶中的茶多糖能够有效降低人体、动物体的血糖含量，有效控制糖尿病的发生。

2. 吸烟人群

肺癌是所有恶性肿瘤中发病率和死亡率极高的肿瘤疾病，吸烟是肺癌的主要的致病因素。杜春华等研究表明，茶多酚可抑制肺癌细胞的增殖活性，其抑制作用随时间的延长而增强，以36小时抑制作用最强，在浓度50~150毫克/升范围内，抑制作用随浓度增高而增强。程书钧研究表明，茶多酚可明显抑制香烟凝集物诱导的细胞突变和染色体的损伤，其抑制作用比维生素C、维生素E及β-胡萝卜素更强。自由基清除动力学研究表明，每分子儿茶素可清除2~6分子自由基(每分子非酯型儿茶素可清除2分子自由基，每分子酯型儿茶素可清除6分子自由基)。茶多酚抗自由基氧化损伤及防癌抗癌作用已得到普遍认同。有研究表明，亚急性高浓度吸烟使小鼠谷胱甘肽过氧化物酶（glutathione peroxidase，GSH-Px）升高，以SOD活性为主要观察指标，结果显示大剂量口服茶多酚（约为成人日摄入量的20倍），可使高浓度吸烟（约为成人日平均吸烟量的20倍）动物的SOD活性维持在正常水平，作用与大剂量口服维生素E相同。较低剂量口服茶多酚，则不能维持大剂量吸烟动物的SOD活性。

3. 贫血患者

贫血患者可否饮茶，这应根据贫血的性质而定。如果是缺铁性贫血，那么最好不饮茶，或选用红茶或者普洱茶，不宜选用绿茶，这是因为茶叶中的茶多酚很容易与食物中的铁发生化合反应，不利于人体对铁的吸收，而绿茶茶多酚含量最高，红茶与普洱茶在加工过程中多酚类物质大部分被氧化为其他缩合物，比绿茶温和。同时，缺铁性贫血患者服的药物，多数为含铁补剂，用绿茶茶汤服药会直接影响到药物的吸收和疗效。其他贫血患者大多是气血两虚，身体虚弱，而喝茶有可能使虚症加剧，所以也以少饮茶为宜，特别是要防止过量或过浓饮茶。

4. 脾胃虚寒者

茶是清凉的饮料，特别是绿茶，性偏寒，对脾胃虚寒者不利，因此脾胃虚寒者在饮茶时不宜饮浓茶，尤其是绿茶。同时，饮茶过多、过浓，尤其是绿茶中含有较多茶多酚，会对胃部产生强烈的刺激，影响胃液分泌，导致影响到人体对食物的消化和吸收，进而产生食欲不振或出现胃痛、胃酸等现象。所以，对脾胃虚寒者而言，不宜选用绿茶，同时也不宜选用浓茶，尽量选择性温的茶类，如红茶、普洱茶等，以减少对脾胃的刺激作用。

5. 神经衰弱者

对神经衰弱患者来说，一要做到不饮浓茶，二要做到不在临睡前饮茶。这是因为患神经衰弱的人，其主要症状是晚上失眠，而茶叶中含有的咖啡碱最明显的作用是兴奋中枢神经，使精神处于兴奋状态。晚上或临睡前喝茶，这种兴奋作用表现得更为强烈，所以，喝浓茶和临睡前喝茶，对神经衰弱患者来说，无疑是"雪上加霜"。神经衰弱患者由于晚上睡不着觉，白天往往精神不振。因此，早晨和上午适当喝点茶水，吃些含茶食品，既可以补充营养不足，又可以帮助振奋精神。但对神经衰弱患者来说，品饮脱咖啡因茶是不影响睡眠的。

6. 冠心病患者

冠心病又称冠状动脉性心脏病，是由于脂质代谢不正常，导致血液中脂质沉积在原本光滑的动脉内膜上，造成动脉内膜出现似粥样的脂类物质堆积，动脉变得狭窄，血流受阻，从而导致心脏缺血，出现心绞痛的现象。对于心动过速的冠心病患者来说，少饮茶、饮淡茶，或饮脱咖啡因茶比较有利。茶叶中含有的生物碱，尤其是咖啡碱和茶碱等有兴奋作用，能增强心肌的功能。多喝茶或喝浓茶会促使心跳过快。有早搏或心房纤颤的冠心病患者，也不宜多喝茶，喝浓茶，否则会促使发病或加重病情。对于心动过缓，或窦房传导阻滞的冠心病患者来说，其心率通常在每分钟60次以内，适当多喝些茶，甚至喝一些偏浓的茶，不但无害，而且还可以提高心率，有配合药物治疗的作用。

7. 妇女"三期"

处于"三期"的妇女最好少饮茶，或饮脱咖啡因茶。经血中含有高铁血红蛋白质和血浆蛋白，月经期妇女需补充身体缺乏的铁元素。茶叶中的多酚类物质对铁离子会产生络合作用，使铁离子失去活性，经期饮茶影响人体对铁的吸收，容易产生痛经、经期延长和经血过多现象，导致缺铁性贫血。茶叶中的咖啡碱对神经系统和心血管系统有一定的刺激作用，浓茶咖啡碱含量较大，怀孕期妇女饮浓茶，不仅会导致缺铁性贫血的发生，也会加剧孕妇的心跳和排尿，增加孕妇的心肾负担，诱发妊娠中毒，损伤母体和婴儿的健康。茶叶中的鞣酸不仅能抑制肠液的分泌，还会抑制乳腺分泌，影响母亲对幼儿的哺乳。且浓茶中的咖啡因通过人乳进入婴儿体内，也容易导致幼儿肠痉挛不适症状，给婴儿的生长会带来不良的影响。因此"三期"妇女最好少饮茶，即使偶尔饮茶，也要清淡少许方可。

8. 肥胖症患者

茶叶对人体重调节具有双重作用，不仅具有降脂功效，还可使偏瘦者体重增加。有关于饮茶对城市中老年人健康的影响研究显示，在不饮茶的调查人群中，肥胖或超重人数达51.6%，偏瘦人数约12.1%；在过量饮茶的人群中，两者比重分别为36%和6%。而在调查的适量饮茶人群中，两个比例维持在不饮茶和过量饮茶之间。茶叶降脂的物质基础主要是茶多酚、咖啡碱和茶多糖等。临床试验也表明，茶叶能够有效降低血液中三甘油酸酯的含量，起降脂的功效。对于肥胖症的患者来说，饮各种茶都是很好的，因为茶叶中咖啡碱、黄烷醇类、维生素类等化合物，能促进脂肪氧化，除去人体内多余的脂肪。但不同的茶，其作用有所区别，根据实践经验，喝乌龙茶及沱茶、普洱茶、砖茶等紧压茶，更有利于降脂。据国外学者研究表明，乌龙茶对人体能量的消耗大于绿茶，且乌龙茶分解脂肪、帮助消化、利于降脂功效也是非常明显的。国外医学界一些研究资料也显示，云南普洱茶和沱茶具有降脂功效和预防心血管病的作用。临床试验表明，常饮沱茶，对年龄在40～50岁的人，有明显减重的效果，对其他年龄段的人也有不同程度的效用。

9. 饮茶与服药的关系

茶叶在中药中本身就是一味药，其多种成分都具有药理功能，如上述的多酚类、咖啡碱、茶氨酸、茶多糖等。中药汤剂、中成药等药物其组方的治疗效果是药物中多种成分在一定比例下的综合作用，除医生特别嘱咐外，一般内服汤剂或中成药均不宜与茶同用，主要是为了避免茶叶中的药理物质影响这些汤剂或药物中药理物质的平衡。

茶叶也不能和大多数西药混用。茶叶中的多酚类成分可与三价铁离子发生络合反应，生成难溶性物质，影响人体对铁的吸收。所以在服用硫酸亚铁、富马酸亚铁、乳酸亚铁等补铁的药物时，禁止饮茶。茶叶中的茶多酚类还可与钙剂类（如葡萄糖酸钙、乳酸钙等）、钴剂类（维生素B_{12}、氯化钴等）、铝剂类（胃舒平、硫糖铝等）、银剂类（硅碳银等）等药物相结合，在肠道中生成沉淀，影响药性，刺激胃肠道,引起胃部不适,甚至可引起胃肠绞痛、腹泻或便秘等。茶叶中的多酚类在肠道内可与四环素、氯霉素、红霉素、利福平、强力霉素、链霉素、新霉素、先锋霉素等抗生素类药物发生络合或吸附反应,影响药物疗效。另外,茶叶中的多酚类也可与碳酸氢钠发生化学反应使其分解,与氢氧化铝相遇可使之沉淀,故而也不适宜与制酸剂药物混用。此外,药物中的喹喏酮类抗菌药物有类似于咖啡碱的结构,可以和茶多酚发生类似咖啡碱性质的络合,减弱药性,甚至使药性丧失。含有单胺氧化酶抑制剂的药物可透过血脑屏障抑制儿茶酚胺的代谢,促进脑中环磷腺苷(adenosine cyclophosphate,cAMP)的合成;而咖啡碱、茶碱等可抑制磷酸二酯酶的活力,减少对cAMP的破坏,从而引起高血压的发生。茶水也不能用于送服助消化药物。茶叶中的多酚类物质能与助消化酶形成氢键络合,改变助消化酶的性质和作用,使助消化作用减弱甚至消失。一些去痛药可与茶叶中的咖啡碱发生沉淀反应,也不宜用茶水送服。

截至目前,茶叶对某些药物的影响尚不明确,进入市场的源源不断的药物品种与茶叶成分的关系依然还待研究和观测,所以在服用药物时,饮茶需慎重。

第五章 茶叶品质评定与检验

【第一节】茶叶感官品质形成原理

茶叶的感官品质

茶是一种饮料，其品质的好坏历来被消费者所重视。茶叶的品质，简单地说是指茶叶的"色、香、味、形"。影响茶叶品质的因素很多，例如，在生态环境方面有土壤、气候、海拔、地区、季节等；在技术措施方面有施肥、采摘、初制、精制、贮藏、包装等。这些均影响到茶叶的内含化学成分。茶叶的品质是所有茶叶生产、经营、科研工作者和消费者都十分关心的问题，茶叶的化学特性，即茶叶中所含的化学成分，是决定茶叶品质的物质基础。茶叶中化学成分的协调统一，决定了茶叶品质的优劣及其饮用价值。

一 茶叶色泽的形成

茶叶的色泽分为干茶色泽、茶汤色泽、叶底色泽三个部分。色泽是鲜叶内含物质经过加工而发生不同程度的降解、氧化聚合变化的总体表现。茶叶色泽是茶叶命名和分类的重要依据，是分辨品质优次的重要因子，也是茶叶主要品质特征之一。

（1）绿茶　绿茶在杀青过程抑制了叶内酶的活性，阻止了内含物质反应，基本保持鲜叶固有的成分。因此形成了绿茶干茶、汤色、叶底都为绿色的"三绿"特征。其绿色主要由叶绿素决定，即深绿色的叶绿素A和黄绿色的叶绿素B。茶叶中的橙红色主要由茶叶中的多酚类、儿茶素经过氧化聚合形成的茶黄素、茶红素、茶褐素等色素决定。茶黄素为黄色，茶红素为红色，茶褐素呈褐色。

（2）红茶　红茶经过发酵，多酚类充分氧化成茶黄素和茶红素，因此茶汤和叶底都为红色。其中叶底的橙黄明亮主要由茶黄素决定，红亮是由于茶红素较多所致。红茶干茶的乌润是红茶加工过程中叶绿素分解的产物——脱镁叶绿素及果胶质、蛋白质、糖和茶多酚氧化产物附集于茶叶表面，干燥后呈现出来的。

（3）黄茶　黄茶在闷黄过程中产生了自动氧化，叶绿素被破坏，多酚类初步氧化成为茶黄素，因此形成了"三黄"的品质特征。

（4）白茶　传统白茶只萎凋而不揉捻，多酚类与酶接触较少，并没有充分氧化。而且白茶原料毫多而嫩，因此干茶和叶底都带银白色，茶汤带杏黄色。白茶显白的部分是白色素的反映，与芙蓉花白素、飞燕草花白素有关。

（5）乌龙茶　乌龙茶经过做青，叶缘遭破坏而发酵，使叶底呈现出绿叶红边的特点，茶汤橙红，干茶色泽青褐。但发酵较轻的茶如包种茶色泽上与绿茶接近。

（6）黑茶　黑茶在渥堆过程中，叶绿素降解，多酚类氧化形成茶黄素、茶红素，以及大量的茶褐素，因此干茶为褐色，茶汤呈红褐色，叶底的青褐色是茶多酚氧化产物与氨基酸结合形成的黑色素所致。

茶叶色泽品质的形成是品种、栽培、制造及贮运等因素综合作用的结果。优良的品种、适宜的生态环境、合理的栽培措施、先进的加工技术、理想的贮运条件是良好色泽形成的必备条件。影响色泽的因素主要有茶树品种、栽培条件、加工技术等。如茶树品种不同，叶子中所含的色素及其他成分也不同，使鲜叶呈现出深绿、黄绿、紫色等不同的颜色。深绿色鲜叶的叶绿素含量较高，如用来制绿茶，则具"三绿"的特点。浅绿色或黄绿色鲜叶，其叶绿素含量较低，适制性广，制红茶、黄茶、青茶，茶叶色泽均好。另外，栽培条件的不同，如茶区纬度、海拔高度、季节、阴坡、阳坡的地势、地形不同，所受的光照条件也不同，导致鲜叶中色素的形成也不相同。土壤肥沃，有机质含量高，叶片肥厚，正常芽叶多，叶质柔软，持嫩性好，制成干茶色泽一致、油润。不同制茶工艺，可制出红、绿、青、黑、黄、白等不同的茶类，表明茶叶色泽形成与制茶关系密切。在鲜叶符合各类茶要求的前提下，制茶技术是形成茶叶色泽的关键。

茶叶香气的形成

茶叶具有特有的茶香，是内含香气成分比例与种类的综合反映。茶叶的香气种类有600多种，但鲜叶原料中的香气成分并不多，因此，成品茶所呈现的香气特征大多是茶叶在加工过程中由其内含物发生反应而来。各类茶叶有各自的香气特点，是由于品种、栽培条件、鲜叶嫩度和制茶工艺的不同。

在茶鲜叶香气成分中，以醇类化合物最为突出。其中一部分属于短链脂肪族化合物，具有青草气和青臭气；另一部分属于芳香类化合物，具有花香和水果香。鲜叶经过加工，叶片内发生了一系列生化反应，青草气等低沸点物质挥发，高沸点的芳香物质生成，最终形成茶叶的香气品质。已知茶叶香气成分有600种之多，各类香气成分之间的平衡和各种成分相对比例的不同便形成了各种茶叶的香气特征。

炒青绿茶时，杀青时间较长，具有青草气的低沸点化合物大量挥发，高沸点香气成分如香叶醇、苯甲醇、苯乙醇等得到大量显露或转化，并达到一定的含量。高温下糖类与氨基酸反应形成具有焦糖香的吡嗪、吡咯、糠醛等物质。所以高级绿茶的香气成分中，醇类、吡嗪类较多，具有醇类的清香和花香以及吡嗪类的烘炒香。而祁门红茶以蔷薇花香和浓厚的木香为特征，斯里兰卡红茶以清爽的铃兰花香和甜润浓厚的茉莉花香为特征。其原因是祁门红茶的香叶醇、苯甲醇、2-苯乙醇等含量丰富，而斯里兰卡红茶的芳樟醇、茉莉内酯、茉莉酮酸甲酯的含量丰富。所以，红茶的香气成分中，醇类、醛类、酮类、酯类含量较高，尤其是氧化、酯化后的醛类、酮类、酯类的生成量较大。

乌龙茶的香型以天然花香果香为特点。福建乌龙茶的香气成分主要为橙花叔醇、茉莉内酯和吲哚；而台湾乌龙茶的香气成分主要为萜烯醇、水杨酸甲酯、苯甲醇、2-苯乙醇等。

另外，茶叶香气组成复杂，香气形成受许多因素的影响，不同茶类、不同产地的茶叶均具有各自独特的香气。如红茶香气常用"馥郁""鲜甜"来描述，绿茶香气常用"鲜嫩""清香"来表达。不同产地茶叶所具有的独特香气常用"地域香"来形容，如祁门红茶的"祁门香"等。总之，任何一种特有的香气都是该茶所含芳香物质的综合表现，是品种、栽培技术、采摘质量、加工工艺及贮藏等因素综合影响的结果。

三 茶叶滋味的形成

茶叶具有的饮用价值，主要体现在溶解在茶汤中对人体有益物质含量的多少，以及有味物质组成配比是否符合消费者的要求。因此，茶汤滋味是组成茶叶品质的主要因子。茶叶滋味的化学组成较为复杂，各种呈味物质的种类、含量和比例构成了不同的滋味。茶叶中的呈味物质主要有以下几类。

（1）刺激性涩味物质　主要是多酚类。鲜叶中的多酚类含量占干物质的30%左右。其中儿茶素类物质所占百分比最高，儿茶素中酯型儿茶素含量占80%左右，具有较强的苦涩味，收敛性强；非酯型儿茶素含量不多，稍有涩味，收敛性弱，喝茶后有爽口的回味。黄酮类有苦涩味，自动氧化后涩味减弱。

（2）苦味物质　主要是咖啡碱、花青素、茶皂素、儿茶素和黄酮类。

（3）鲜爽味物质　主要是游离态的氨基酸类、茶黄素以及氨基酸、儿茶素、咖啡碱形成的络合物，茶汤中还存在可溶性的肽类和微量的核苷酸、琥珀酸等鲜味成分。氨基酸类中的茶氨酸具有鲜甜味，谷氨酸、天门冬氨酸具有酸鲜味。

（4）甜味物质　主要是可溶性糖类和部分氨基酸，如果糖、葡萄糖、甘氨酸等。糖类中的可溶性果胶具有黏稠性，可以增加茶汤的浓度和厚感，使滋味甘醇。甜味物质能在一定程度上削弱苦涩味。

（5）酸味物质　主要是部分氨基酸、有机酸、抗坏血酸、没食子酸和茶黄酸等。酸味物质是调节茶汤风味的要素之一。

以上不同类型的呈味物质在茶汤中的比例构成了茶汤滋味的类型，茶汤滋味的类型主要有浓烈型、浓强型、浓醇型、醇厚型、醇和型和平和型等。影响滋味的因素主要有品种、栽培条件和鲜叶质量等。茶树品种的一些特征往往与物质代谢有着密切的关系，因而导致了不同品种在内含成分上的差异。栽培条件及管理措施合理与否直接影响茶树生长、鲜叶质量及内含物质的形成和积累，从而影响茶叶滋味品质的形成。如茶树在不同季节其鲜叶内含成分含量差异很大，制茶后滋味品质也明显不同。一般春茶滋味醇厚、鲜爽，尤其是早期春茶。

另外，鲜叶原料的老嫩度不同，内含呈味物质的含量也不同。一般嫩度高的鲜叶内含物丰富，如多酚类、蛋白质、水浸出物、氨基酸、咖啡碱和水溶性果胶等含量较高，且各种成分的比例协调，茶叶滋味较浓厚，回味好。

不同的茶叶滋味要求不同，一般小叶种绿茶滋味要求浓淡适中，南方的红茶、绿茶要求滋味浓强鲜，青茶滋味要求醇厚，白茶要求滋味清淡，黄茶滋味要求清甜，黑茶要求醇和。

四　茶叶形状的形成

茶叶的形状是组成茶叶品质的重要因子之一，也是区分茶叶品种花色的主要依据。茶叶形状包括干茶的形状和叶底的形状。

（1）干茶形状　各种干茶的形状，根据茶树品种和采制技术的不同，可分为条形、卷曲条形、圆珠形、扁形、针形等。

（2）叶底形状　叶底即冲泡后的茶渣。茶叶在冲泡时吸收水分膨胀到鲜叶时的大小，比较直观，通过叶底可分辨茶叶的真假，还可以分辨茶树品种、栽培情况，并能观察到采制中的一些问题。再结合其他品质项目,可较全面地综合分析品质特点及影响因素。

1. 茶叶的形状

干茶形状和叶底形状的形成及优劣与制茶技术的关系极为密切。制法不同,茶叶形状各式各样,而同一类形状的茶也会因各自加工技术掌握的好坏而使其形状品质差异很大。例如,以下几种茶叶形状的形成各有不同的特色。

(1) 条形茶　先经杀青或萎凋,使叶子散失部分水分,后经揉捻成条,再经解块、理条,最后烘干或炒干。

(2) 圆珠形茶　经杀青、揉捻和初干使茶叶基本成条后,在斜锅中炒制,在相互挤压、推挤等力的作用下逐步造形,先炒三青做成虾形,接着做对锅使茶叶成圆茶坯,最后做大锅成为颗粒紧结的圆珠形。

(3) 扁形茶　经杀青或揉捻后,采用压扁的手法使茶叶成为扁形。

(4) 针形茶　经杀青后在平底锅或平底烘盒上搓揉紧条,搓揉时双手的手指并拢平直,使茶条从双手两侧平平落入平底锅或烘盒中,边搓条,边理直,边干燥,使茶条圆浑光滑挺直似针。

总之,不同的制法将形成不同的形状,有的干茶形状和叶底形状属同一类型,有的干茶形状属同一类型而叶底形状却有很大的差别。如白牡丹干茶、小兰花干茶形状都属花朵形,它们的叶底也都属花朵形;而珠茶干茶、贡熙干茶同属圆珠形,但珠茶叶底芽叶完整成朵属花朵形,而贡熙叶底属半叶形。

2. 影响形状的因素

茶叶形状不同,主要是制茶工艺造成的。影响茶叶形状尤其是干茶形状的因素还有很多,如茶树品种、采摘标准等,虽然它们不是形状形成的决定性因素,但对形状的优美和品质的形成都很重要,个别因素在某种程度上也起着支配性的作用。

茶树品种不同,鲜叶的形状、叶质的软硬、叶片的厚薄及茸毛的多少有明显的差别,鲜叶的内含成分也不尽相同。一般鲜叶质地好,内含有效成分多的鲜叶原料,有利于制茶技术的发挥,有利于造形,尤其是以品种命名的茶叶,一定要用该品种鲜叶制作,才能形成其独有的形状特征。栽培条件直接影响茶树生长、叶片大小、质地软硬及内含的化学成分。鲜叶的质地及化学成分与茶叶形状品质有密切的关系。采摘嫩度直接决定了茶叶的老嫩，从而对茶叶的形状品质产生深刻的影响。嫩度高的鲜叶，由于其内含可溶性成分丰富，汁水多，水溶性果胶物质的含量高，纤维素含量低，使叶子的黏稠性高、黏合力增大，有利于做形，如加工成条形茶则条索紧结，重实，有锋苗；加工成珠茶则颗粒细圆紧结，重实。

【第二节】茶叶审评基础知识

茶叶品质评定，又称感官审评，是指对茶叶的品质进行感官评定的过程。茶叶品质的评定是一项难度较高、技术性较强的工作，也是茶文化学习者需要掌握的内容。学习者可以通过不断的实践来锻炼自己的嗅觉、味觉、视觉、触觉，使自己具有较好的感官辨别能力，当然还要学习相应的理论知识，并通过反复练习，才能熟练掌握不同茶叶的评定方法。茶叶品质的感官审评可分为干茶外观审评和内质审评，俗称干评和湿评，即干评外形和湿评内质，一般以湿评内质为主。茶叶感官审评一般按外形、香气、汤色、滋味、叶底的顺序进行。

一 茶叶品质评定的方法

1. 茶叶品质的外形审评

通过茶叶外形包括嫩度、形状、色泽、整碎、净度等几个方面去辨别品质的好坏。审评外形有两种方法：一是筛选法，即把150～200克茶叶放在样盘中，双手筛旋，使茶叶分层，粗大的浮在上面，中等的在中层，碎末的在下面，再用右手抓取一大把茶看其条索及整碎程度；另一种是直观法，把茶样倒入样盘后，再将茶样慢慢倒入另一只空盘中，这样来回倾倒2～3次，使上下层茶充分拌和，即可评审外形。直观法使茶样充分拌和能代表茶样的原始状态，不受筛选法易出现的种种干扰产生误差，故能较正确而迅速地评定外形。而实际应用时，通常是结合以上两种方法进行评定。

2. 茶叶品质的内质评定

茶叶的内质评定过程是：将准确称取的（按茶水比取好的）茶样置于审评杯中，冲入沸水加盖并准确计时，至冲泡时间后，及时将茶汤沥出，然后按次序看汤色、闻香气、尝滋味、评叶底。对茶叶的内在品质进行综合评价，这一方法是目前国际上对茶叶质量等级评定最通用的方法。

（1）看汤色　汤色即茶汤的颜色，是茶叶生化成分溶解于沸水中而反映出来的色泽。审评时看汤色要及时，因为茶汤中的成分容易氧化导致汤色变化，因此，通常把看汤色放在闻香气之前。

审评汤色时主要看茶汤的色度（是颜色的色调和饱和度）、亮度和清浊度。

绿茶汤色品质描述由好到差的术语：嫩绿明亮、黄绿明亮、绿明、绿欠亮、绿暗、黄暗等。

红茶汤色品质描述由好到差的术语：红艳、红亮、红明、红暗、红浊等。

（2）闻香气　香气是茶叶冲泡后随水蒸气挥发出来的气味，是茶叶品质好坏的重要指标之一。评茶时对香气的感觉，是由鼻腔上部的嗅觉感受器接受茶香的刺激而发生的。采用盖碗法或审评杯冲泡法评定茶叶内质时，可以在倒出茶汤后，一手拿茶杯（碗），一手半揭开盖，靠近杯沿（碗边）用鼻子深嗅或轻嗅，嗅1~2次，每次2~3秒。一般香气辨别分热嗅、温嗅和冷嗅。热嗅主要辨别香气是否正常（如有无杂味）、香气的类型和香气的高低。温嗅是指待茶叶温热（55℃左右）时闻嗅，辨别香气的优次。冷嗅是指在茶叶凉后再进行闻嗅，辨别香气的持久性。审评香气除了辨别香型外，主要比较香气的纯异（有无异味、杂味）、高低（香气浓度）、长短（香气的持久程度）。

茶叶香气

香气品质好坏可采用香气术语来描述，茶叶香气从高到低的描述术语：高鲜持久、高、尚高、纯正、平和、低、粗。

香气的类型：由于鲜叶的品种、生长环境和加工方法的区别，茶叶香气的种类千变万化。如下列出的是常见的茶叶香气类型。

清高：清香高爽，久留鼻间，为茶叶较嫩且新鲜，制工好的一种香气。

清香：香气清纯柔和，香虽不高，令人有愉快感，是自然环境较好，品质中等茶所具有的香气。与此相似的有清正、清纯、清鲜略高一点。

果香：似水果香型，如蜜桃香（白毫乌龙）、雪梨香、佛手香、橘子香、桂圆香、苹果香等。

嫩香：芽叶细嫩，做工好的茶叶所具有的香气，与此相似的有鲜嫩。

栗香：似熟板栗的甜香，多见于制作中火功恰到好处的高档绿茶。

毫香：茸毛多的茶叶所具有的香气，特别是白茶。

甜香：工夫红茶具有，甜枣香。

花香：自然环境好，茶叶细嫩，做工好所具有的香气。如兰花香、桂花香、茉莉香、玫瑰香、杏仁香等。

火香：炒米香，高火香，老火香，锅巴香。

陈香：压制茶、黑茶具有的品质，如普洱茶、六堡茶。

松烟香：小种红茶、黑毛茶、六堡茶。

另有低档茶的粗气、青气、浊气、闷气等。

（3）尝滋味　滋味是品尝者对茶汤的味觉感受。人的味觉能感觉辨别的茶汤味道，包括汤质的各种味道与纯异、浓淡等内容。舌的不同部位对滋味的感觉并不相同，舌面中部对滋味的鲜爽度判断最敏感；舌根对苦味最敏感；舌尖对甜味最敏感；舌边对酸味最敏感。审评滋味时，要根据舌的生理特点，充分发挥其长处。

辨别滋味的最佳汤温在50℃左右。过高则易烫伤味觉器官，低于40℃味感则显迟钝，涩味加重，浓度提高。每次用茶匙取茶汤4~5毫升，将茶汤吮入口中，让茶汤在舌头上循环滚动，以便辨别滋味，感受滋味时，既要包括舌处的味道，又要包括从喉咙处扩散至嗅觉器官的香气和来自鼻腔的香气的混合知觉——严格来说应包括香气，然后，根据感觉对茶汤进行描述或排序或打分。审评滋味时的茶汤不宜下咽，在尝第二碗时，汤匙应该用白开水中洗净。对滋味很浓的茶，尝味2~3次后，需用温开水漱漱口，再尝其他茶汤，以免味觉麻痹，达不到评味的目的。

从高档茶到低档茶描述滋味品质的基本术语：浓烈、浓厚、浓纯、醇厚、醇和、纯正、粗涩、粗淡等。

（4）评叶底　叶底是指冲泡后过滤出茶汤的茶渣。审评叶底时可将茶渣倒在叶底盘上，用手触摸来感受叶底的软硬、厚薄等，再看芽头和嫩叶含量、叶张的色泽、均匀度等。一般好的茶叶叶底，嫩芽叶含量高，质地柔软，色泽明亮，叶底均匀一致，叶形均匀一致，叶片肥厚。主要评叶底的老嫩、整碎、色泽与匀杂。详细论述见下节。

二 茶叶品质的评价内容

（一）从外观看茶叶品质

外形审评对鉴别品质高低起重要作用，现根据外形审评各项因子的内容分述如下。

1. 嫩度

嫩度是决定茶叶品质的基本条件，是外形审评的重点。一般来说，嫩叶中可溶性物质含量高，饮用价值也高，又因叶质柔软，叶肉肥厚，有利于初制时成条和造型，故条索紧结重实，芽毫显露，完整饱满，外形美观。而嫩度差的则不具备以上特征。审评时应注意，一定嫩度的茶叶具有相应符合该茶类规格的条索，同时一定的条索也必然具有相应的嫩度。当然，由于茶类不同，对外形的要求不尽相同，因而对嫩度和采摘标准的要求也不同。例如，青茶和黑茶要求采摘具有一定成熟度的新梢。安徽的六安瓜片也是采摘成熟新梢，然后再经扳片，将嫩叶、老叶分开炒制。所以，审评茶叶嫩度时应因茶而异，在普遍性中注意不同茶叶的特殊性。嫩度主要看芽叶比例与叶质老嫩，有无锋苗和毫毛及条索的光糙度。

（1）嫩度　指芽及嫩叶比例、含量。审评时要以整盘茶来看，不能单看个别茶叶。因为同是芽与嫩叶，仍有厚薄、长短、大小之别。凡是芽及嫩叶比例相近，芽壮身骨重，叶质厚实的品质好。所以采摘时要老嫩匀齐，制成毛茶外形才整齐，而老嫩不匀的芽叶初制时难以掌握，且老叶身骨轻，外形不匀整，品质就差。

（2）锋苗　指芽叶紧卷做成条的锐度。条索紧结、芽头完整锋利并显露，表明嫩度好、制工好。嫩度差的，制工虽好，条索完整，但不锐无锋，品质就次。如果初制不当造成断头缺苗，则另当别论。芽上有毫又称茸毛，茸毛多、长而粗的好。一般炒青绿茶看芽苗，烘青绿茶看芽毫，条形红茶看芽头。炒青绿茶在炒制中茸毛多脱落，不易见毫，而烘制的茶叶茸毛保留多，芽毫显而易见。但有些采摘细嫩的名茶，虽经炒制，因手势轻，芽毫仍显露。芽的多少，毫的疏密，常因品种、茶季、茶类、加工方式不同而不同。同样嫩度的茶叶，春茶显毫，夏秋茶次之；高山茶显毫，平地茶次之；人工揉捻显毫，机揉次之；烘青比炒青显毫；工夫红茶比炒青绿茶显毫。

（3）光糙度　指茶叶表面光滑程度或凹凸程度。一般来说，嫩叶细胞组织柔软且果胶质多，容易揉成条，条索光滑平伏。而老叶质地硬，条索不易揉紧，条索表面凸凹起皱，干茶外形较粗糙。

2. 条索

叶片卷转成条称为"条索"。条索是由揉捻过程或造形过程决定的，所以工艺的不同造成了条索有粗、松、细、紧的差异。各类茶应具有一定的外形规格，这是区分商品茶种类和等级的依据。外形呈条状的有炒青、烘青、条茶、长条形红茶、青茶等。条形茶的条索要求紧直有锋苗，除烘青条索允许略带扁状外，都以松扁、曲碎的差，青茶条索紧卷结实，略带扭曲。其他不成条索的茶叶称为"条形"，如龙井、旗枪是扁条，以扁平、光滑、尖削、挺直、匀齐的好，粗糙、短钝和带浑条的差。但珠茶颗粒圆结的好，呈条索的不好。黑毛茶条索要求褶皱较紧，无敞叶的好。

3. 色泽

干茶色泽主要从色度和光泽度两方面去看。色度指茶叶的颜色及色的深浅程度。光泽度指茶叶接受外来光线后，一部分光线被吸收，一部分光线被反射出来，形成的茶叶色面的亮暗程度。各类茶叶均有一定的色泽要求，如红茶以乌黑油润为好，黑褐、红褐次之，棕红更次；绿茶以翠绿、深绿光润的好，绿中带黄者次；青茶则以青褐光润的好，黄绿、枯暗者次；黑毛茶以油黑色为好，黄绿色或铁板色都差。干茶的色度主要是比较不同干茶外观颜色的深浅，而光泽度可从润枯、鲜暗、匀杂等方面去评比。

（1）深浅　首先看色泽是否符合该茶类应有的色泽要求，正常的干茶、原料细嫩的高级茶颜色深，随着级别下降颜色渐浅。

（2）润枯　"润"表示茶叶色面油润光滑，反光强。一般可反映出鲜叶嫩而新鲜，加工及时合理，是品质好的标志。"枯"是有色而无光泽或光泽差，表示鲜叶老或初制工艺不当，茶叶品质差。通常劣变茶或陈茶的色泽枯且暗。

（3）鲜暗　"鲜"表现为茶叶色泽鲜艳、鲜活，给人以新鲜感，表示成品新鲜，初制及时合理，为新茶所具有的色泽。"暗"表现为茶色深且无光泽，一般为鲜叶粗老，贮运不当，初制不当或茶叶陈化等所致，紫芽种鲜叶制成的绿花，色泽带黑发暗，颜色深绿的鲜叶制成的红茶，色泽常呈青暗或乌暗。

（4）匀杂　"匀"表示色调和一致。色不一致，茶中多黄片、青条、筋梗、焦片末等称为"杂"。

4. 整碎

整碎指外形的匀整程度。毛茶要求保持茶叶的自然形态，芽叶保持完整者为好，断碎者为差。精茶的整碎主要评比各款茶的拼配比例是否恰当，要求筛档匀称、不脱档（指各档次间过渡自然），面张茶平伏，下盘茶含量不超标，上、中、下三段茶互相衔接。

5. 净度

净度指茶叶中含夹杂物的程度。不含夹杂物的茶叶为净度好，反之则净度差。茶叶夹杂物有茶类夹杂物和非茶类夹杂物之分。茶类夹杂物指茶梗、茶籽、茶末等；非茶类夹杂物指采、制、存、运中混入的杂物，如竹屑、杂草、泥沙、棕毛等。

茶叶是供人们饮用的食品，要求符合卫生规定，对非茶类夹杂物或严重影响品质的杂质，必须拣剔干净，禁止混入茶中。对于茶梗、籽等，应根据含量多少来评定品质优劣。

（二）从内质看茶叶品质

内质审评主要包括汤色、香气、滋味、叶底四个项目，茶叶经一定时间浸泡后将杯中冲泡出的茶汤倒入审评碗，待充分沥干茶汤后，先嗅杯中香气，后看碗中汤色（绿茶汤色易变，宜先看汤色后嗅香气），再尝滋味，最后察看叶底。

1. 汤色

汤色指茶叶冲泡后的溶液所呈现的色泽。汤色审评要快，因为溶于热水中的多酚类物质与空气接触后很易氧化变色，使绿茶汤色变黄变深、青茶汤色变红、红茶汤色变暗，尤以绿茶变化最快。故绿茶宜先看汤色，即使是其他茶类，在嗅香前也宜先快看一遍汤色，做到心中有数，并在嗅香时，把汤色结合起来看。尤其在严寒的冬季，要避免嗅了香气，茶汤已冷或变色。汤色审评主要从色度、亮度和清浊度三方面去评比。

（1）色度　指茶汤颜色。茶汤汤色除与茶树品种和鲜叶老嫩有关外，主要是制法不同，使各类茶具有不同颜色的汤色。评比时，主要从正常色、劣变色和陈变色三方面去看。

正常色：即一个地区的鲜叶在正常采制条件下制成的茶，冲泡后所呈现的汤色。如绿茶绿汤，绿中呈黄；红茶茶汤，红艳明亮；乌龙茶茶汤橙黄明亮；白茶浅黄明净；黄茶茶汤浅黄明亮；黑茶橙黄浅明等。在正常的汤色中由于加工精细程度不同，都属正常色，但有优次之分，故在正常汤色中应进一步区分其浓淡和深浅。通常，色深而亮表明汤浓物质丰富，浅而明表示汤淡物质不丰富。需注意的是，汤色的深浅只能是同类同地区的作比较。

劣变色：由于鲜叶采运、摊放或初制不当等造成变质，汤色不正。如鲜叶处理不当，制成绿茶轻则汤黄，重则变红；绿茶干燥炒焦，汤黄而浊；红茶发酵过度，汤色深暗等。

陈变色：陈化是茶叶特性之一，在通常条件下贮存，随时间延长，陈化程度加深。如果初制时各工序处理不及时，杀青后不及时揉捻，揉捻后不及时干燥，会使新茶呈陈茶色。绿茶的新茶汤色绿而鲜明，陈茶则灰黄或昏暗。

（2）亮度　指亮暗程度。亮表明射入汤层的光线被吸收的少，反射出来的多，暗则相反，茶汤亮度好的茶品质也好。茶汤能一眼见底的为明亮，如绿茶看碗底反光强就明亮，红茶还可看汤面沿碗边金黄色的圈（称金圈）的颜色和厚度，光圈的颜色正常，鲜明而厚的亮度好；光圈颜色不正且暗而窄的，亮度差，品质也差。

（3）清浊度　指茶汤清澈或混浊程度。清指汤色纯净透明，无混杂，清澈见底。浊与混或浑含义相同，指汤不清，视线不易透过茶汤层，茶汤中有沉淀物或细小悬浮物。劣变或陈变产生的酸、馊、霉、陈的茶汤，混浊不清。杀青炒焦的叶片，干燥烘或炒焦的碎片，冲泡后进入汤中产生沉淀，都能使茶汤混而不清。但在浑汤中有两种情况要区别对待，一种现象是红茶汤的"冷后浑"（或称"乳凝现象"），这是咖啡碱与多酚类物质氧化产物茶黄素及茶红素间形成的络合物，它溶于热水，而不溶于冷水，茶汤冷却后即产生"冷后浑"，这是红茶品质好的表现。还有一种现象是鲜叶细嫩多毫，如高级碧螺春、都匀毛尖等，茶汤中茸毛多，悬浮于汤中，这也是品质好的表现。

2. 香气

茶叶的香气受茶树品种、产地、季节、采制方法等因素影响，使得各类茶具有独特的香气风格，如红茶的甜香、绿茶的清香、青茶的花果香等。即便是同一类茶，也有地域性香气特点。茶叶的香型通常是指茶香、果香、清香、陈香、火香等。花香是茶叶散发出类似各种鲜花的香气，如兰花香、栀子花香、茉莉花香。果香是茶叶中散发出类似各种水果的香气，如毛桃香、蜜桃香、佛手香、橘子香等。清香包括清香、清高、清纯、清正、清新等。陈香一般伴随着持续的后发酵而出现，如普洱茶和六堡茶都具有陈韵的特点。火香包括高火香、老火香以及锅巴香。常见的有客家炒茶、武夷岩茶、黄大茶等。审评香气除辨别香型外，主要比较香气的纯异、高低和长短。

（1）纯异　"纯"指某茶应有的香气，"异"指茶香中夹杂有其他气味。香气纯要区别三种情况，即茶类香、地域香和附加香。茶类香指某茶类应有的香气，如，绿茶要清香，黄大茶要有锅巴香，黑茶和小种红茶要有松烟香，青茶要带花香或果香，白茶要有毫香，红茶要有甜香等。在茶类香中又要注意区别产地香和季节香。产地香即高山、低山、平地所产茶香气的区别，一般高山茶高于低山茶。季节香即不同季节香气的区别，我国红茶、绿茶一般是春茶香高于夏秋茶，秋茶香气又比夏茶好，大叶种红茶香气则是夏秋茶比春茶好。地域香即地方特有香气，例如，武夷岩茶由于生长在武夷山而具有特有"岩韵"。种植在外地的岩茶品种未必能够得到武夷山特有的"香韵"。附加香是指外源添加的香气，如用香花茉莉花、珠兰花、白兰花、桂花等窨制的花茶，不仅具有茶叶香，而且还引入花香。

异味指茶香不纯或沾染了外来气味，轻的尚能嗅到茶香，重的则以异气为主。香气不纯包括烟焦、酸馊、陈霉、日晒、水闷、青草气、鱼腥气、木气、油气、药气等。但传统黑茶及烟小种均要求具有松烟香气，不算异味。

（2）高低　香气高低可以从以下几方面来区别，即浓、鲜、清、纯、平、粗。"浓"指香气高，入鼻充沛有活力，刺激性强。"鲜"指香气如呼吸新鲜空气，有醒神爽快感。"清"指香气有清爽新鲜之感，其刺激性不强。"纯"指香气一般，无粗杂异味。"平"指香气平淡但无异杂气味。"粗"则感觉有老叶粗老气。

（3）长短　即香气的持久程度。从热嗅到冷嗅都能嗅到香气表明香气长，反之则短。香气以高而长、鲜爽馥郁的好，高而短次之，低而粗为差。凡有烟、焦、酸、馊、霉、陈及其他异气的为低劣。

3. 滋味

滋味是评茶人的口感反应。审评滋味先要区别是否纯正，纯正的滋味可区别其浓淡、强弱、鲜、爽、醇、和。不纯的可区别其苦、涩、粗、异。

（1）纯正　指品质正常的茶应有的滋味。浓、淡：浓指浸出的内含物丰富，有黏厚的感觉；淡则相反，内含物少，淡薄无味。强、弱：强指茶汤吮入口中感到刺激性或收敛性强，吐出茶汤后一定时间内味感增强；弱则相反，入口刺激性弱，吐出茶汤后口中味平淡。鲜、爽：茶叶鲜味的来源主要是茶氨酸。鲜是指有类似味精的感觉；爽指爽口、不涩。醇、和：醇表示茶味尚浓，回味也爽，但刺激性欠强；和表示茶味平淡正常。

（2）不纯正　指滋味不正或变质有异味。其中苦味是茶汤滋味的特点，对苦味不能一概而论，应加以区别：如果茶汤入口先微苦后回甘，则是好茶；先微苦后不苦也不甜者次之；先微苦后也苦又次之；先苦后更苦者最差。后两种味觉反映属苦味。涩：似食生柿，有麻嘴、厚唇、紧舌之感。涩味轻重可从刺激的部位来区别，涩味轻的在舌面两侧有感觉，重一点的整个舌面有麻木感。一般茶汤的涩味，最重的也只在口腔和舌面有反应，先有涩感后不涩的属于茶汤味的特点，不属于味涩，吐出茶汤仍有涩味才属涩味。涩味一方面表示品质老杂，另一方面是季节茶的标志。粗：粗老茶汤味在舌面感觉粗糙。异：属不正常滋味，如酸、馊、霉、焦味等。

茶汤滋味与香气关系密切。评茶时凡能嗅到的各种香气，如花香、熟板栗香、青气、烟焦气味等，往往在评滋味时也能感受到。一般来说香气好，滋味也是好的。香气、滋味鉴别有困难时可以互相辅证。

4. 叶底

叶底即冲泡后剩下的茶渣。干茶冲泡时吸水膨胀，芽叶摊展，叶质老嫩、色泽、匀度及鲜叶加工合理与否，均可在叶底中暴露。看叶底主要依靠视觉和触觉，审评叶底的嫩度、色泽和匀度。

（1）嫩度　以芽及嫩叶含量比例和叶质老嫩来衡量。芽以含量多、粗而长的好，细而短的差，但根据品种和茶类要求不同而有所区别，如碧螺春细嫩多芽，其芽细而短、茸毛多。病芽和蛀芽都不好。叶质老嫩可从软硬度和有无弹性来区别：手指揿压叶底柔软，放手后不松起的嫩度好；质硬有弹性，放手后松起表示粗老。叶脉隆起触手的老，不隆起平滑不触手的嫩。叶边缘锯齿状明显的老，反之为嫩。叶肉厚软的为嫩，软薄者次之，硬薄者为差。叶的大小与老嫩无关，因为大的叶片嫩度好也是常见的。

（2）色泽　主要看色度和亮度，其含义与干茶色泽相同。审评时掌握本茶类应有的色泽和当年新茶的正常色泽。如绿茶叶底以嫩绿、黄绿、翠绿明亮者为优；深绿较差；暗绿带青张或红梗红叶者次；青蓝叶底为紫色芽叶制成，在绿茶中认为品质差。红茶叶底以红艳、红亮为优；红暗、乌暗花杂者差。

（3）匀度　主要从老嫩、大小、厚薄、色泽和整碎去看。上述因子都较接近，一致匀称的为匀度好，反之则差。匀度与采制技术有关。匀度是评定叶底品质的辅助因子，匀度好不等于嫩度好，不匀也不等于鲜叶老。粗老鲜叶制工好，也能使叶底匀称一致。匀与不匀主要看芽叶组成和鲜叶加工合理与否。

审评叶底时还应注意看叶张舒展情况，是否掺杂等。因为干燥温度过高会使叶底缩紧，泡不开不散条的为差，叶底完全摊开也不好，好的叶底应具备亮、嫩、厚、稍卷等几个或全部因子。次的为暗、老、薄、摊等几个或全部因子，有焦片、焦叶的更次，变质叶、烂叶为劣变茶。

【第三节】常见茶叶品质审评程序

茶叶感官评审流程

一　绿茶审评操作过程

绿茶审评项目包括外形、汤色、香气、滋味和叶底。在现行的审评方法行业标准中GB/T 23776—2018《茶叶感官审评方法》，基本的规定均为内质审评开汤按3克茶、150毫升沸水冲泡5分钟的方式进行操作，也可采用5克茶叶，但需保持茶与水的比例为1∶50。蒸青绿茶在开汤审评时有时会使用白瓷碗，每只茶样称取2份分别放入2只碗，加沸水冲泡后，一只碗在2～3分钟后用于嗅香气；另一只碗中茶叶捞出后，供看茶汤、尝滋味，并评叶底。

绿茶审评的操作流程如下：取样 → 评外形 → 称样 → 冲泡 → 沥茶汤 → 评汤色 → 闻香气 → 尝滋味 → 看叶底。

绿茶审评

1. 普通初制绿茶

（1）外形审评　外形审评的内容包括嫩度、形态、色泽、整碎、净杂等。一般嫩度好的产品具有细嫩多毫、紧结重实、芽叶完整、色泽调和及油润的特点，而嫩度差的低次茶呈现粗松、轻飘、弯曲、扁条、老嫩不匀、色泽花杂、枯暗欠亮的特征。劣变茶的色泽更差，而陈茶一般都是枯暗的。

（2）内质审评　普通绿茶内质比汤色、香气、滋味和叶底。毛茶内质审评的重点虽然在叶底的嫩度和色泽，但其他项目的审评仍需要兼顾。质量好的初制绿茶汤色清澈明亮，而低档茶汤色欠明亮，酸馊劣变茶的汤色浑浊不清，陈茶的汤色发暗变深，杂质多的茶审评杯底会出现沉淀。初制绿茶香气以花香、嫩香、清香、栗香为优，淡薄、熟闷、低沉、粗老为差。有烟焦、霉气者为次品或劣变茶。滋味审评以浓、醇、鲜、甜为好，淡、苦、粗、涩为差。出现烟焦味、霉味或其他被沾染的异味，表明已是劣变茶或残次茶。审评叶底以原料嫩而芽多、厚而柔软、匀整、明亮的为好，以叶质粗老、硬、薄、花杂、老嫩不一、大小欠匀、色泽不调和为差。如果出现红梗红叶、叶张硬碎、带焦斑、黑条、青张和闷黄叶，说明品质低下。叶底的色泽以淡绿微黄、鲜明一致为佳，其次是黄绿色。而深绿、暗绿表明品质欠佳。

2. 名优绿茶审评

名优绿茶审评要求很全面。虽然各审评因子在最后会有所侧重（这种侧重通过评分时各因子的换算系数比例大小来体现），但不能忽视任何因子。同时，审评对品质的要求也更加严格。

（1）外形审评　名优绿茶的形态多样。为追求新颖独特，一些普通茶叶中从未出现过的造型也为名优茶所拥有，如环形、创新的束花形等。有的名优绿茶扁平光滑，有的又满披茸毫；有的名优绿茶色泽翠绿，有的以黄绿作为特征。因此审评外形尤其要注意造型、色泽、匀度、整碎度以及应有的特色。

（2）内质审评　名优绿茶的茶汤颜色对温度十分敏感，因此汤色审评应尽可能地快。应注意的是部分嫩度极佳而又多茸毫的茶叶，如无锡毫茶，其茸毫极易在冲泡后随着茶汤沥入审评碗中，使茶汤的明亮度和清澈度受影响，这其实是品质好的表现，而非弊病。

审评名优绿茶，尤其要注意香气的类型和持久性。强调香气新鲜、香型高雅悦鼻、余香经久不散为好。

名优绿茶滋味强调鲜和醇的协调感，而不是越浓越好。国外认为能喝出香味的茶是好茶，这一观点有一定道理，表明香气成分在茶汤中的浓度大，易被评茶人员察觉。

名优绿茶审评叶底应注重芽叶的完整性、嫩度和匀齐度。这是由于名优绿茶的嫩匀整齐具有很强的观赏性，相对于大宗（普通）茶，叶底本身也能成为品质的直观体现。

【扩展阅读】 龙井茶品质特征与审评

1. 龙井茶的品质特征

春茶中的特级西湖龙井、浙江龙井外形扁平光滑，苗锋尖削，芽长于叶，色泽嫩绿，体表无茸毛；汤色嫩绿（黄）明亮；清香或嫩栗香，但有部分茶带高火香；滋味清爽或浓醇；叶底嫩绿，尚完整。其余各级龙井茶随着级别的下降，外形色泽由嫩绿至青绿，再至墨绿，茶身由小到大，茶条由光滑至粗糙；香味由嫩爽转向浓粗，四级茶开始有粗味；叶底由嫩芽转向对夹叶，色泽由嫩黄至青绿再至黄褐。

夏秋龙井茶，色泽暗绿或深绿，茶身较大，体表无茸毛，汤色黄亮，有清香但较粗糙，滋味浓略涩，叶底黄亮，总体品质比同级春茶差得多。

现今市面上的龙井茶有全用多功能机炒制的，也有用机器和手工辅助相结合炒制的。机制龙井茶外形大多呈机械状的扁形，欠完整，色泽暗绿，在同等条件下总体品质比手工炒制的差。

2. 龙井茶的审评内容

龙井茶的审评内容与其他名优绿茶类同，主要包括干评外形、湿评汤色、香气、滋味、叶底，以及龙井茶产地的区分等。

（1）外形审评 取具有代表性的茶叶100克左右，放在茶样盘内评外形，主要评定形态、色泽、茸毛等因子。通过外形评定，可以判定其属于西湖龙井还是浙江龙井。因这两种茶外形十分接近，甚至其他茶区用龙井种鲜叶（如龙井43、龙井长叶）炒制的部分扁形茶，其外形与西湖龙井也难分伯仲，这就给判别龙井茶的产地带来很大的难度，这也是目前市售龙井茶标识混乱的原因。但有经验的

乌龙茶的评审（实操）

审评者,根据龙井茶外形的基本特征(表5-1),对大多数茶叶的产地是能够加以区分的。

表5-1 龙井茶外形的基本特征

因子	西湖龙井	浙江龙井
形态	扁平,叶包芽不分叉	较宽扁或紧直尚扁,茶身较长大
茸毛	体表无茸毛	部分芽尖带茸毛
色泽	较绿润	较黄绿或暗绿,带暗斑点

(2)茶汤色泽的审评　高档茶的汤色显嫩绿、嫩黄的占大多数,中低档茶和受潮茶汤色偏黄褐。从汤色不易判别龙井茶的产地,也不必硬加区分。

(3)香气和滋味的审评　产于西湖区梅家坞、狮峰一带的早春茶叶,如制茶工艺正常,不带老火和生青气味的特级西湖龙井和特级浙江龙井在香气和滋味上有一定的差别。西湖龙井嫩香中带清香,滋味较清鲜柔和;浙江龙井带嫩栗香,滋味较醇厚。若使用"多功能机"炒制西湖龙井和浙江龙井,由于改变了传统龙井茶的制作工艺,两者的香气无明显的区别。其他扁形茶大多呈嫩炒青茶的风味。但即使是西湖龙井,一旦炒成老火茶,呈炒黄豆香后,则不易从香气上分清其产地。在江南茶区,室温条件下贮存的龙井茶,过梅雨季后,汤色变黄,香气趋钝。

(4)叶底的审评　叶底审评主要是评色泽、嫩度、完整程度。有时把杯中的茶渣倒入长方形的搪瓷盘中,再加入冷水,看叶底的嫩匀程度,可作为定级的参考。

(5)龙井茶的级别评定　龙井茶的级别应对照标准茶样而定,若外形与标准样有差别(如有机茶),只能按嫩度与标准样相当的级别确定。目前大部分散装龙井茶制后就上市,部分不标级别,只有价格。若是小包装龙井,则必须标明产品名称和级别,这些茶应对照标准样评定。龙井茶的级别与色泽有一定的关系,高档春茶,色泽嫩绿为优,嫩黄色为中,暗褐色为下。夏秋季制的龙井茶,色泽青暗或灰褐,是低次品质的特征之一。机制龙井茶的色泽较暗绿。

二、乌龙茶审评技术方法

乌龙茶的审评方法与红茶、绿茶有所不同,习惯用钟形有盖茶瓯冲泡。其特点是:用茶多,用水少,泡时短,泡次多。审评时通过干评和湿评,识别品种和评定等级优次。

1. 干评外形

干评以条索、色泽为主,结合嗅干香。条索看松紧、轻重、壮瘦、挺直、卷曲等。色泽以砂绿或蜜黄油润为好,以枯褐、灰褐无光为差。干香则嗅其有无杂味、高火味等。

2. 湿评内质

湿评以香气、滋味为主,结合汤色、叶底。冲泡前,先用开水将杯盏烫热。称取样茶5克,放入容量110毫升的审评杯内,然后冲泡。冲泡时,由于有泡沫泛起,冲满后应用杯盖将泡沫刮去再盖上。第一次冲泡1分钟即可嗅香气,第二次冲泡1~2分钟后嗅香气,第三次以上则2~3分钟后嗅香气。每次嗅香时间最好控制在5秒钟内。每次嗅香后浸泡到规定时间再倒出茶汤,看汤色、尝滋味。结果以第二次冲泡为依据,综合第一、第三次,统筹评判。

(1)嗅香气 主要嗅杯盖香气。在每泡次的规定时间后拿起杯盖,靠近鼻子,嗅杯中随水汽蒸发出来的香气。第一次嗅香气的高低,是否有异气;第二次辨别香气类型、粗细;第三次嗅香气的持久程度。以花香或果香细锐、高长的为优,粗钝低短的为次。仔细区分不同品种茶的独特香气,如黄旦具有似水蜜桃香、毛蟹具有似桂花香、武夷肉桂具有似桂皮香、凤凰单丛蜜兰香具有似花蜜香等。

(2)看汤色 以第一泡为主,以金黄、橙黄、橙红明亮为好,视品种和加工方法而异。汤色也受火候影响,一般而言火候轻的汤色浅,火候足的汤色深;高级茶火候轻汤色浅,低级茶火候足汤色深。但不同品种间不可参比,如武夷岩茶火候较足,汤色也显深些,但品质仍好。因此,汤色仅作参考。

(3)尝滋味 滋味有浓淡、醇苦、爽涩、厚薄之分,以第二次冲泡为主,兼顾前后。特别是初学者,第一泡滋味浓,不易辨别。茶汤入口刺激性强、稍苦回甘爽,为浓;茶汤入口苦,出口后也苦而且味感在舌心,为涩。评定时以浓厚、浓醇、鲜爽回甘者为优,粗淡、粗涩者为次。

(4)评叶底 叶底应放入装有清水的叶底盘中,看嫩度、厚薄、色泽和发酵程度。叶张完整、柔软、肥厚、色泽青绿稍带黄、红点明亮的为好,但品种不同叶色的黄亮程度有差异。叶底单薄、粗硬、色暗绿、红点暗红的为次。一般而言,做青

乌龙茶审评
(理论)

好的叶底红边或红点呈朱砂红，猪肝红为次，暗红者为差。评定时要看品种特征，如典型铁观音的典型叶底出现"绸缎面"，叶质肥厚。

乌龙茶对品质要求注重香气、滋味和耐泡次数。由于乌龙茶品质类别多，又重视品种特征，审评比较复杂，只有勤学多练、经常审评，才能提高鉴别能力，提高审评技术。

【扩展阅读】 铁观音审评

审评项目：以感官审评为主。审评时一般采用"八因子"法，分为干茶审评和开汤审评两个步骤进行。干茶审评主要评条索、色泽、整碎和净度四个因子，开汤主要评汤色、香气、滋味和叶底四个因子。

（1）条索　铁观音是包揉形乌龙茶中最具代表性的品种，其条索应卷曲、壮结、沉重，呈青蒂绿腹蜻蜓头状。

（2）色泽　色泽鲜润、砂绿显、红点明、叶表带白霜是传统工艺优质铁观音的重要特征之一。

（3）整碎　铁观音应当条索匀整，含碎茶不超过16%。

（4）净度　优质铁观音应当不含有任何夹杂物。

以上干评四因子在审评中占总分的20%。

（5）汤色　铁观音的汤色以金黄明亮或黄绿明澈为优。占总分数的5%。

（6）香气　香气在审评铁观音时占有最重要的比重，一般占总分数的30%。审评香气除了辨别香味之外，主要比较香气的纯异、高低、长短。香气纯异指香气与茶叶应有的品种香是否一致，是否有异味；香气的高低一般用馥郁高爽、浓郁、浓烈以及鲜、清、平、浮、粗等术语来区分；香气的长短是指香气的持久性，优质铁观音应香气浓郁持久，"七泡"有余香。

（7）滋味　纯正铁观音滋味又可分为浓烈、鲜浓、浓醇、醇厚、甜爽、平和、淡薄等。不纯正的滋味可分为苦涩、粗青、熟闷、老火、焦味、陈味、异味、日晒味等。滋味在铁观音审评时占总分数的35%。

（8）叶底　审评时一般是夹几片充分冲泡后的茶叶置于清水中观察它的色泽、老嫩、质地、厚薄、形状、发酵程度等。叶底在审评时占总分数的10%。

三 红茶审评

1. 工夫红茶审评

红茶审评

工夫红茶审评侧重外形美观匀称。因此,外形主要审评条索、整碎、色泽、净度等因子。条索比较松紧、轻重、扁圆、弯曲、长秀、短钝。嫩度比较粗细、含毫量和锋苗。整碎比较匀齐及下盘茶含量,要求上、中、下三段茶拼配比例恰当、互相衔接、不脱档、平伏匀称、下盘茶(碎茶)含量适度。色泽主要比较润枯、匀杂、乌润、均匀为优,色泽枯灰、驳杂为次。净度主要比较梗筋、片朴末及非茶类夹杂物含量。高级茶要求净度好,中级以下茶根据级别高低,对梗筋片朴有不同程度的限量。非茶类夹杂物均不许含有。内质主要审评汤色、香气、滋味、叶底。汤色主要比较颜色深浅、明暗、清浊等。汤红色艳、碗沿有明亮金圈或有"冷后浑"(乳凝现象)是品质好的表现,红亮或红明次之,红暗或混浊者最差。香气主要比较纯异、高低、鲜纯、嫩老。滋味主要比较浓淡、强弱、鲜爽、粗涩。工夫红茶注重香气的类型、高低、新鲜与持久性。香气以高锐、新鲜持久为优,滋味以醇厚、鲜甜爽口为优。工夫红茶宜清饮,强调香高味醇。

工夫红茶由长短不一的条形茶按一定比例拼成。条索紧秀、匀齐、平伏、锋苗好、色泽乌润,内质香高味醇。各种工夫红茶都有独自的特征。如祁红色泽乌黑,光泽夺目,有独特的蜜糖似的芳香,国际上誉称"祁门香"。滇红为大叶种工夫红茶,条索肥硕重实,满披金黄色芽毫,有水果香味,香高味浓。

2. 小种红茶审评

正山小种感官审评鉴定分为外形和内质两大方面,外形有条索、整碎、色泽、净度四个因子,内质有香气、滋味、汤色、叶底四个因子。高档正山小种的条索要求粗壮紧实,色泽乌润均匀有光,净度好,不含梗片,干嗅有一股浓厚顺和的烟味(桂圆干香味)。越低档小种红茶其条越趋松大,色泽渐乌润至枯暗,梗片也渐多。

正山小种红茶内质审评以开汤审评为主。湿看称取茶样3克,用150毫升审评杯开水冲泡5分钟,观汤色、嗅香气、品滋味,看叶底(嫩度与发酵程度)。汤色呈深金黄色,有金圈为上品,汤色浅、暗、浊为次之。

接着嗅杯底香气,有纯正的茶香又有浓纯持久松烟香(桂圆干香气味)为好茶，烟味淡、薄、短、粗、杂为差茶。

　　滋味要求有一股纯、醇、顺、鲜松烟香，茶味醇厚，桂圆干香味回甘久长为好，淡、薄、粗、杂滋味为较差，叶底看叶张嫩度，柔软肥厚、整齐、发酵均匀呈古铜色为高档茶。有死红、花青、暗张、叶张粗老的品质较差。

　　嗅香气、尝滋味时要注意区别松油烟味和木柴烟味，松油烟香味纯醇软而不呛人，不割（扎）舌、不割（扎）喉，回味久长，木柴烟味刺激难受，入口有麻口感觉，咽下辛辣有割喉感觉。

　　审评小种红茶时还要注意正山小种与烟小种的区别。正山小种外形肥壮结实，条索较完整。烟小种是工夫红茶中的低档改制而成的，其外形紧结、苗条、有带毫芽条、切断茶条多，称取同一重量的茶叶，正山小种的体积大，烟小种就显得小很多；内质方面：正山小种的松烟香浓纯持久，滋味醇厚、顺，冷却后杯底尚有明显松烟香，滋味、烟味不减。这是因为初制时就有烟味吸入茶叶所致，烟小种仅在工夫红茶精制后干燥加烟，其烟淡而不持久，滋味稍淡，叶底红带暗张、叶底钝短，正山小种的叶底叶张肥厚柔软、大，色泽呈古铜色。二者稍注意观察即可分清真假。

【第四节】感官品质记录与结果判定

一 品质记录

　　品质记录包括两方面的内容，即评语和评分。根据需要，评语和评分既可以单独使用，也可以结合运用。通常评茶人员使用品质记录表（又称审评表）记录审评各因子的术语表述和分数，表格的格式也视需要而确定。一张完整的品质记录表，除了具有各因子的术语和分数记录栏外，还应记录与该次审评相关的工作状况，以及与茶样有关的情况，如样品编号（名称）、批次、审评人员、审评时间、对照的标准、综合评定结果等（表5-2）。

表5-2　　　　　　　　　　　茶叶品质审评表

茶样名称	外形				内质			
	条索	整碎	色泽	净度	香气	滋味	汤色	叶底

对样评茶常常在茶叶贸易中运用。其依据是产品标准或协商样品。在对照茶叶产品标准审评时，既可以使用产品实物标准样，也可以对照文字标准中相关茶叶的感官品质要求进行审评比较。对样评茶包括定性审评和定量审评两类。

在进行定性审评时，可通过逐项比较审评后各因子的表述术语，获知目标样和对照样的差异状况；或与文字标准对照，并由此得出综合的评判结果。

某些情况下，也可以使用评分的方法进行对样评茶（即定量审评）。这类审评的要点在于，对照样可以先确定一个等级最低分和基准分（基准分通常设为零）。审评时首先给目标样各因子的审评结果分别打分，此时可不必使用详细的术语表述，而是根据与对照样比较后品质水平的相当或高低程度，参照等级分和基准分给出相应的分数。随后，将各因子的得分分别与相应的品质系数相乘，并将结果相加，最后得到的值即为目标样的总分。根据最新的国家标准GB/T 23776—2018《茶叶感官评定方法》，不同茶类的审评因子的评分系数也不相同，请参见表5-3。

表5-3　　　　　　　　各茶类审评因子评分系数（%）

茶类	外形	汤色	香气	滋味	叶底
绿茶	25	10	25	30	10
工夫红茶（小种红茶）	25	10	25	30	10
（红）碎茶	20	10	30	30	10
乌龙茶	20	5	30	35	10
黑茶（散茶）	20	15	25	30	10
紧压茶	20	10	30	35	5
白茶	25	10	25	30	10
黄茶	25	10	25	30	10
花茶	20	5	35	30	10
袋泡茶	10	20	30	30	10
粉茶	10	20	35	35	0

二、审评结果的判定

1. 综合评定法

这种审评方法通常在大宗茶的审评中使用,即分别评价茶叶的外形和内质,再视茶类要求得出最终的结果。运用综合评定法的目的:① 根据茶叶品质的优次,按照市场的行情确定其价格,同时通过审评发现茶叶品质存在的优缺点,并提出改进意见,指导生产。② 通过评判,确保生产出的茶叶具有稳定的质量水平。

使用综合评定法审评茶叶,要先分清茶类,明确该类茶的品质要求和审评的侧重点。在审评时既要抓住重点,又要全面分析,才能得出正确的结论。

2. 七(五)档制法

七(五)档制法通常在大宗茶审评中使用。这一审评方法以实物标准样或文字标准为对照,对各个因子逐项进行对比,再根据茶样的高低程度分别打分或判别级差。其判别标准见表5-4。

表5-4　　　　　　　　七(五)档制法审评法

与标准样对照	七档制(评分)	五档制(等级差)
高	+3	比标准样高半等
较高	+2	—
稍高	+1	比标准样高1/4等
相当	0	和标准样大体相符,高低幅度不超过1/4等
稍低	−1	比标准样低1/4等
较低	−2	—
低	−3	比标准样低半等

根据传统的评茶计价原则,要求外形、内质并重。标准样通常为最低界限样,每一级分设2个等,逢双等设立标准样。在外形和内质审评因子中,分别确定主要因子和次要因子。判别依据是:一项主要因子低,或二项主要因子稍低,或二项次要因子低,或一项主要因子稍低加一项次要因子低均判为不符合该等级标准,降为下一等级。

3. 名优茶评比记分法

名优茶评比记分一般采用百分制,即对各审评因子分别按百分制记分,将各因子的得分分别与相应的品质系数相乘,再将各个换算后的得分相加,就获得该只茶样的最后得分。

在审评中记分时,可以将各因子按品质的优、中、次分为3档,分别以94,84,74为中准分。在此基础上分别根据品质增减,幅度不超过5分。也可以采用百分倒扣的方式,即将每项因子中最好的定为100分,其余依次按品质差异分别减分。

【第五节】茶叶品质检验

近年来国内外试验研究中,应用物理和化学手段检验茶叶外形和内质较为成熟,具有一定使用价值的几种方法介绍如下。

一 干茶容重与比体积

1. 容重

单位容积的重量称为容重。干茶的容重与茶叶品质关系密切。一般来说,高档茶容重大,表示原料较细嫩,做工良好,条索(或颗粒)紧结重实,大小长短匀整,测定的容重数值就大。而低档茶原料较粗老,条索(或颗粒)松泡、身骨轻,测定的容重数值就小。通过容重的测定能在一定程度上反映出茶叶的品质水平。

测定方法是将茶样往复均匀地倒入分样器中,然后将两只接茶槽中的茶叶分别倒入500毫升量筒中,茶叶倒入数量略超过500毫升刻度,将量筒牢固地安置在振荡器上往复振荡数分钟,取下量筒,加少量茶叶铺平到500毫升刻度,倒出茶叶,分别用1/1000感应天平称重,称得的重量为m_1和m_2,按下列公式来计算茶叶的容重。

容重通常是以1000毫升茶叶的质量(克)来表示。

$$容重（克/1000毫升）= \frac{G}{V} = \left(\frac{m_1 + m_2}{2}\right) \times 2$$

式中　G——固体物质的质量，克；

　　　V——固体物质的容积，毫升。

2. 比体积

单位重量物体所占有的容积称为比体积，等于容重的倒数。同一花色品种而不同级别的茶叶，当重量相同时，其容积是不同的，一般都是随着级别的下降而呈有规律的增加。测定方法是用分样器（或四分法等）在1/1000感应天平中称取茶样100克，倒入500毫升量筒内，将量筒牢固地安置在振荡器上往复振荡数分钟，取下量筒，读出量筒刻度数，即是容积的毫升数。按下列公式来计算茶叶的比体积。

茶叶比体积通常以100克茶叶的容积来表示。

$$比体积（毫升/100克）= \frac{V}{G}$$

二、红碎茶品质的化学鉴定

红碎茶的品质特征与茶多酚、茶黄素、茶红素含量的高低有着密切的关系。采用茶多酚的酒石酸铁比色法，用测定值光密度表示茶汤滋味的浓强度；采用醋酸乙酯抽取能溶于醋酸乙酯的茶黄素和部分茶红素，用测定值光密度表示茶汤滋味的鲜爽度和汤色的红艳程度。得分的高低在一定的程度反映品质的优劣。

1. 仪器和设备

分光光度计，审评杯，审评碗，天平，25毫升容量瓶，吸管（1毫升、5毫升、20毫升），滴瓶，500毫升烧杯，分液漏斗，酒石酸铁，pH7.5磷酸缓冲液，醋酸乙酯，95%乙醇。

2. 测定方法

以中国农业科学院茶叶研究所对红碎茶的测定为例，测定步骤是每个样茶准备三只审评杯，每杯内放入3.0克茶叶，加入沸水150毫升，加盖冲泡5分钟后倒出，将三碗茶汤倒入一只500毫升烧杯内，混匀茶汤，用脱脂棉过滤，作供试液。

（1）准备25毫升容量瓶2只，各用吸管吸取茶汤0.3毫升放在25毫升容量瓶中，另用吸管加入蒸馏水4.5毫升、酒石酸铁溶液5毫升，然后用pH7.5磷酸缓冲液定容至25毫升刻度，摇匀，用540纳米波长，1厘米的比色杯，以蒸馏水作空白对照，测定比色液的光密度值（E_1）。

$$滋味浓强度得分 = \frac{E_1 \times 100}{1 - 样品水分\%}$$

（2）准备分液漏斗2只，各吸取供试液20毫升，加入醋酸乙酯20毫升，振摇5分钟分层，弃去水层，保留醋酸乙酯层。吸取醋酸乙酯试液2毫升，至25毫升容量瓶中，用95%乙醇定容至25毫升，用380纳米波长，1厘米的比色杯，以95%乙醇作空白对照，测定比色液的光密度值（E_2）。

$$汤色及滋味鲜爽度得分 = \frac{E_2 \times 100}{1 - 样品水分\%}$$

红碎茶品质总分=滋味浓强度得分+汤色及滋味鲜爽度得分

三 绿茶滋味化学鉴定

绿茶的滋味受多种成分的影响，其中茶多酚和氨基酸对滋味的影响较大。根据中国农业科学院茶叶研究所程启坤等人的研究，通过测定绿茶茶汤中茶多酚和氨基酸的含量，采用公式计算绿茶滋味的鲜度、浓度和醇度得分，以得分的高低在一定的程度反映品质的优劣。

1. 仪器和设备

分光光度计，审评杯，审评碗，天平，25毫升容量瓶，吸管（1毫升、5毫升），滴瓶，500毫升烧杯，pH7.5磷酸缓冲液，pH8.0磷酸缓冲液，2%茚三酮，酒石酸铁，95%乙醇。

2. 测定方法

以中国农业科学院茶叶研究所对绿茶测定为例，测定步骤是每个样茶准备三只审评杯，每杯内放入3.0克茶叶，加入沸水150毫升，加盖冲泡5分钟后倒出，将三碗茶汤倒入一只500毫升烧杯内，混匀茶汤，用脱脂棉过滤，作供试液。

（1）准备25毫升容量瓶2只，各用吸管吸取茶汤0.5毫升放在25毫升容量瓶中，另用吸管加入蒸馏水0.5毫升、pH8.0磷酸缓冲液0.5毫升、2%茚三酮溶液0.5毫升，在沸水浴中加热15分钟，冷却后用蒸馏水定容至25毫升刻度，摇匀，用570纳米波长，0.5厘米的比色杯，测定比色液的光密度值（E_1）。

$$滋味鲜度得分 = 光密度值 E_1 \times 100$$

（2）准备25毫升容量瓶2只，各用吸管吸取茶汤0.5毫升放在25毫升容量瓶中，另用吸管加入蒸馏水4.5毫升、酒石酸铁5毫升，加pH7.5磷酸缓冲液定容至25毫升刻度，摇匀，用540纳米波长，1厘米的比色杯，测定比色液的光密度值（E_2）。

$$滋味浓度得分 = E_2 \times 100$$

$$滋味醇度得分 = \frac{E_1}{E_2} \times 30$$

$$滋味总分 = 鲜度 + 浓度 + 醇度$$

【扩展阅读】 现代斗茶大赛（茶叶品质评比）工作方案

一、大赛主题

（写明大赛的主题）

二、组织架构

（一）主办单位

（列出主办单位）

（二）承办单位

（列出承办单位）

三、活动时间

（列出大赛的活动时间）

四、大赛地点

（列出大赛的活动时间）

五、参赛条件和细则

（一）报名参赛单位要求，例如，选送茶类必须是在某区域内种植、加工的。同时参赛企业需具备营业执照、注册商标证书、食品生产许可证（SC认证）。

（二）茶样要求（须符合国家食品安全标准，推选茶类包括绿茶类、红茶类、白茶类等）。

（三）各参选单位其他要求：如果需在相应县（市、区）农业农村局报名，各县（市、区）农业农村局审核汇总后报送至市农业农村局，报名茶企需提供盖章的纸质版报名表及单位营业执照、注册商标证书、食品生产许可证（SC认证）等复印件，如果获得绿色食品或有机农产品认证，请一并提供相关证书复印件。

（四）样品数量要求，如果参选单位提供每个茶样10千克，由各县(市、区)农业农村局负责从中抽样2.5千克做样品，剩下7.5千克茶叶退回参选单位。比赛时，从样品中再抽出0.5千克供参赛使用，剩下2千克样品将在赛后进行展销活动或返还给参选单位。

（五）报名截止时间（报名时一并送样）：某一日期前；各县（市、区）农业农村局送样时间：某一日期前。

六、评选规则和评分标准

本次大赛由专家评审和大众评审共同组成评审团，按照专家评审占80%、大众评审占20%的权重综合计分。各茶样均采用暗码感官审评，评审过程中只显示茶样编号，以确保评审公开、公平、公正。

专家评审根据评审因子给所有参赛茶样逐个打分，并对每个参选产品提出质量鉴定意见，反馈给参选单位，以便改进工艺，提高质量。评分标准如下：

审评因子	外形	汤色	香气	滋味	叶底	总分
占比	25%	10%	25%	30%	10%	100

大众评审为提前通过媒体发文征集100名，分时间段入场，每个场次20人，每个大众评审拥有5票，可以分散投给5个茶样，也可集中投给某一个或某几个茶样。得分按照得票数与总票数的比重换算成百分制进行计算。

七、奖项设置

通过专家和大众综合评审结果，绿茶类、红茶类、白茶类各评出一等奖1名、二等奖2名、三等奖3名，颁发奖杯和荣誉证书。

八、大赛宣传

本次大赛将进行全过程、全媒体、全方位的宣传，让大众认识、了解、认可XX茶，推广"XX茶"区域公用品牌，通过微信公众号、抖音、省市级媒体等渠道进行信息发布，制作短视频、发起话题、直播等形式引起大众关注并进行转发。

【第六章】

茶的品饮艺术

【第一节】泡茶用水选择

从古至今，茶人对泡茶用水的选择都有严格的要求。在历代古籍中，有很多是专门论述泡茶用水的书，例如，《煎茶水记》《十六汤品》《煮泉小品》《大明水记》等。明代许次纾在《茶疏》中说："精茗蕴香，借水而发，无水不可与论茶也。"明代张大复在《梅花草堂笔谈》中提出："茶性必发于水。八分之茶，遇十分之水，茶亦十分矣；八分之水，试十分之茶，茶只八分耳。"由此可见，泡茶用水的选择，对于冲泡一壶好茶来说，是一个至关重要的因素。纯净的泡茶用水虽无色无味，但水中的一些成分如钙离子、镁离子、铁离子等，会与茶叶的部分水溶性成分发生反应，引起茶汤的感官变化。因此，无论是茶叶的专业审评还是日常品饮，水对茶叶冲泡的重要性不言而喻。泡茶的优质用水，应当有助益于茶叶色香味的呈现。

● 水质对茶汤的影响

符合饮用标准的水应各项指标均在标准之内，干净卫生、无毒害，满足食用需求。日常生活中，可以使用任何符合饮用标准的水来泡茶。但是，从品鉴的角度来看，为了获得更具美感的茶汤，应当要对饮用水有所选择。这是因为，即便符合饮用水标准，来源不同的水也都有软硬度的区别。水中通常都含有处于电离状态下的钙和镁的碳酸盐、硫酸盐和氯化物，水的软硬度则取决于其钙离子、镁离子的浓度。每升水中钙、镁离子含量低于8毫克的，称为"软水"；高于8毫克的，称为"硬水"。硬水有暂时性硬水和永久性硬水之分：由碳酸氢钙、碳酸氢镁引起的硬水，经煮沸后，会生成不溶于水的沉淀即水垢，从而转为软水，称为"暂时性硬水"；水中含有钙、镁的硫酸盐和氯化物，经煮沸后依然溶于水中的，称为"永久性硬水"。

软水中的其他溶质含量较低，茶叶的水溶性成分溶解度高，适宜用来泡茶。暂时性硬水在彻底煮沸转为软水后，也可以用于泡茶。永久性硬水中的矿物质离子有损茶汤色香味的呈现，会让茶汤色趋暗、滋味变淡、香气减弱，不适宜用来泡茶。研究表明，水中钙离子会影响茶的滋味强度，使滋味变钝、涩感增强。镁离子含量过高会使茶滋味变淡。铁离子含量过高会使茶汤趋于黑色。自来水中的氯离子、余氯和氯化物，会引起茶汤苦涩或产生氯味。

泡茶用水的pH也会影响茶汤色香味的呈现。水的pH越小，儿茶素越稳定，茶汤的收敛性和鲜爽度越强，但是水的pH太低也不利于汤色的呈现，pH小于4时，红茶汤色会变浅薄；pH越大，儿茶素趋于氧化降解，茶汤色泽加深，收敛性减弱，产生陈味。

二 古代择水观

唐代陆羽在其专著《茶经》第五章中记载："其水，用山水上，江水中，井水下。其山水，拣乳泉、石池漫流者上；其瀑涌湍漱，勿食之。久食，令人有颈疾……其江水，取去人远者。井水，取汲多者。"陆羽认为煮茶的水，用山水最好，其次是江河之水，井水最差。山泉水，选择从石钟乳滴下的泉水或者石池里缓慢流动的水，奔涌湍急的水不要饮用，经常喝会使人颈部生病。江水要选远离人烟的地段去取。井水要选经常汲取使用的活井去取。

宋徽宗在《大观茶论》中提出："水以清轻甘洁为美……但当取山泉之清洁者。其次，则井水之常汲者为可用。若江河之水，则鱼鳖之腥，泥泞之污，虽轻甘无取。"宋徽宗认为适宜煮茶之水应当是清澈甘甜、干净无污染，而且质地轻，即今天所说的"软水"。明代田艺蘅《煮泉小品》中认为，泡茶用水应"清、寒、甘、香"。

乾隆在其撰写的《玉泉山天下第一泉记》中写道："水之德在养人，其味贵甘，其质贵轻，然三者正相资，质轻者味必甘，饮之而蠲疴益寿，故辨水者恒于其质之轻重，分泉之高下焉。"乾隆则是通过称量水的轻重来判断其宜茶与否，认为水以轻者为上品。

陆羽、宋徽宗、乾隆的择水观点，代表了古人选择泡茶用水的三种较常见方法准则。一是根据水源，以山泉水最佳；二是根据对水的感官判断，以清、轻、甘、洁、寒为宜；三是通过称量水的质量，以水质轻者为上。古人的这些择水观，有一定科学道理，但也存在着片面性和局限性。

三 现代人泡茶用水的选择

现代人的日常生活中，不再需要像古人那样从水源地直接取水，足不出户就能有满足卫生标准的自来水供应到家，这自然而然也会弱化大多数人泡茶择水的需求。对很多人而言，生活中什么水最容易获取，就用什么水来泡茶。

但从品鉴的角度来看,自来水并不推荐用来泡茶。这是因为大多数自来水的硬度一般都比较高,而且需要添加消毒剂,当中存留的余氯和氯化物会影响茶汤香气,会让多酚化合物发生氧化,使汤色加深、滋味变淡,甚至形成一层"锈油"在茶汤表面。当然,也不排除存在一些水源品质良好、人工处理少的自来水适宜用于泡茶。居家使用的自来水通过安装净水器、过滤器等,去除杂质、无机离子和异味后可于泡茶;或者将水静置一夜,待氯气散失后再使用。

现代生活中经常使用的还有一大类水——包装饮用水。包装饮用水主要有饮用纯净水、饮用矿泉水、饮用天然水等。饮用纯净水一般呈弱酸性,由于去除了水中的有害物质、有机成分和矿物成分,矿化度接近于零,硬度极低,是适宜泡茶的软水。用饮用纯净水泡茶,有助于展现茶叶最天然的色香味。

饮用矿泉水是从地下深处自然涌出或经人工开采、未被污染的地下矿水;含有一定量的微量元素、矿物质或二氧化碳气体。根据不同的矿物质含量、矿化度和酸碱性,矿泉水有许多不同类别。一般来说,低矿化度、中性或弱酸性、含有二氧化碳气体的矿泉水更适宜品茶冲泡。水中含有二氧化碳可以调节茶汤的酸碱度,使茶汤滋味更鲜爽。陆羽《茶经》里所提及的"其山水,拣乳泉、石池漫流者上"当中的"乳泉",指的便是从石钟乳滴落的含有二氧化碳的泉水。

饮用天然水是未经市政系统或公用供水系统引出的,只需最小限度处理的自然来源的水,水源包括了高山冰川、湖泊、水库、自流井水、地下泉水等。由于只去除了原水中的杂质和有害物质,水中对人体有益的天然成分以及水的自然生态结构得到了最大程度的保留,更容易被人体吸收,因此饮用天然水对人体生理健康功能有益。但是由于水源地和环境不同,饮用天然水是否适宜茶叶冲泡不能一概而论。一般低矿化度、低硬度、低碱度的饮用天然水更适合泡茶。

【第二节】茶的冲泡艺术

茶起源于中国,经历在长期的药用、食用、饮用等阶段的利用过程,逐渐形成茶叶的品饮习俗。当人们不再只是关注喝茶的结果，而是追求享受品饮的过程之美时，茶的冲泡艺术应运而生。因此，在中国人心目中，茶首先是"柴米油盐酱醋茶"的茶，其次是"琴棋书画诗酒茶"的茶，是物质属性和精神属性兼备的"琼浆玉液"。平日里，喝茶可以很直接随性，也可以很雅致考究。茶的冲泡艺术主要包括对泡茶用水的选择、对品茶器具的搭配、对冲泡方式的掌控。

一 茶具的选择与搭配

历史上，古人刚开始利用茶时，并没有专门的茶具。汉代王褒的《僮约》中记载"武阳买茶，烹茶尽具"，表明专用茶具在汉代已经出现。这一时期，我国的饮茶习俗刚刚开始形成，主要集中在皇室贵族和士大夫阶层，茶具的专门使用并不普遍。很长一段时间内，百姓们的饮茶用具往往是和日常的食具、酒具共用的。茶具从出现到被广泛使用，经历了漫长的时间。一直到唐代，才有了完备配套的茶具出现，这在陆羽《茶经》中有所体现。《茶经》第四章"四之器"部分，共罗列记载了当时煎茶所需的二十四种器具。宋代盛行的是点茶的饮茶方式，饮茶器具与唐代有所不同。审安老人的《茶具图赞》介绍了宋代点茶的十二件器具，并赐以名、字、号，称为"十二先生"。到了明代，朱元璋"废团茶、兴散茶"诏令的推行，促进了散茶的广泛使用和传播，"瀹饮法"的饮茶方式开始流行，饮茶器具也有了全面的变革和创新。这一时期，江西景德镇的白瓷和青花瓷茶具、江苏宜兴的紫砂茶具得到了极大发展。

1. 茶具的材质

如今，茶具的材质种类十分丰富，包括陶瓷、紫砂、金属、漆器、玻璃、竹木等。其中使用最广泛的当属陶瓷和紫砂材质的茶具。用不同材质的茶具泡茶，呈现出的色香味会有差异。比如紫砂壶（图6-1），由于其材质和制作所带来的双气孔结构以及口盖的严密性，冲泡时壶内保温性好，能充分发挥出茶叶的滋味和香气。因此，紫砂壶一般用来冲泡黑茶如普洱熟茶、六堡茶，或者乌龙茶如凤凰单丛、大红袍，又或是一些陈化的老茶等。而原料细嫩的茶如名优绿茶、黄芽茶等，则不适宜用紫砂壶进行冲泡。紫砂的材质经过长年累月的冲泡使用、茶汤浸润、呵护把玩，会呈现出岁月带来的自然而独特的光彩，与黑茶、乌龙茶以及陈放年久的老茶等相得益彰。

图6-1 紫砂壶

瓷质茶具也是生活中常见的泡茶器具之一,可以用来冲泡大部分茶。瓷器胎薄致密,气孔少,吸水率低,不与茶汤发生反应,能真实反映茶叶品质;传热快,保温性能适中,能较好地呈现茶的色香味;表面光滑,不容易滋生细菌,方便清理清洗。在唐代,茶经过炙烤、研磨、过筛之后,以煎煮的形式饮用,陆羽提倡使用越窑青瓷茶盏最能"益茶"。宋代的点茶注重茶筅击拂形成的白色汤花,为了凸显茶色之白,建窑的黑瓷得到广泛推广使用。明清之后,六大茶类百花齐放,散茶的冲泡更注重体现茶叶原本的色香味,白瓷茶具和青花瓷茶具逐渐取代黑釉瓷茶具,并且延续至今。图6-2为景德镇青花品茗杯。

图6-2 景德镇青花品茗杯

玻璃材质的茶具由于其通透可视的特点,适宜冲泡名优绿茶、君山银针、白毫银针等外形优美匀齐、色泽清新淡雅的茶类,或者花茶、果茶等调饮茶,也适合制作冷泡茶。茶叶在水的浸润下舒展和上下浮动,茶汤的色泽也随着时间的推移产生细微的变化,这些状态在玻璃茶具的映衬下更显示出美感。但是玻璃器皿易碎且保温性能较差,冲泡热茶也比瓷器更烫手,因此不适宜冲泡乌龙茶、黑茶以及原料等级较粗老的茶类。与玻璃材质的盖碗和壶相比,玻璃公道杯、玻璃品茗杯的使用更常见。选用紫砂壶或瓷盖碗作为主泡器时,可以搭配上玻璃公道杯或品茗杯,起到点缀和提亮茶席的作用。

2. 茶具的造型

茶具的造型丰富多彩,主泡器大体离不开壶和盖碗这两种器型。壶造型的主泡器,有80毫升左右的一人壶,一般泡乌龙茶的小品壶容量在150毫升左右,可供三四人品饮,大型的提梁壶容量可达1升,壶把的造型有侧把、横把、提梁、飞天等造型。由于壶盖和壶口吻合且气密性较好,用壶泡茶方便进行"刮沫淋盖"的操作,可以对壶内的茶起到保温升温的效果,更好地激发茶香茶味。

盖碗的花纹、色泽、造型多样,由盖、碗、托三部分组成,有天、地、人三者合一的美好寓意。这种敞口的设计,可以人为地控制出汤时的开口大小和速度快慢,从而影响茶汤浓度,也方便快速降温;碗盖可保温、留香,例如在冲泡武夷肉桂时,常常可以在碗盖上闻到淡淡奶香和类似水蜜桃的甜香。

品茗杯的纹饰、造型也是茶席上的一道风景线。一般而言,宽而浅的浅色品茗杯便于观察茶汤,窄而深的品茗杯例如马蹄杯更聚香,有利于闻杯底的茶香。

3. 茶具配件

唐代煎茶完整配套的茶器共有24件,今天继承的是明清延续下来的散茶冲泡方式,茶具也有了大量的简化和创新。除了盖碗、壶等主泡器以及品茗杯之外,如今常见茶具配件还包括用具组、茶荷、水盂、茶巾、杯托、茶盘等,又称茶道六君子;用具组通常包括茶筒、茶则、茶匙、茶针、茶夹、茶漏,见图6-3。茶筒,即盛装用具组器具的容器,一般为竹、木、金属材质,造型古朴典雅。茶则,用于勺取适合取用外形体积较小的茶叶,比如颗粒型的铁观音、细嫩紧卷的绿茶等。茶匙,用于拨取茶叶,一些不方便用茶则勺取的茶叶,如凤凰单丛。茶针,用于疏通壶嘴,清理壶中茶渣。茶夹,用于夹取品茗杯,避免手指与茶杯直接接触,方便烫洗,更加卫生,传统的潮汕工夫茶并不使用茶夹,而是直接上手"滚杯"。茶漏,类似漏斗的外形,主要搭配茶壶使用,放置于壶口,避免在纳茶时茶叶外漏。

图6-3　用具组

茶荷，用于盛装干茶，见图6-4。茶叶从原包装中取出后，放置于茶荷，方便欣赏干茶外形和后续的纳茶步骤，比起直接从茶叶原包装中取茶和赏茶，更美观和卫生，也有利于茶叶的保鲜存储。水盂，用于盛装废弃的茶水，在正式的茶会场合，一般不将茶渣、茶叶包装等直接投放在水盂中，以免影响茶席的美感和整洁度。茶巾，用于保持席面和茶具的清洁，唐代煎茶的"巾"以及宋代点茶的"司职方"指的便是茶巾，它在茶具配件中看似渺小却不可缺少。杯托，用于奉茶时托举茶杯，一来避免茶杯烫手，二来更干净卫生。奉茶盘，是茶盘的一种，主要用于奉茶之用，一般是指盛放茶壶、茶杯、茶道组、茶宠乃至茶食的浅底器皿（图6-5）。

图6-4　茶荷

图 6-5　奉茶盘

二、泡茶技术三要素

准备好了泡茶器具，想要泡好一杯茶，让茶汤在味觉上充满美感，可以从以下三方面入手——茶叶投放量、泡茶水温、茶叶浸泡时间。即泡茶技术三要素。

1. 投茶量

茶叶投放量直接影响茶汤的浓度和口感。用壶或盖碗泡茶，每100ml的主泡器具，绿茶、红茶、黄茶、白茶、黑茶的投放量为3克，乌龙茶的投放量为5克，能够得到浓淡适中的口感，大部分人都可以接受。用玻璃杯冲泡名优绿茶或黄芽茶时，为了欣赏茶叶在杯中浮动的动态美，茶渣和茶汤是不分离的，因此投茶量也会相应减少，一般200~300毫升的玻璃杯，投茶量为3~5克。

生活当中的日常冲泡，也可以通过观察茶叶在茶具中的占比确定投放量。冲泡红茶，投茶量大概占主泡茶具容积的一半以下，冲泡绿茶或黄茶，投茶量可以酌情再减少一些。冲泡乌龙茶，需要根据茶叶的形态来确定投放量。如果是颗粒型或半球形的乌龙茶，如铁观音、冻顶乌龙等，投茶量在冲泡容器的1/3即可，这类茶紧结重实，吸水泡开后体积会明显增大。而条索较粗大的乌龙茶如凤凰单丛，投茶量可以满至整个泡茶容器的2/3以上，这类茶的条索之间间隙大，吸水后茶叶变软，体积反而会缩小。

投茶量应当视茶而定，视具体情况而定。有的人喜好清淡的口感，可以适当减少投茶量；有的人则偏爱茶汤浓爽富有刺激性的味觉感受，可以增加投茶量，但整体来说，浓茶不宜长期饮用。

2. 泡茶水温

六大茶类适宜的泡茶水温有所不同。名优绿茶原料等级高，芽叶细嫩，最好将沸水凉至80~85℃再进行冲泡；乌龙茶需要高温来激发茶香，适宜用沸水冲泡；白茶里的寿眉和黑茶由于原料较成熟，还可以用煮饮的方式，茶汤醇滑不苦涩。

因此，泡茶水温具体应根据茶叶原料老嫩而定。原料成熟度较高或较粗老的茶，如各类乌龙茶、云南普洱茶、广西六堡茶、湖南黑砖茶等，适宜用沸水进行冲泡。原料细嫩的绿茶、黄茶、白茶，如西湖龙井、洞庭碧螺春、君山银针等，应将沸水降温后再冲泡。茶叶越细嫩，水温宜低不宜高。这是因为细嫩的芽叶如果用高水温冲泡，容易破坏茶汤中的维生素等成分，降低茶叶的鲜爽滋味而苦涩味增强，也会造成叶底变黄。

3. 浸泡时间

浸泡时间影响的是茶叶水溶性成分的溶出程度，从而影响茶汤的口感。研究表明，在茶水比为1∶50，水温为100℃的条件下，冲泡时间3分钟的茶汤游离氨基酸溶出量为77.66%，茶多酚类化合物溶出量为70.07%；冲泡5分钟的茶汤两者溶出量分别为88.32%和83.46%。因此，3分钟泡出的茶味醇和鲜爽，而5分钟泡出的茶浓厚。

茶叶经沸水冲泡后，首先溶出的是咖啡碱、氨基酸、维生素等成分，茶汤饮用起来鲜醇适口，但缺乏刺激性和爽口感。因此，要适当延长浸泡时间或增加冲泡次数，等待富有收敛性的多酚类物质的溶出，从而获得一杯既鲜爽又醇厚的茶汤。一般来说，茶叶越细嫩，外形越松散，或者是碎末型的茶，浸泡时间宜短；茶叶原料越粗老，外形越完整，或者是紧压型的茶，浸泡时间宜长。品饮乌龙茶时，更适合根据茶量来决定茶叶的浸泡时间。

三 各类茶的冲泡方法

1. 名优绿茶的玻璃杯冲泡方法

名优绿茶原料细嫩、外形美观，一般选择玻璃杯或白瓷盖碗进行冲泡，而且不加盖，一方面方便观赏茶叶在杯中舞动的美丽姿态，另一方面有利于保持名优绿茶清鲜的香气和鲜嫩的色泽，避免高水温将茶叶闷坏。名优绿茶的玻璃杯冲泡方法有上投法、中投法、下投法。上投法指的是先注水，再投茶，适于冲泡极其细嫩且重实的茶叶，如洞庭碧螺春；中投法指的是先在杯中注入约1/3的水，再投茶，最后续水至七分满，适于冲泡大部分绿茶；下投法指的是先投茶，再注水，适于冲泡条索较松展的绿茶，如六安瓜片等。下面以下投法为例介绍名优绿茶玻璃杯泡法。见图6-6。

图6-6　名优绿茶玻璃杯泡法

（7） （8）

（9） （10）

图 6-6　名优绿茶玻璃杯泡法（续）

（1）布具　（2）赏茶　（3）（4）温杯　（5）弃水　（6）注水　（7）置茶
（8）浸润泡（摇香）　（9）冲泡　（10）奉茶

瓷壶茶艺
冲泡流程

　　名优绿茶的基本冲泡流程：备具→备水→布具→赏茶→净具（温杯）→置茶→浸润泡→冲泡→奉茶→品饮→续水。茶叶用量为每2~3克茶约用150毫升左右的水，即茶水比约为1∶50，也可以根据个人喜好进行调整。

　　（1）赏茶　在冲泡之前，纳茶于茶荷中，欣赏干茶的外形、色泽、香气。我国名优绿茶造型各异，极具观赏性。如西湖龙井扁平挺直、黄山毛峰形似雀舌、洞庭碧螺春紧卷、细如铜丝线等。

　　（2）浸润泡　用环绕法往置完茶的杯中注水，水量大概为杯子容积的1/3，以浸没过茶叶为宜。端起玻璃杯，轻柔缓慢旋转，让茶叶充分吸水舒展，时间控制在20~60秒，具体视茶叶的紧结程度而定。浸润泡有助于茶叶风味物质的析出，让茶汤滋味更丰富、更全面。特别是有些名优绿茶叶型完整、加工过程没有揉捻的步骤，更需要在冲泡时进行浸润泡的操作。

　　（3）冲泡　在浸润泡之后，采用凤凰三点头法加入适量经冷却后的开水，加水量到玻璃杯2/3处，即七分满。

（4）续水　当杯中茶汤饮至余下1/3左右时，便应续加新烧的开水，此前冲泡剩下的温水则不再使用。续加新鲜且温度高的水可以让杯中茶汤保持在适合的浓度。第二泡饮完，茶味已淡，则不建议再次续水。

如果没有玻璃杯，名优绿茶也可以用盖碗进行冲泡和品饮，流程与玻璃杯冲泡法基本相同。冲泡时不加盖，在奉茶时盖上碗盖并留一条小缝，以免茶叶受热气闷黄和影响茶汤滋味。这种冲泡方式也适用于茉莉花茶。

2. 乌龙茶的壶泡法

乌龙茶主要采摘成熟叶为原料加工制作，晒青和做青过程中合成了大量芳香物质，从而形成乌龙茶独特的品质特点。这些香气成分有很多需要高水温作用才能释放出来。因此乌龙茶宜用沸水冲泡。茶具可以选择紫砂壶或瓷盖碗。发酵程度较轻的乌龙茶可以使用盖碗冲泡如清香型铁观音、冻顶乌龙等；发酵程度较重的乌龙茶可以使用紫砂壶进行冲泡，如做青和焙火较重的岩茶。这里主要介绍乌龙茶的紫砂壶泡法，见图6-7，壶为容量110~150毫升的小品壶。

乌龙茶壶泡法的基本流程：备具→备水→布具→赏茶→温杯、热瓯→置茶→洗茶→冲泡→淋壶→分茶→奉茶→品饮。

（1）洗茶　将第一道茶迅速出汤并倒掉，称为洗茶。部分地区如福建闽北，冲泡岩茶时往往将第一道茶汤留下，待整泡茶品饮结束后饮用，称为"还魂汤"。

（2）淋壶　壶中注水满至壶口，刮去泡沫，盖上壶盖，并沿着壶盖淋洗一周。能够起到保温和激发茶香的作用。

（3）品饮　品饮乌龙茶，先闻香气，再尝滋味，小口啜饮，茶汤以"香、清、甘、活"为上。

（4）投茶量　根据乌龙茶的形态确定投放量。一般紧结的颗粒型、球形、半球形乌龙茶如铁观音，用量为壶体容积的1/3；外形疏松伸展的乌龙茶如凤凰单丛、武夷岩茶等，用量约为壶体容积的2/3。具体应根据茶的紧结程度、发酵程度、饮用人数等进行调整。

（5）冲泡次数　乌龙茶的冲泡次数可达八九泡，为了使每一道茶汤的浓淡相对一致，需要注意掌控每一道茶的浸泡时间。一般第二泡要比第一泡延长15秒左右，第三泡比第二泡延长25秒，依此类推，具体可以根据茶叶的情况进行调整。

图 6-7 乌龙茶的壶泡法

（1）布具（2）取茶（3）赏茶（4）注水（5）（6）温具（7）置茶（8）冲泡——注水（9）冲泡——刮沫（10）冲泡——淋壶（11）冲泡——分茶（12）奉茶

3. 乌龙茶的盖碗泡法

乌龙茶的盖碗泡法在我国广东、福建一带使用较为普遍，适合冲泡发酵程度轻、香气高、焙火轻的乌龙茶，如清香型铁观音、发酵和焙火程度较低的岩茶等。冲泡宜用沸水，使用高冲低斟的手法进行冲泡。

乌龙茶的盖碗泡法基本流程：备具→备水→布具→赏茶→温具→置茶→洗茶→冲泡→分茶→奉茶→品饮。如图6-8所示，乌龙茶的盖碗泡法流程与壶泡法大体一致，在冲泡时也会用碗盖刮去泡沫，但是少了"淋壶"的步骤。还可以揭开碗盖嗅闻茶叶冲泡开后附着在上面的层层香气。手持盖碗方式主要有两种：三指法和抓碗法。

图6-8 乌龙茶的盖碗泡法

（7）

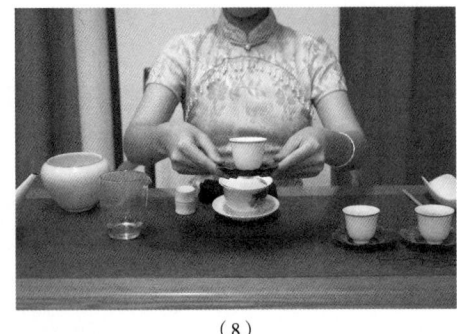
（8）

图 6-8　乌龙茶的盖碗泡法（续）

（1）布具　（2）赏茶　（3）温具　（4）置茶　（5）冲泡——注水　（6）冲泡——出汤
（7）冲泡——分茶　（8）奉茶

（1）三指法手持盖碗方式　拇指和中指持盖碗边缘、食指搭在碗盖的盖扭上，三指的指尖尽量保持在同一个平面上，可以拿得更稳当。无名指和小指自然地蜷放在食指旁，不触碰到碗身，也要避免过于夸张的兰花指。三指法适合大部分人使用。女性用三指法拿取盖碗姿态也显得更加优雅，见图6-9。

图6-9　三指法

（2）抓碗法手持盖碗方式　大拇指搭在盖扭上，另外四指置于盖碗底部的圈足，依靠手指的力量将盖碗拿起，手心不触碰到碗身。冲泡时将碗盖微微倾斜留一条小缝，再用抓碗法拿起盖碗，倾倒茶汤。抓碗法大气而富有力量感，更适合男士，同时也是南方地区的百姓用盖碗泡茶的常见方式，见图6-10。

图 6-10 抓碗法

【第三节】茶艺礼仪与茶席布置

一 茶艺品评中的礼仪

茶是带有社交属性的饮品，也是礼仪规范的载体。茶桌上无处不见中国礼仪之邦的文化传统。在茶艺接待、茶事活动、茶艺表演、日常饮茶等与茶相关的活动中，常见的礼仪有鞠躬礼、伸掌礼、奉茶礼、叩手礼、寓意礼。

1. 鞠躬礼

在茶艺中，鞠躬礼一般在正式的接待、舞台表演中最为常见，是对宾客表示问候、欢迎、感谢、尊敬的一种礼节。

做鞠躬礼时，身体保持站立姿势，女性将双手的虎口交叉搭放在与小腹同高的位置；男性将双手手臂自然垂放在大腿两侧，表演时也可以两手轻轻握拳，左手搭放在身前小腹同高的位置，右手收放在身后腰部位置。以腰部为折点弯腰，身体前倾的角度一般是30度或60度左右，时间以2~3秒为宜，弯腰时上半身保持正直，让头部、颈部、背部从侧面看尽量在一条直线上，匀速进行，给人以稳重感，弯腰到位后略作停顿，以表示敬重之意，再缓慢起身。茶艺中一般不戴帽子行茶或表演，若生活中戴着帽子行鞠躬礼时需先取下。

鞠躬礼有真礼、行礼、草礼之分，三者的身体前倾角度要求不同，分别为90度、60度、30度。

2. 伸掌礼

伸掌礼是用手部躯干进行指引和表示"请"的礼节动作，在茶艺中有广泛应用。常见的伸掌礼包括以下几种方式。

（1）横摆式　表"请"时常用的姿势。四指并拢，拇指内收，手掌略向内凹，手肘微微弯曲，手腕要低于手肘。手由腹部向一旁摆出，要以手肘为轴，当手到达腰部与身体正面成45度时停止。另一只手可放在背后，也可以自然下垂。做动作时手的路线要有弧度，手腕含蓄用力，动作轻缓，同时要侧身点头微笑，说："请用"或"请喝茶"。

（2）双臂横摆式　当宾客比较多的时候，表示"请"的动作。两臂由体侧向前上方抬起，向两侧摆出。指示方向的手可以伸直一些，高一些。

（3）前摆式　当一手如左手因拿着东西不便行礼时可采用前摆式，与横摆式的手掌姿势一样，由体侧从下向上抬起，以肩关节为轴，手臂稍曲，到腰的高度再由身前向左边摆去，摆到距身体15厘米处，但不超过躯干。也可双手前摆。

（4）直臂式　给宾客指示方向时，不可以用手指，而要用手掌，手指并拢，屈肘由身体前方抬起至所指方向，不要超过肩的高度，肘关节基本伸直。

3. 奉茶礼

奉茶礼指的是将泡好的茶敬奉给宾客，或者用恭敬的姿态将茶端上茶桌的礼节。生活中的日常品饮或茶艺接待，奉茶时应注意将茶杯置于杯托上，使用双手端奉给品饮者，如果没有杯托，则一手托住杯身，一手托杯底，手指避免接触杯沿口。端至宾客面前时，身体微微前倾并说："请品茶。"也可以将茶端至宾客的桌前，示伸掌礼并说："请。"在一些活动场合，宾客人数多、与主泡台距离远，这种情况则应使用奉茶盘。将数杯茶整齐陈列于奉茶盘中，端至宾客面前时，奉茶并伸手示意说"请喝茶。"另外，如果杯子印有花纹、字样等体现出正反面的标记，应当将正面面向宾客。奉茶的顺序注意"先人后己"。如果有长辈，应先长辈后晚辈。

4. 叩手礼

"叩手礼"即为"叩首礼",弯曲指节表示跪拜,轻叩桌面表示叩首谢恩,在茶桌上是对奉茶者表示回谢的一种礼节。此礼节相传是乾隆微服南巡时,见一茶馆老板的凤凰三点头注水颇为新奇,便端起随从太监的茶杯,想试一试。皇帝给太监倒茶,如此大礼在宫里要行跪礼叩头谢罪才是,但微服私访期间不可以暴露皇帝身份。于是随从灵机一动,用手指在桌上轻叩,"手"与"首"同音,三指并拢意寓"三跪",手指轻叩桌面意寓"九叩",合起来就是给皇帝行三跪九叩的大礼,以表感恩之意。

当晚辈向长辈行叩手礼时,应五指并拢半握拳,拳心向下,五个手指一齐轻叩桌面三次,表示"五体投地"地行跪拜礼。当长辈向晚辈行叩手礼时,用食指或中指轻敲桌面即可,表示点头示意。平辈之间行叩手礼,将食指和中指并拢,敲击桌面,表示双手抱拳作揖,一般敲击三下以示尊重。

5. 寓意礼

寓意礼是在茶艺中表达美好祝福寓意的礼仪动作。常见的有以下几种。

(1)凤凰三点头　在注水或泡大壶茶时,一手提壶,一手轻放在壶盖上,倾斜壶身注水入冲泡容器中,同时将壶拉高再降低,反复三次,寓意向来宾表示三鞠躬,以示欢迎。此动作过程要求水流保持均匀且流畅优美,三点头之后杯中水量应是泡茶所需水量。

(2)双手向内回旋　在进行温杯、注水、斟茶等环节时,手应向内回旋操作,即右手逆时针,左手顺时针方向。例如,温杯时右手持杯,则应逆时针旋转温杯;斟茶时左手拿壶或公道杯,则应顺时针倒茶。这样的回旋方向,有对宾客表示"来来来"的欢迎之意,如果反向,则表示"去去去"。

(3)茶壶的摆放　摆放茶壶、水壶时,壶嘴应避免正对着宾客,否则有请人赶快离开的寓意。

(4)茶器物件上的字　如果茶壶、茶杯、杯托、茶叶罐上有文字或图案,应将文字或图案正向面对宾客以便观赏,体现尊重。

(5)斟茶量　奉给宾客的茶以七分满为宜,有"七分茶三分情"的寓意。同时如果茶汤太满,也不方便品饮,容易溢出。

二 茶席布置的要素

1. 茶叶

布置茶席最终是为泡茶所用，因此，无论茶席所处的环境、茶席上的物件如何变换，茶叶是不可缺少的。茶席上的茶叶一般存放在茶叶罐或茶荷中，布置时应和茶具组合一起安放在主体核心的位置，书法、挂画、插花、香道等围绕茶和茶席主题选配取舍，起到烘托和画龙点睛的作用。茶席中的器具不是简单堆叠摆放，而有一定的逻辑性，这种逻辑是围绕着茶叶和品茶展开的。比如，展示或冲泡新鲜的西湖龙井时，设计搭配的茶具可以是青花瓷盖碗套组、晶莹透明的玻璃盖碗套组、敞口的茶盏套组等，如果选择紫砂壶，则显得不合时宜。

同时，在茶席配件的布置、材质样式选择以及茶艺流程的设计上，都应以充分体现茶为主导的原则。比如选择开口宽敞的茶荷盛装茶品，并且放置于茶席最正面、最前面或靠近宾客的一端，便于欣赏，在茶艺表演中，甚至由茶艺师端捧茶荷行至来宾面前进行展示，以凸显茶的"主角"身份。茶席配备茶巾、水盂等清洁型配件，在冲泡时有温杯净具的作用，目的在于保持器具和席面的干净整洁，表达对茶的珍惜和爱护。同时，也通过主泡器的选择，让欣赏者充分领略茶叶之美，如冲泡名优绿茶选用玻璃器皿，冲泡乌龙茶选用闻香杯。

2. 茶具组合

茶叶的特质需要借助茶具呈现。茶具组合是茶席的主要构成部分，应陈列在主体核心位置。茶具组合主要有两种类型，一种是在茶席中不可缺少的器件，如主泡器、品茗杯碗、烧水壶、茶叶罐、茶巾等；另一种是功能齐全的茶艺组件，如公道杯、茶荷、茶则、水盂、茶夹、茶针、茶滤等。

茶具组合的挑选和设计应注重实用性和艺术性。实用性指的是茶具组合的基本器件完整，能完成茶叶的冲泡品饮，如果只陈列了烧水的茶壶、盛装茶叶的茶荷，缺少主泡器、品茗杯，则不能构成正规的茶席。同时，实用性还表现在茶具的功能协调性上。例如，茶壶与搭配的品茗杯容量协调、各茶器件功能明确且合理。茶具组合的艺术性指的是茶具的材质、纹饰、造型等具有艺术特性，也指不同的茶具组合、搭配、摆设具有视觉美感和艺术内涵。茶具组合搭配摆设的艺术效果，包括茶具摆放的位置、方向、大小排列等，茶具的排列方式常见的有重复、渐变、留白、对比。

茶具组合依据茶艺类型、茶类特性、民俗差异、时代特征等进行不同的配置。茶具与附属配件的艺术处理主要体现在视觉效果和艺术氛围的表达上。比如泡茶时放置三个玻璃杯在泡茶台上，稍显单调，如果配上竹制的茶托作杯垫，再用茶盘来盛装，配上色彩柔和的桌布，便增强了视觉层次感，不同材质配件的变化也带来了对比效果和节奏协调感。此外，颜色也需要相应的对比和调和，整体上协调一致，层次上应富有变换。比如，用青花瓷茶具来泡茶，旁边用嫩绿细竹作背景，能让人感觉神清气爽、如沐春风。

茶具形式和排列上，需要考虑对称和协调原则。比如，前后高矮适度的原则能让欣赏者看得清晰；左右平衡的原则：壶为主、具在中、配套用具分设两侧；均匀摆布的原则：不同茶具之间距离要均匀，不松不紧，有视觉平衡感，符合传统的审美观念。在艺术处理上要充分体现茶器具的质感、造型、色调、空间的选择与布置，增加观赏价值，丰富表演的形式，进一步突出茶艺表演的主题和风格。

3. 泡茶台与桌布设置

泡茶台是茶席的支撑托承。根据环境、场合、需求的不同有形式各样的泡茶台，比如，伸缩自如、可以拆卸的，质地雅致、造型优美的；便于废水倾注和盛放的，高度可调、方便跪坐冲泡的等。无论是什么形式，茶席的泡茶台总体要求是：要有高低相配套的凳子；要与茶艺师的身高比例相协调；其长宽、大小、形状要与茶艺表现主题一致；茶器具的数量、排列形式等要协调。如果没有相应美观的泡茶台，也可以用其他高度接近的桌子代替，再铺上与主题风格统一的桌布即可。

桌布是茶席桌面或局部物件的布艺铺垫物，在茶席中有以下几个作用。第一，通过设计搭配桌布不同的色彩、材质、图案，能辅助茶和茶具组合更好地表达茶席的主题。第二，泡茶台覆盖上桌布，可以使茶席不受泡茶台局限，进行更富有创意的创作。第三，柔软的桌布可以减少茶桌上的器具滑落或碰撞。

桌布的质地、色彩、大小、花纹等都应该与茶艺表演的主题相协调，还要综合考虑对茶具、茶叶、茶汤美的映衬，与环境和服饰相互照应。运用对称、非均齐、烘托、反差和渲染等手法的不同要求而加以选择。可以铺在桌面上，或者随意性地摊放在地上，或者搭在桌面一角，或者垂在表演台边缘给人以流水蜿蜒之意境等。

桌布的质地类型有棉布、麻布、化纤、蜡染、印花、毛织、绸缎、手工编织等。可采用不同质地来表现不同的地域和文化特征。桌布形状一般可以分为几何形状和非几何形状，比如正方形、长方形、三角形、圆形、椭圆形等。不同形状的桌布，不仅能表现出不同的图案和层次感，还能给人以广阔的想象空间。巧妙的桌布构思设计可丰富表演主题。比如，茶艺中要表现出茶的历史发展的主题，可以用深色调、丝质的桌布，从桌面蜿蜒铺到地面上，再用书法写上"茶路"两字，从而表达出茶叶发展的源远流长。茶艺表演桌布经常运用的色彩是单色或者不同色彩搭配铺设。色彩的变化影响人们的精神、情绪和情感表达。铺桌布的方法也丰富多样，比如平铺、对角铺、三角铺、叠铺、立体铺等。采用不同的铺桌布的方法，可进一步强化桌布在质地、形状、色彩等方面的组合效果，也可使桌布体现主题的语言更丰富充实。

4. 茶挂

茶挂是指所有适合品茗场合或者能与茶事活动相协调的可以悬挂的饰品。茶挂离不开茶画。"茶画"这一称谓是近年来随着茶文化的研究兴起而出现的，它的题材是与茶有关的一类书画作品的总称。茶挂一般是用笔墨勾勒出与茶有关的多种情景，或者根据咏茶诗词来创作美术作品。茶挂不一定全部是茶画，重要的是，在适当显著的位置上，结合茶席的氛围，在使用上注意"适时""适地""适宜"和"适称"四个因素，才能达到净适美雅的境界。在质量上，要有收藏价值，最好不要悬挂粗俗廉价的画作，以免影响品茗气氛，降低茶艺格调。

适时的茶挂是指根据不同的季节月份，更换不同主题文化的茶挂。比如，年初新正，万物复苏，画作最好是富有吉祥意味，如以平安为题的竹子、以五福为题的梅花、以开泰为题的羊等。春夏秋冬，不同的景色，梅兰竹菊，演绎出不同的文化特色，以此变换为主题，茶挂显得更具有生命活力。

书法与绘画作品用于茶挂也能表达出茶艺的旨意。可以通过选用有情趣、有哲理的名人诗句或语录等来相互衬托。茶挂最好能结合岁时的节令，不过这要有相当数量的作品才能达到效果。如果收藏不足，也可以避开岁时专题，趋向于没有时令限制的作品，比如四季山水和四季花卉合挂。单幅作品，如"品茗图""文会图""山居留客"等作为单幅茶挂也是比较适合的。书法和绘画的内容要求能与茶艺风格相协调，同时它们的艺术表现形式也要求能适合背景对主题的衬托渲染。作为茶艺表

绿茶茶艺

演者，最基本的是要能理解并且解说其字画的内容涵义。

书法与绘画的作用在于它们着力表现国人的传统审美意识和茶艺等各类艺术。例如，"清爱梅花苦爱茶"的茶艺表演，所用茶叶为九曲红梅，背景有红梅、雪花、对联，表达茶的清高气质的风韵。除了绘画和书法外，茶挂也包括了相关的工艺品，尤其是一些古玩饰品，更能起到陪衬、烘托和深化茶艺表演主题的作用。因为相关的工艺品是历史发展中的一个符号，是生活经历的物象标志，可使欣赏者产生对过去事件的联想，唤起人们的情感与记忆，起到意想不到的艺术效果。相关工艺品的范围比较广，包括自然物类、生活用品类、艺术品类、宗教用品、传统劳动用具、历史文物等。这些工艺品也需要摆放得当，才能有效地补充茶艺的画面和主题，否则就会破坏茶席的和谐氛围。

【第四节】常见茶艺表演欣赏

一 名优绿茶杯泡法茶艺流程

以下选用"龙井茶""径山茶""碧螺春"3种茶为例，分别以下投、中投、上投法，可同时将3杯茶泡好奉茶，其冲泡法如下。

（1）配具　将泡茶用具按顺序依次排列在泡茶台上。

（2）备具　将3只杯摆放在茶盘横中心前部位置；双手将茶叶罐捧出置于中茶盘左前方，将茶巾放于茶盘右后方，茶荷及茶匙取出放于中茶盘左后方。

水盂放于右前方，茶巾放于右后方。摆放时需将器具正面或带文字及图案的一面面向宾客。

（3）净具　将开水注入玻璃杯中，水量为玻璃杯容积的1/3。捧起玻璃杯向内回旋逐个温洗杯子。用开水润杯可以提升杯子的温度和消除异味；另一方面，干燥的玻璃杯经过湿润后，冲泡时可防止水汽在杯壁凝雾，以保持杯的晶莹剔透，以便观赏。

（4）用水处理　由于许多名优绿茶不能用温度过高的开水冲泡，因此需要揭开水壶盖，或将开水倒入瓷壶进行降温。

（5）赏茶　用茶匙拨取适量龙井茶、径山茶、碧螺春茶叶于三个不同的茶荷中，给宾客欣赏，并介绍茶叶的产地信息和品质特点，说明分别用何种投茶法进行冲泡。

（6）下投法置茶　将龙井茶2克置于第一只玻璃杯中。

（7）下投法浸润泡　以回转手法向第一只玻璃杯内注入约杯体容积1/3的开水。

（8）下投法摇香　左手托住茶杯杯底，右手轻握杯身基部，运用右手手腕力量逆时针旋转茶杯，称作摇香。此时杯中茶叶吸水，逐渐散发出香气。摇毕将茶杯奉给来宾，敬请品评茶之初香。随后收回茶杯。

（9）中投法冲水入杯　在第二只玻璃杯中冲入容量约1/3的水。

（10）中投法置茶　将径山茶2克均匀拨入杯中，这时可闻到散发出来的茶香。

（11）下投及中投法冲泡　右手执水壶，左手指尖搭放在壶盖或壶扭上，双手用"凤凰三点头"手法，高冲低斟将开水冲入茶杯，使茶叶上下翻动。也可以左手半握拳搭在桌沿，右手执水壶单手用"凤凰三点头"手法冲泡。这种手法表达对宾客的热情欢迎，同时水的冲击力可以起到均匀茶汤浓度的效果。冲泡水量控制在茶杯总容量的七分满即可。

（12）上投法冲水入杯　在第三只玻璃杯内用回转低斟高冲法冲水入杯约七分满。

（13）上投法置茶　将碧螺春2克均匀拨入杯中，茶叶洒落于水面上，吸水后逐渐下沉，并散发出香气。

（14）奉茶　双手端玻璃杯至宾客桌前，避开触碰到杯沿，用伸掌礼敬茶。

（15）品茶　茶杯中茶叶舒展后，宾客可先闻香，再看汤色，然后啜饮。

（16）收具　奉茶结束，将泡茶用具收拾归位，向宾客行礼致谢。

二　盖碗冲泡法茶艺流程

盖碗法冲泡乌龙茶在广东潮州一带比较流行，特别是冲泡清香型"凤凰水仙"及"凤凰单丛"风味特佳。这种泡法也适用于其他高香、轻发酵、轻焙火的乌龙茶。

（1）备具　在泡茶台下放一只水盂，式样不限，备用。泡茶台上居中摆放大茶盘，大茶盘内左侧放双层瓷茶盘，盖碗在右，4只小杯在左呈新月状环列（杯口向下）在瓷茶盘上；大茶盘内右侧前排并列摆放茶样罐与茶匙筒，茶匙筒后放茶荷；大茶盘内右侧后排放碗形茶船及茶巾。小茶盘竖放在大茶盘右侧桌面，内入煮水器。摆放完毕后覆盖上泡茶巾后备用。

（2）备水　尽可能选用清洁的天然山泉水。

（3）布具　分宾主落座后，泡茶者揭去泡茶巾折叠后放在泡茶台右侧桌面。先提保温瓶向紫砂大壶中倒少许开水，荡涤后将弃水倒进水盂。重新注入热水，将酒精炉点燃，紫砂大壶搁放在炉上。双手捧取茶样罐与茶匙筒，移至大茶盘左侧前方桌面；茶荷移至大茶盘内右上角，盖碗端放到茶船前方；将双层茶盘中的4只品茗杯排放成两两方阵。

（4）赏茶　左手横握茶样罐，右手开盖放大茶盘中，右手取茶匙将适量茶叶从茶样罐拨入茶荷，接着用茶匙将茶荷中的茶叶拨散，便于观赏外形。将茶匙插入茶匙筒，盖好茶样罐并复位。双手托捧茶荷，送至来宾面前，敬请欣赏干茶外形及色泽等。

（5）温盖碗　右手大拇指与中指捏住盖碗沿、食指轻抵盖钮提起盖碗（不连托），放碗形茶船中；用三指依次将4只品茗小杯翻正。左手揭开盖碗盖子放在盖碗托碟上，右手提开水壶回转手腕向盖碗内注热水，至八分满（翻口沿下）后开水壶复位；左手加盖后，右手用上述方法端盖碗，左手取茶巾轻托盖碗底，回转手腕温盖碗。温毕，茶巾复位，左手搁在桌沿；右手提盖碗至双层茶船上方，将热水从盖碗盖子与碗沿间隙中流出，并巡回倒入4只品茗杯，待水沥尽后将盖碗放回碗形茶船，左手将盖揭开放盖置上。

（6）置茶　双手捧茶荷先平摇几下，令茶叶分层后左手托住茶荷；右手取茶匙将面上的粗大茶叶拨到一边，先舀取细碎茶叶放进盖碗，再取粗大茶叶置其上方（目的是冲泡后细碎茶渣不易倒出）。一般用盖碗冲泡的多为条形乌龙茶（如凤凰水仙、凤凰单丛等），其用茶量为盖碗容量的2/3左右。当然应视乌龙茶的紧结程度、整碎程度及品饮口味而灵活掌握。

（7）温润泡　右手提开水壶回转手腕向盖碗内注开水，应使水流顺着碗沿打圈冲入至满；左手提碗盖由外向内刮去浮沫即迅速加盖；右手三指提盖碗将温润泡的热水倒进茶船，顺势将盖碗浸入茶船。

（8）冲泡　左手提盖碗盖子放盖置上，右手提开水壶回转手腕向盖碗内注水，同样水流应顺着碗沿打圈冲入，至八分满后开水壶复位，左手加盖；静置1min左右。

（9）温杯　趁冲泡静置时间进行温杯。4只品茗杯中原盛有热水，可依前右、前左、后左、后右顺序清洗。手法是：右手大拇指搭杯沿处、中指扣杯底圈足侧拿起前右小杯，将其轻放在前左小杯热水内，食指推动前右杯外壁，大拇指与中指辅助，三指协同将此杯在前左小杯热水中清洗一周，然后提杯沥尽残水复位。接着一一温杯，最后的右后杯不再滚洗，直接转动手腕，让热水回转至全部杯壁，再将热水倒掉即可。

（10）分茶　右手三指提拿盖碗先到茶巾上按一下，吸尽盖碗外壁残水；不必除盖子，用"关公巡城"手法将茶汤分入4只品茗杯；观察各杯茶汤颜色，用"韩信点兵"手法用最后几滴茶汤来调节浓度。分茶毕，将盖碗置回盖碗托上。一般的轻发酵乌龙茶在茶汤沥尽后，宜揭开盖碗盖子，令叶底冷却，易于保持其所固有的香气与汤色。

（11）奉茶　如果来客围坐较近，不必使用奉茶盘。直接用双手捧取品茗杯，先到茶巾上轻按一下，吸尽杯底残水后将茶杯放在杯托上，双手端杯托将茶奉给来宾，并点头微笑行伸掌礼，示意"请用茶"。

（12）品饮　接茶时可用伸掌礼对答或轻欠身微笑。右手以"三龙护鼎"手法握杯，举杯近鼻端用力嗅闻茶香。接着将杯移远欣赏汤色，最后举杯分3口缓缓喝下，茶汤在口腔内应停留一阵，用舌尖两侧及舌面舌根充分领略滋味。喝毕握杯再闻杯底香，用双手掌心将茶杯捂热，令香气进一步散发出来；或者单手虎口握杯来回转动闻香。

（13）第二、三泡　双手捧碗形茶船将其中已冷却的开水倒入双层茶盘，复位后右手提开水壶向碗形茶船内注入适量的开水。右手提拿盖碗放入茶船，左手揭盖，右手注开水，这一道需要冲泡1分15秒左右。依次收回品茗杯，仍呈两两方阵放在双层茶盘中，注开水重新温杯。接着同前分茶、奉茶、品饮。第三泡冲泡需要1分40秒，方法如第二泡。如果茶叶耐泡，还可继续冲泡四、五道。

（14）收具　冲泡完毕，将所用茶器具收放原位，对茶壶、茶杯等使用过的器具一一清洗。覆盖上泡茶巾以备下次冲泡。

二、潮汕工夫茶壶杯泡法茶艺流程

（1）备具　在泡茶台底下放置一只水盂备用，式样不限。大茶盘居中放泡茶台

潮汕工夫茶壶杯泡法茶艺

上：茶盘内前排并列摆放茶样罐、茶匙筒；茶盘中排左侧放瓷茶盘，内反扣4只品茗杯；中排靠右侧放茶船，内放茶壶；茶盘后排左边放纸茶荷，杯托放中间，右边放茶巾。小茶盘放在大茶盘右侧桌面，内置煮水器、火柴等。如果泡茶台较小，可在座位右侧放小茶几或特制炉架，搁放煮水器等。摆放完毕，覆盖泡茶巾备用。

（2）备水　尽可能选用清洁的天然软水。有条件的茶艺馆应安装过滤设施，家庭自用可自汲泉水。

（3）布具　揭开泡茶巾折叠后放在小茶盘后方桌面；先提保温瓶向提梁大紫砂壶中倒少许热水，荡涤后将水倒进水盂，重新注热水入壶中；将大紫砂壶放在点燃的酒精炉上。双手将茶样罐、茶匙筒移放至大茶盘左前方桌面上；将杯托放到小茶盘煮水器后方右侧；茶巾仍放在大茶盘内右下角。

（4）温具　依次将4只品茗杯翻正；右手提开水壶用回转手法向茶壶（连盖）上冲淋少许热水，至水流遍及壶身后，开水壶复位；左手提茶壶盖放茶盘中，右手提开水壶沿壶口回转冲入热水至五分满，水壶复位，左手盖好壶盖，双手捧壶涤荡。烫壶后右手持茶壶柄提壶将热水依次循环倒入4只品茗杯。

（5）取茶　双手捧取茶样罐，开启后移放到茶盘右侧；左手取纸茶荷，右手横拿茶样罐转动手腕倒茶；左手轻抖令茶叶粗细分层。一般情况下的投茶量：疏松条形乌龙茶用量为茶壶体积的2/3左右；球形及紧结的半球形乌龙茶用量为茶壶体积的1/3左右。碎茶较多时则减少置茶量，来宾多为清淡饮者，也宜酌情减量。目测茶量至足够，右手放下茶样罐。

（6）赏茶　双手将茶荷平放到前方桌面，请来宾欣赏干茶。泡茶者利用这一间隙双手将茶样罐盖好，移回到茶匙筒旁边。

（7）置茶　待来宾赏茶完毕，以左手取纸茶荷托住（令其开口向内）；右手取茶匙将粗大的茶叶拨到壶流一侧，将细碎的茶叶拨到壶把一侧。这样可避免冲泡后茶叶将出水孔堵塞，造成茶壶出水不畅。

（8）淋壶　右手提开水壶向茶壶注热水，逆时针回转运动手腕，水流从壶身外围开始浇淋，向中心绕圈最后淋至盖钮处，直至茶壶外壁受热均匀而足够（判断标准是茶壶嘴开始向外冒水），开水壶复位。一般乌龙茶头一道需泡1分钟左右。

在等待冲泡的间隙，将4只品茗杯依次轮回荡洗，洗毕将杯中的热水倒在茶盘内，重新摆放整齐。

（9）游山玩水　右手握茶壶令壶底与茶盘边沿轻触，逆时针移动一圈，作用是刮去茶壶底部残水，轻轻晃动茶壶有利于茶汤均匀。然后提壶至茶巾，吸干壶底的残水。

（10）关公巡城　右手提壶逆时针方向不断转动，将茶汤均匀分入4只品茗杯中。

（11）韩信点兵　茶壶中的茶汤基本分完后，为保证茶汤浓度一致，需要观察各只茶杯中的茶汤：凡汤色稍淡者，则抖动手腕将茶壶中余下的茶汤精华多点数滴，汤色较深者少点几滴。一般的轻发酵乌龙茶在茶汤筛尽后，宜揭开茶壶盖，令叶底冷却易于保持其固有的香气与汤色。

（12）奉茶　如果来客围坐较近，不必使用奉茶盘。直接用双手捧取品茗杯，先到茶巾上轻按一下，吸尽杯底残水后将茶杯放在杯托上，双手端杯托将茶奉给来宾，并点头微笑行伸掌礼，示意"请用茶"。

（13）品饮　接茶时可用伸掌礼对答或轻轻欠身微笑。右手以"三龙护鼎"手法握杯，女士须用左手托杯底，举杯近鼻端用力嗅闻茶香。其余品饮方法同上节。

（14）泡二、三道茶　冲泡前先将茶船及茶盘中的残水倒入水盂。如同冲泡其他茶类一样，第二、三道乌龙茶冲泡的重点在于保持足够的茶汤浓度。采用延长冲泡时间的方法，二道应冲泡75秒左右；三道应冲泡100秒左右。如果茶叶耐泡，还可继续冲泡四、五道茶。

（15）净具　冲泡完毕，将所用茶器具收放原位，对茶壶、茶杯等使用过的器具一一清洗。覆盖上泡茶巾以备下次冲泡。

【扩展阅读】　茶艺表演的评判方法

1. 茶艺表演的主题和创意

茶艺表演是以茶艺为主体，融入了创作者的思想和创意的舞台艺术表达形式。因此，每一部茶艺作品都有独特的主题。评判茶艺作品的优劣，首先看其主题是否明确而突出，优秀的作品主题能借助表演者的解说富有条理、层次分明地传达给观众，能通过一件小事、一个物件或者一个家庭的悲欢离合以小见大地表达当下人们关心的家事、国事、天下事。能引起观众的情感共鸣，或者能陶冶感化人的思想。主题体现的是茶艺表演的深度，能够将美好的情感、深刻的历史、正确的价值观通过茶艺呈现在舞台之上，传播优秀的文化，引导积极向上的观念，是茶艺表演创作努力的方向。

其次，要看茶艺作品主题与茶、茶席、音乐、服装等各大元素是否紧密融合。主题应与茶有显性或隐性的关联，并且外化体现在表演时冲泡的茶叶上。比如，主题表达的是对故土潮州的思念，那么选用的茶叶应是可以体现当地风土特色、充满乡情味道的凤凰单丛。茶席、音乐、服装、背景等元素，应当围绕主题展开，通过视觉、听觉上的设计，让主题的呈现更丰富、立体，为观众营造一种感同身受的氛围。

2. 茶艺表演程式

茶艺表演程式指的是表演时茶汤冲泡的流程、规范，应做到程式准确、完整、衔接流畅。茶艺表演程式首先应符合茶叶冲泡的科学性和实用性。比如，一般的盖碗冲泡乌龙茶茶艺流程：赏茶→温具→纳茶→洗茶→冲泡→分茶→奉茶。而民族茶艺又有相应的步骤程式。不应该对最基本的步骤进行随意调换或省略，比如，表演者由于紧张或者设计上的失误而省略了"纳茶"的步骤，则属于表演程式上的错误。

在此基础之上可以根据表演或主题的需要加入符合冲泡科学的程式动作，比如，在赏茶之前"净手"、通过加入闻香杯增加"闻香"的设计。增加的表演程式宜少不宜多，在科学、合理、自然的前提下，凸显特色与创意。有的茶艺作品为了彰显表演者的舞台表现力，加入过多与茶和茶艺无关的表演程式；有的作品为了延长表演时间，加入看似丰富实则画蛇添足的步骤，反而都成为作品的减分项。

3. 茶艺表演的艺术性

茶艺表演的艺术性主要体现在表演者的动作、茶席的布置、解说词的文化色彩、服装和音乐的选择搭配等方面，是包括表演者在内的舞台整体布局的协调统一和美感呈现。

表演者茶艺表演的动作应做到优雅、自然。女性表演者的动作可以适当展现柔美的一面，男性表演者则注重适度的力量感和线条感，呈现稳重大气之美。同时要避免对动作的过渡修饰，比如，夸张的兰花指、大幅度地扬起手臂打开壶盖；或者为了突出所谓的"艺术性"而加入与茶叶冲泡无关的动作，比如，以"莲的清廉纯洁"为主题的茶艺作品，在每个冲泡步骤之间都加入形似莲花的"花手",即用手摆出莲花的造型并舞动的舞蹈动作,看似贴合主题,实际上喧宾夺主,欠缺自然,茶艺作品本质上还是以茶为主,动作应围绕冲泡艺术进行设计。如果是团体的茶艺表演,还应体现出整体动作的整齐度和协调性。

茶席的布置、服装和音乐的选择关键在于凸显和烘托主题。应注意茶席桌布与服装的配色、环境布局与陈设的协调、茶具的风格与整体的贴合。解说词的文化色彩主要通过表演者的阐述传达给观众,因此流畅、清晰、自然而又富有感情的解说表达,也能增添表演的艺术魅力和可观赏性。

4. 礼仪和气质形象

茶艺表演者的礼仪和气质形象也是茶艺作品优劣的评判标准之一。礼仪包括表演者的妆容、仪态、风度,在表演过程中展现的礼节,以及通过言行举止外化呈现的礼貌姿态。

表演者应保持妆容和发型得体、美观、干净、整洁,不佩戴与表演无关的戒指、项链、耳饰等。仪态挺拔自信,避免弯腰驼背、慵懒散漫的姿态。面带微笑,神情淡定,不慌不忙,泰然自若地进行茶艺展示。表演中涉及的礼节,比如,表演开始及结束时的鞠躬礼、邀请宾客饮茶的伸掌礼、向长辈的奉茶礼等,能用谦逊、恭敬、仪态优美的礼貌行为进行展现。气质形象则是在这一整个过程中呈现出来的,让观众感到安定、美好、舒服的形象感受。

5. 茶汤品质

茶艺表演以茶的冲泡为主体,无论主题、茶席、解说、服装、音乐如何丰富变幻,最终还是要回归到面前这杯茶汤中。因此茶汤品质也是茶艺表演作品的评判点。

首先,茶汤应当能体现出表演所冲泡茶叶的品质特色,比如,如果冲泡的是大红袍,那么茶汤应当呈现金黄或者更深的汤色,品饮能够体会到岩骨花香;如果冲泡的是清香型铁观音,那么茶汤应当呈现蜜绿或蜜黄色,有兰花香,饮后回甘生津,音韵显;如果冲泡的是普洱熟茶,但是茶汤却呈现深黄的色泽,则茶汤品质有问题,是影响整部茶艺表演作品的。其次,茶艺表演有奉茶的环节,应注意奉茶时茶汤的温度尽量保持在适宜饮用的范围,避免过凉或太烫,同时杯中的茶汤适量,在七分满左右,这也是尊敬宾客的礼貌细节,需要表演者在平时勤加练习,掌控好水温、斟茶和表演时长。

表6-1为《茶艺职业技能竞赛技术规程》中的《茶艺职业技能竞赛个人自创茶艺评分表》。

表 6-1　　　　　　　　茶艺职业技能竞赛个人自创茶艺评分表

参赛者号码：　　　　　　　　　　　　　　　　　　　　　　　　　　　　总分：

序号	项目	分值分配	要求和评分标准	扣分标准	扣分	得分
1	创意 25分	15	主题鲜明，立意新颖，有原创性；意境高雅、深远	（1）有立意，意境不足，扣2分； （2）有立意，欠文化内涵，扣4分； （3）无原创性，立意欠新颖，扣6分； （4）其他因素扣分		
		10	茶席有创意	（1）尚有创意，扣2分； （2）有创意，欠合理，扣3分； （3）布置与主题不相符，扣4分； （4）其他因素扣分		
2	礼仪仪表仪容 5分	5	发型、服饰与茶艺演示类型相协调；形象自然、得体，优雅；动作、手势、姿态端正大方	（1）发型、服饰与主题协调，欠优雅得体，扣0.5分； （2）发型、服饰与茶艺主题不协调，扣1分； （3）动作、手势、姿态欠端正，扣0.5分； （4）动作、手势、姿态不端正，扣1分； （5）其他因素扣分		
3	茶艺演示 30分	5	根据主题配置音乐，具有较强艺术感染力	（1）音乐情绪契合主题，长度欠准确，扣分0.5分； （2）音乐情绪与主题欠协调，扣1分； （3）音乐情绪与主题不协调，扣1.5分； （4）其他因素扣分		
		20	动作自然、手法连贯，冲泡程序合理，过程完整、流畅，形神俱备	（1）能基本顺利完成，表情欠自然，扣1分； （2）未能基本顺利完成，中断或出错二次以下，扣3分； （3）未能连续完成，中断或出错三次以上，扣5分； （4）有明显的多余动作，扣3分； （5）其他因素扣分		
		5	奉茶姿态、姿势自然，言辞得当	（1）姿态欠自然端正，扣0.5分； （2）次序、脚步混乱，扣0.5分； （3）不行礼，扣1分； （4）其他因素扣分		

续表

序号	项目	分值分配	要求和评分标准	扣分标准	扣分	得分
4	茶汤质量 30分	20	茶汤色、香、味等特性表达充分	（1）未能表达出茶色、香、味其一者，扣2分； （2）未能表达出茶色、香、味其二者，扣3分； （3）未能表达出茶色、香、味其三者，扣5分； （4）其他因素扣分		
		5	所奉茶汤温度适宜	（1）与适饮温度相差不大，扣1分； （2）过高或过低，扣2分； （3）其他因素扣分		
		5	所奉茶汤适量	（1）过多（溢出茶杯杯沿）或偏少（低于茶杯二分之一），扣1分； （2）各杯不匀，扣1分； （3）其他因素扣分		
5	文本及解说 5分	5	文本阐释有内涵，讲解准确，口齿清晰，能引导和启发观众对茶艺的理解，给人以美的享受	（1）文本阐释无深意、无新意，扣0.5分； （2）无文本，扣1分； （3）讲解与演示过程不协调，扣0.5分； （4）讲解欠艺术感染力，0.5扣分； （5）解说事先录制，扣2分； （6）其他因素扣分		
6	时间 5分	5	在8~15分钟内完成茶艺演示	（1）误差1~3分钟，扣1分； （2）误差3~5分钟，扣2分； （3）超过规定时间5分钟，扣5分； （4）其他因素扣分		

裁判签名： 年 月 日

第七章

国内外茶俗文化欣赏

【第一节】 饮茶习俗与社会生活

饮茶习俗是指人们日常生活中饮茶的习惯和风俗。中国人饮茶习俗形成于中唐。陆羽《茶经·六之饮》载:"滂时浸俗,盛于国朝、两都并荆俞间,以为比屋之饮。"《茶经》认为当时的饮茶之风扩散到民间,以东都洛阳和西都长安及湖北、四川一带最为盛行,把茶当做家常饮料,形成"比屋之饮"。据唐代封演《封氏闻见记》载,禅宗促进了北方饮茶的形成。唐代开元以后,中国的"茶道"大行,饮茶之风弥漫朝野,"穷日竟夜","遂成风俗",且"流于塞外"。《旧唐书·李珏传》:"茶为食物,无异米盐,于人所资,远近同俗,既祛竭乏,难舍斯须,田间之间,嗜好尤切。"说明随着饮茶习惯的发展,茶叶与人民生活有着密切的关系,渗透在人民生活之中,"人家每日不可缺者,柴米油盐酱醋茶"(吴自牧《梦粱录》)。因而不论贫穷与富有,不论上层社会和庶民百姓,人们在居家、旅游、交际、经商,乃至红白喜事,大事小情等各种场合,莫不以茶应酬。

饮茶本来是不同地区、不同民族的人民在解渴的生理需要上产生的一种行为方式,原先并没有多大的差异性。但随着历史、文化的不断发展和积淀,民族自身的特点与习俗的形成,饮茶便演变成为一种有社会文化内涵并具有差异性的风俗习惯,其中也包含了更多的礼仪与风俗内容,以下分别阐述。

一 客来敬茶

客来敬茶和以茶会友是比较普遍、流行的风俗习惯,也是中华民族待客的真诚礼仪。在我国饮茶历史上,不论富贵之家或贫穷之户,不问上层社会和平民百姓,不拘社交活动或闲散家居,莫不以茶为应酬品。北宋地理学家朱彧在《萍州可谈》中说:"今世俗,客至则啜茶,……此俗遍天下。"有朋友来做客,主人先奉上一杯清茶。以示主人对客人的敬意和欢迎,待客以清茶一杯,看似淡泊,实含深情。南宋诗人杜耒的《寒夜》云:"寒夜客来茶当酒,竹炉汤沸火初红。"描述主人待客诚恳热情正像火炉一样热烈。茶是待客、敬客、留客的高雅礼节的媒介,敬茶这一行为成为雅俗之人共同的风俗,唐颜真卿的《五言月夜啜茶联句》诗云:"泛花邀坐客,代饮引清言。"北宋文学家黄庭坚《阮郎归·煎茶》词记载了烹茶留客的雅致真情,"烹茶留客驻金鞍,月斜窗外山。"宋代翁广元《题临江茶阁》中的"一杯春露暂留客,两腋清风几欲仙"等,都说明了我国人民自古以来,就有以茶会友、以茶留客、用茶待客的礼俗。

当今社会,客来敬茶更成为人们日常社交和家庭生活中普遍的往来礼仪,并形成了最基本的礼仪。例如,在敬茶礼仪中有"浅茶满酒"的讲究,一般倒茶或冲茶至茶具的2/3~3/4,如倒满茶杯,不但烫嘴,还寓有逐客之意。以带柄的茶杯冲泡茶叶时,杯耳和茶匙的握柄要朝着客人的右边,方便客人拿取。

喝茶的环境应该静谧、幽雅、洁净、舒适,让人有随遇而安的感觉。选茶也要因人而异,例如,北方人喜欢饮茉莉花茶,江浙人喜欢饮淡雅的绿茶,闽粤人则喜欢浓郁的乌龙茶、普洱茶等。

在华北、东北,老年人来访,宜沏上一杯浓醇芬芳的优质茉莉花茶,并选用加盖瓷杯;如果来客是南方的年轻妇女,宜冲一杯清新淡雅的绿茶,如龙井、毛尖、碧螺春等,并选用透明玻璃茶杯,不加杯盖;如果来访者嗜好喝浓茶,不妨适当加大茶量,并拼以少量茶末,可做到茶汤味浓,经久耐泡,饮之过瘾;如果来客喜啜乌龙茶,则用小壶小杯,选用安溪铁观音或武夷岩茶招待;如果家中只有低级粗茶或茶末,那最好用茶壶泡茶,只闻茶香,只品茶味,不见茶形。以上就是"细茶粗吃,粗茶细吃"的道理。

敬茶要礼貌,一定要洗净茶具,切忌用手抓茶,茶汤上不能漂浮一层泡沫或茶末,更忌粗枝大叶横于杯中,茶杯无论有无柄,端茶一定要在下面加托盘,敬茶时温文尔雅、笑容可掬、和蔼可亲,双手托盘,至客人面前,躬腰低声说"请用茶",客人即应起立说声"谢谢",并用双手接过茶托。

做客饮茶,也要慢啜细饮,边谈边饮,并连声赞誉茶叶鲜美和主人手艺,不能手舞足蹈,狂喝暴饮。主人陪伴客人饮茶时,在客人已喝去半杯时即添加开水,使茶汤浓度、温度前后大略一致。饮茶中,也可适当佐以茶食、糖果等,达到调节口味的功效。

总之,客来敬茶是家庭礼仪中待客的一种日常礼节,也是社会交往的一项内容,不仅是对客人、朋友的尊重,也能体现自己的修养。

二 茶与婚俗

茶与婚俗的关系,简单来说,就是在缔婚中吸收应用、茶叶或茶文化作为礼仪的一部分。其实,茶文化应用到婚礼之中,是与我国饮茶的约定俗成和以茶待客的礼仪相联系的。

旧时,男娶女嫁时,男方要用一定的彩礼把女子"交换"过来。由于婚姻事关男女的一生幸福,所以,对大多数男女的父母来说,彩礼虽具有一定的经济价值,但更重视的还是那些消灾祈福的吉祥之物。茶在我国各族的彩礼中,有着特殊的意义。这一点,明代藏书家郎瑛在《七修类稿》中,有这样一段说明:"种茶下子,不可移植,移植则不复生也,故女子受聘,谓之吃茶。又聘以茶为礼者,见其从一之义。"我国古代种茶,由于当时受科学技术水平的限制,一般采用茶籽种。茶树一旦长大后,就不能移植,否则就难以成活,故历代都将茶视为"至性不移"的象征。明代许次纾在《茶流考本》中说:"茶不移本,植必生子。"古人结婚以茶为礼,取其"不移志"之意。除此之外,因"茶性最洁",可示爱情"冰清玉洁";"茶不移本",可示爱情"坚贞不移";茶树多籽,可象征子孙"绵延繁盛";茶树又四季常青,以茶行聘寓意爱情"永世常青"。故世代流传民间男女订婚要以茶为礼,茶礼成了男女之间确立婚姻关系的重要形式。

据宋胡纳《见闻录》载:"通常订婚,以茶为礼。故称乾宅致送坤宅之聘金曰'茶金',又称'茶礼',又曰'代茶'。女家受聘曰'受茶'。"吴自牧《梦粱录·嫁娶》也谈到了宋代婚嫁中的用茶:"道日方行送聘之礼,且论聘礼,富家当备三金送之,……加以花茶、果物、团圆饼、羊酒等物,又送官会银铤,谓之'下财礼'。"吴自牧记载说,即使是贫穷人家,聘礼中茶饼也是少不了的,甚至连女家的回礼也多使用"茶饼果物""鹅酒茶饼"。

明代香山(今广东中山市)人黄佐在《泰泉乡礼》,书中记载:"近日纳采、纳徵者,止用细茶一盒,纳钗物其中,尤为简便,可以通行。"又云:"凡三等人户之下聘,用酒一埕、鹅二只、各布二疋(同"匹")、茶一盒。"反映了明代岭南一带茶礼的流行。姚廷遴《历年记》记载:"康熙朝选妃,遣大学士明珠、索额图下江南物色,民间有女者惶惧,遂仓猝结亲,甚至不论贫富,不计礼仪,不择门当户对,不管男女大小,大约茶二斤,礼银四两为最,更有不费分文者"。可见人们为逃避被选入宫,婚礼大为简省,而唯有茶礼却不曾废。

从各地方志的记载来看,茶已深入婚礼全过程。光绪《顺天府志》记婚礼:"合婚得吉,相视留物为贽,行'小茶''大茶'礼。"光绪《通州志》记载:"将娶聘行礼,用衣饰及羊酒、果饼等物,俗名'下茶',"又称:"娶之次日,女家送果品等物，曰'点茶'。"同时，明清小说和戏曲中关于茶礼的描述，很能反映茶礼习俗在当时风行的情形。

旧时江浙及南方地区茶礼风俗也比较有特点，以下举例介绍。

（1）三茶　旧时在江浙一带，将整个婚姻礼仪称为"三茶六礼"。其中，三茶表示订婚时"下茶"，结婚时"定茶"，同房时"合茶"。也有将"提亲、相亲、入洞房"的三次沏茶称为"三茶"。

（2）三道茶　举行婚礼时，还要行三道茶的仪式。第一道为"百果"；第二道为"莲子或枣子"；第三道才是"茶叶"，都取其"至性不移"之意。吃三道茶时，接第一道茶要双手捧之，并深深作揖。尔后将茶杯向嘴唇轻轻一触，即由家人收去。第二道依旧如此。至第三道茶时，方可接杯作揖后饮之。前两道主要是敬父母，感谢父母的养育之恩，第三道则是新婚夫妻称心如意，恩恩爱爱之意。

在浙江德清等地婚姻中的茶俗，则更为丰富多彩，列举如下。

（1）受茶　男女双方对上八字后，经双方长辈同意联姻，由男方向女方赠聘礼、聘金，如果女方接受，称为"受茶"。

（2）定亲茶　男女双方确定婚姻关系后即举行定亲仪式。这时双方须互赠茶壶十二把并用红纸包花茶一包，分送各自亲戚，称为"定亲茶"。

（3）亲家婆茶　女子出嫁后第二天，父母看望女儿时，要随身携带一两茶叶（最好是"雨前"茶），并半斤烘豆、二两橙子皮拌野兰麻，称为"亲家婆茶"。

（4）合枕茶　新人入洞房前，夫妇要共饮合枕茶。这时，由新郎捧茶，用双手递一杯清茶，先给新娘喝一口，再自己喝一口，意味着完成了人生大礼。婚礼过后的第二天，新郎新娘需捧着盛满香茶的茶盘，向长辈们"献茶"行拜见礼。长辈们喝了茶，即摸出红包放于茶盘上作为"见面礼"。

（5）闹茶　在我国云南地区举行婚礼时，有闹茶的习俗。闹茶发生在新婚3天内，每天晚上，由新郎新娘在客堂的中间，向亲朋好友们敬茶。茶内必须加放红糖，取其"甜蜜"之意。闹茶时，可由宾客出题，要新郎新娘以绕口令、猜谜语、咏诗歌等形式回答考题。若新郎新娘不从，宾客们则不饮茶，而若文不对题，众皆哄堂大笑。闹茶取"越闹越热"之意。

（6）谢媒茶　男女举行婚礼后，新婚夫妇或双方家长要用茶来答谢媒人，因在诸多谢礼中，茶叶是必不可少之物，故称"谢媒茶"。

（7）喝新娘茶　我国南方地区历来有喝新娘茶的习俗。新娘成婚后的第二天清晨，洗漱、穿戴后，由媒人搀引至客厅，拜见已正襟危坐的公公、婆婆，并向公婆敬茶。公婆饮毕，要给新娘红包（礼钱），接着由婆婆引领新娘去向族中亲属及远道而来的亲戚敬茶，再在婆婆引领下挨门挨户拜叩邻里，并敬茶。敬茶毕，新娘向受茶者打招呼后，即用双手端茶盘承接茶盏，这时众亲友或邻里乡亲饮完茶，要在放回杯子的同时，在新娘托盘中放置"红包"，而新娘则略一蹲身，以示道谢。在喝新娘茶时，无论向谁敬茶，都不能有意回避，否则被认为"不通情理"。

【第二节】我国各民族饮茶习俗

一 汉族的茶饮习俗

汉民族的饮茶方式，大致主要有品茶、喝茶之分，二者之间主要体现在饮茶目的不同。喝茶的目的主要是满足人体的生理需要如解渴或提神等，对茶的一种饮用形式，主要表现为将茶叶放入大碗或大杯中进行冲泡，随时取饮等。品茶则是主要以鉴别茶叶香气、滋味和欣赏茶汤、茶姿为目的，重在意境和形式。凡品茶者，得细品缓啜，"三口方知真味，三番才能动心"。但汉族饮茶，虽方法有别，却大都推崇清饮，认为清茶最能保持茶的纯粹，体会茶的本色，其基本方法就是直接用开水冲泡或熬煮茶叶，无须在茶汤中加入食糖、牛奶、薄荷、柠檬等其他饮料和食品。主要茶品有绿茶、花茶、乌龙茶、白茶、红茶、普洱茶等，最有代表性的饮用方式包括啜乌龙、吃早茶、尝盖碗茶和喝大碗茶。

在我国的一些少数民族，茶也是退婚的象征物。例如，贵州侗族男女婚姻大多由父母决定，如果姑娘本人不同意，可以用退茶的形式来退婚。具体做法：姑娘悄悄准备好一包茶叶，选择一个适当机会，亲自跑到男方家中，对男方父母说："舅舅、舅娘，我没有福分来服侍两位老人家，你们去另找一个好媳妇吧。"说完，把茶叶放在堂屋的桌上，转身往回跑。不过如果退茶时被男方或他的亲戚抓住，按规矩可以马上杀猪请客，举行婚礼。姑娘应事先考察清楚，要选择既要对方父母在家又没有其他人的时候前去退茶。因此，退茶成功的姑娘往往会得到人们的称赞。如果退茶成功，做父母的也要教导女儿，然后去男方家办理具体的退婚手续。在这里，茶叶实际上成为爱情、婚姻的象征性物品，所以退茶就是退婚。

1. 潮汕工夫茶

潮汕工夫茶是指潮汕一带（包括广东省汕头市、潮州市、揭阳市等地。覆盖现今潮州、汕头、揭阳三市区及潮安、饶平、澄海、南澳、潮阳、惠来、普宁、揭西、揭东等九县、市、区，还远及丰顺、大埔、蕉岭等）的饮茶风尚，工夫茶的泡茶和品饮方式比较讲究，操作技术需要有学问，且泡茶品茶需要一定的工夫。工夫茶是潮汕一带家家户户的必备品，而且几乎家家都备有工夫茶具，自家闲暇之时举家品茶，或有客到时以工夫茶招待。

潮汕一带品饮工夫茶具有数百年的历史了，近代茶人翁辉东（1886—1963）所著《潮州茶经》，较为全面地反映潮汕工夫茶的概貌。据该书描述，工夫茶有"四宝"：宜兴紫砂壶，景德镇若琛杯，枫溪砂铫，潮阳红泥炉，讲究些的茶店还需备有"潮阳颜家锡罐""潮安陈氏羽扇"等。饮用的"茶品"，不仅有本地所产单丛茶、客家炒茶，也有安溪铁观音和武夷岩茶等。潮州工夫茶有它的鲜明个性，无论走进哪家哪户，茶盘茶具一摆，不用问，便是工夫茶，如翁辉东所说"潮人所用茶具大体相同，不过以家资有无，精粗有别而已"。有了"大体相同，精粗有别"，就有"雅俗共赏"的基础。《潮州茶经》序言中说："无论嘉会盛宴，闲处独居，商店工场，下至街边路侧，豆棚瓜下，每于百忙当中，抑或闲情逸致，无不借此泥炉砂铫，擎杯提壶，长斟短酌，以度此快乐人生。"潮州工夫茶以精细的工夫"收工夫茶之功"，就是鲜明个性中的特质。

《潮州茶经》对传统工夫茶艺的择茶、选水、备具及冲泡法有如下概述。

（1）茶之本质（有名区、品种、制法之别）"潮人所嗜，在产区则为武夷、安溪，在泡法则为绿茶、焙茶，在品种则为奇种、铁观音"。

（2）取水　"山水为上，江水为中，井水其下"，"潮人嗜饮之家……诣某山某坑取水，不避劳顿。"（出自陆羽《茶经》）

（3）活火　"潮人多用绞只炭"（坚硬木烧的炭），"更有（用）橄榄核炭者"。

（4）茶具　茶壶（俗名冲罐），盖瓯（代替冲罐），茶杯（宜小宜浅，径不及寸），茶洗（一正二副），茶盘，茶垫，水瓶（备烹茶），水钵（贮水），龙缸（容多量水)、红泥火炉、砂铫、羽扇、铜箸、茶罐、竹箸、茶桌、茶担(用于登山游水烹茗)、锡盒(共18器)。

现代工夫茶的泡法与饮法还是比较讲究工夫的,一般是先用净水洗涤茶具,并点燃炉中木炭。加水入壶,放在炉上烧沸。待水开后,即以沸水淋烫茶壶、茶杯称为"温壶"。然后将壶容量1/2~2/3的乌龙茶倒在一张素纸(白纸)上,称为"佳茗倾素纸";轻轻抖动,使茶叶粗细分开,细末填入壶底,粗茶置其上,以免堵塞壶口,称为"置茶";接着用沸水缓慢冲入壶中,让水漫过茶叶,溢出壶口,再手持壶盖刮去壶口水面浮沫,用水冲洗后盖上壶盖,并立即倒掉茶汤,称为"洗茶"或"温润泡"。之后,提高水壶向茶壶中第二次注水,俗称"高冲";注满水后立即加盖,接着用沸水淋湿整把茶壶,以保壶内茶水温度,称为"壶外追香"。与此同时,取出茶杯,以中指抵杯脚,拇指按杯沿,将杯放于茶盘中用沸水烫杯,或将杯子放入一只盛沸水的大杯中转动烫热。随即将小杯紧靠,一字形或品字形平放在茶盘上,将茶壶嘴贴近杯口,将茶汤倾入茶杯,称为"低斟";但斟茶时,必须巡回分次注入,使各只茶杯中的茶汤浓淡均一。按传统工夫茶的泡法,这一过程称"洒茶","洒则各杯轮匀,又必余沥全尽,两三洒后,覆转冲罐,俾滴尽之"。"洒茶既毕,趁热,人各一杯饮之"。啜饮者趁热以拇指和食指按杯沿,俗称"三龙护鼎"中指托杯脚,举杯将茶送入鼻端,闻其香,只觉清香扑鼻;接着茶汤入口,含在口中回旋,品其味,顿觉舌有余甘。"一啜而尽,三嗅杯底",即寻韵,闻香。

2. 广式早茶

吃早茶,又称"吃早市茶",多见于我国大中城市和地区,尤其是广州、香港和澳门地区。人们最喜坐茶楼,吃早茶,所以这些地区的茶楼特别多。早在清代同治、光绪年间,广州的"二厘馆"(即每客茶价二厘钱)茶楼就已普遍存在。上"二厘馆"的茶客大多为劳动大众,他们在早晨上工之前,在"二厘馆"里泡上一壶茶,要上两件点心,作为早餐。即便是工余之暇,广州人也愿意上"二厘馆"泡一壶茶,谈天聚会,使精神得到调剂。除"二厘馆"外,广州还有许多历史悠久的大茶楼,如"陶陶居""如意楼""莲香楼""惠如楼""一乐也"等,多有茶楼三四层,座位上千个。这种饮茶风尚,至今未衰。如今,即便是酒家、饭店,也常加设早点茶座。广东茶楼与江南茶馆不一样,那里既有名茶,又有美点,一日早、中、晚三市,尤以早茶为最盛,因此名谓"吃早茶"。

吃早茶是汉族名茶加美点的一种清饮艺术。用早茶时，顾客可以根据自己的爱好，品味传统香茗；同时，根据自己的口味，点上几款精美的小点。如此一口清茶，一口点心，使得品茶津津有味。现今，人们已不再单纯地把吃早茶看作是一种用早餐的方式，更重要地是把它看作是一种充实生活和社交的享受。例如，在假日，随同全家老小，登上茶楼，围坐在四方小茶桌旁，边饮茶、边品点，畅谈国事、家事，觉得其乐无穷。亲朋之间，上得茶楼，面对知己，茶点之余款款交谈，倍觉亲切。所以，许多人即便是洽谈业务、协调工作、交换意见，甚至青年男女谈情说爱，也愿意用吃早茶的方式去进行。这就是汉族吃早茶的风尚不但不见衰落，反而更加普及的缘由。

3. 四川盖碗茶

在汉民族居住的大部分地区，都有喝盖碗茶的习俗，最具代表性的地区则是四川和重庆一带。在四川，特别是成都地区，茶馆、茶楼、茶社、茶园等遍布大街小巷，故有"头上晴天少，眼前茶馆多"和"成都十步一茶馆"的说法。据统计，1935年，成都有516条街巷，茶馆599家，而如今，仅市区内，大型茶馆就有5000多家。正宗的四川老茶馆，常见的是古朴的老虎灶、四方小木桌，大背靠竹椅，紫铜茶壶和俗称"三件头"的盖碗。

在过去，一起床便泡在了茶馆里，有的洗脸都在茶馆里。然后是品茶、早点，接下去便摆开了龙门阵（聊天）。四川茶馆陈设并不十分讲究，但潇洒舒适，最宜闭目养神喝闲茶，所以进入茶馆之后你可以坐着品，也可以躺着品。

茶馆里的"堂倌"（北方人称"茶博士"）都有一手绝活。客人进门，在竹椅上一躺，伙计便大声喊着打招呼，然后冲上茶来。若是集体饮茶，你便会看到一场如"杂技小品"一般的冲茶表演。茶博士右手提着锃亮的紫铜壶走过来，左手五指分开，夹着七八个茶碗、茶盖、茶托，一挥手，叮当连声，茶具各自就位，紫铜壶犹如赤龙吐水，一翻一盖，动作干净利落，一气呵成，桌上不洒一滴，充分体现了茶道"精华均匀"的传统，又表现出一种优美韵律和高超的技艺。

4. 北方大碗茶

煎茶大碗喝，是汉族的一种古茶风。因此，自古以来，卖大碗茶被列为中国的三百六十行之一。如今，喝大碗茶的风尚，在车船码头、大道两旁、车间工地、田间劳作等处，屡见不鲜。这种习俗，在我国北方最流行。尤其是早年北京的大碗茶，更是闻名遐迩，如今，中外闻名的北京大碗茶商场，就是由此沿袭命名的。

大碗茶多用大壶冲泡，或大桶装茶，大碗畅饮，热气腾腾，提神解渴，好生自然。这种清茶一碗，随便饮喝，无须做作的喝茶方式，虽然比较粗犷，甚至颇有些"野味"，但它听凭自然，无须楼、堂、馆、所，摆设简便，只需一张简单的桌子、几条农家式的凳子和若干只粗瓷碗即可。所以，它多以茶摊、茶亭的方式出现，主要供过路行人解渴小憩之用。由于这种喝大碗清茶的方式，贴近民众生活，人们需要它，因此，即使在生活不断改善和提高的今天，大碗茶仍然受到人们的欢迎与称道。

总之，清饮是汉族饮茶的主要方式。凡有客自远方来，或者在一些重大的场合，尽管招待规格有高低之分，但清茶一杯，总是不会省的。至于自饮自乐，或者在饭前、饭后，或者在工余之暇，或者在紧张用脑和生理需要时，汉族人都习惯用清茶一杯聊以自慰。

我国是一个地域广阔、人口众多的多民族国家，饮茶历史悠久，普及面广。但由于不同民族所处的地理环境不同，历史文化有别，生活习惯各异等，在长期的饮茶过程中，各民族又自然地形成了各自不同的饮用方式。这些丰富多彩的饮茶习俗，是中华民族珍贵的精神财富和文化遗产。

二 藏族的酥油茶

藏族主要分布在我国西藏自治区，在云南、四川、青海、甘肃等省的部分地区也有居住。这里地势高，空气稀薄，气候高寒干旱，他们以放牧或种旱地作物为生，当地蔬菜瓜果很少，藏族人以牛羊肉、糌粑（用青稞粉做成的团子）为主食。"以其腥肉之食，非茶不消，青稞之热，非茶不解。"因此，藏族人都十分珍视茶叶，爱好喝茶，而且饮量较大，因此，藏族被称为"嗜茶的民族"。他们最爱喝的是酥油茶。酥油茶的制法是先把50~60克茶叶放入壶中或锅中，约60克茶叶加2升水，煮沸半小时，滤出茶汁，倒入打茶筒内，再加入酥油和盐，有的还加胡桃、芝麻、花生、瓜子、松子、糖和鸡蛋等。然后趁热用木槌有节奏地上下舂打，当茶和酥油及其他作料混合均匀后，成为黄乳色的浆液，有股浓浓的酥油味，便可倒进茶壶，煨在火旁，随喝随倒。款待客人喝酥油茶有一定礼节。主人先把装有糌粑的竹盒放在桌子中间，每人面前放好茶碗。然后主人按序倒酥油茶。客人边喝酥油茶，边用指尖拈起糌粑，丢入口中。按藏族礼节，茶不可急于一饮而尽。第一碗应留下些许，表示还想再喝，也表示对主人不凡手艺的赞许。喝了两三碗后，如果不想再喝，就不动茶碗或者用手盖住碗。如果喝了一半主人又马上把碗里的茶斟满，可以摆着茶碗不喝，告辞时再一饮而尽。如果临走时，茶已经凉了或者不想喝了，也可不喝，而以示"富足有余"或者今后再会的良好寓意。

由于酥油茶是一种以茶为主料，并加有多种食料经混合而成的液体饮料，所以滋味多样，喝起来咸里透香，甘中有甜，它既可暖身御寒，又能补充营养。敬酥油茶便成了西藏人款待宾客的珍贵礼仪。

三 白族的三道茶

白族散居在我国西南地区，主要分布在云南省大理白族自治州。白族人家，不论在逢年过节，生辰寿诞，男婚女嫁等喜庆日子里，还是在亲朋好友登门造访之际，主人都会以三道茶款待宾客。

三道茶，白语称"绍道兆"，是白族待客的一种风尚，大凡宾客上门，主人一边与客人促膝谈心，一边吩咐家人架火烧水。待水沸开，由家中或族中最有威望的长辈亲自司茶，先将一只较为粗糙的小砂罐置于文火上烘烤。待罐烤热后，随即取一撮茶叶放入罐内，并不停地转动罐子，使茶叶受热均匀。但等罐中茶叶"啪啪"作响，色泽由绿转黄，且发出焦香时，随手向罐中注入已经烧沸的开水。少顷，主人就将罐中翻腾的茶水倾注到一种叫牛眼睛盅的小茶杯中。但杯中茶汤容量不多，白族认为"酒满敬人，茶满欺人"，所以，茶汤仅半杯而已，一口即干。由于此茶是经烘烤、煮沸而成的浓汁，因此，看上去色如琥珀，闻起来焦香扑鼻，喝进去滋味苦涩。冲好头道茶后，主人就用双手举茶敬献给客人，客人双手接茶后，通常一饮而尽。此茶虽香，却也够苦，因此称为"苦茶"。白族称这第一道茶为"清苦之茶"，寓意做人的道理"要立业，就要先吃苦。"

喝完第一道茶后，主人会在小砂锅中重新烤茶置水（也有用留在砂罐内的第一道茶重新加水煮沸的）。与此同时，将盛器牛眼睛盅换成小碗或普通杯子，内中放上红糖、核桃肉和乳扇，冲茶至八分满时，敬于客人。此茶甜中带香，别有一番风味。如果说第一道茶是苦的，那么，苦尽甜来，第二道茶就叫甜茶了，白族人称为"糖茶"或"甜茶"。它寓意"人生在世，做什么事，只有吃得了苦，才会有甜香来"。

第三道茶更有意思，主人先将一满匙蜂蜜及3~5粒花椒、核桃仁和适量的桂皮放入杯（碗）中，再冲上沸腾的茶水，容量多以半杯（碗）为度。客人接过茶杯时，一边晃动茶杯，使茶汤和作料均匀混合；一边"呼呼"作响，趁热饮下。此茶喝起来回味无穷，甜、苦、麻、辣，各味俱全。因此，白族称其为"回味茶"。它寓意人们要常常"回味"，牢牢记住"先苦后甜"的哲理。有的主人更是别出心裁，取来一张用牛奶熬制而成的乳扇，将它置于文火上烘烤，当乳扇受热起泡呈黄色时，随即用手揉碎将它加入第三道茶中。这种茶既能领略茶香茶味，还能尝到白族传统食品的风味，更是回味无穷。主人款待三道茶时，一般每道茶相隔3~5分钟进行。另外，还得在桌上放些瓜子、松子、糖果之类，以增加品茶情趣。

四 土家族的擂茶

土家族主要分布在湖南、湖北和四川等地。土家族种茶制茶饮茶历史悠久，并且把茶视为灵物，茶饮在他们日常生活中占据重要的地位。擂茶，又称"三生汤"。是土家族待客很隆重的饮料。此名的由来，说法有两种：第一种是因为擂茶是用生叶（指茶树上新鲜的幼嫩芽叶）、生姜和生米等三种生原料加水经烹煮而成的，故而得名。第二种是传说三国时，张飞曾带兵进攻武陵壶头山（今湖南省常德市境内），路过乌头村时，正值炎夏酷暑，军士个个精疲力竭；加之当时这一带正好瘟疫蔓延，使得张飞部下数百将士病倒，竟连张飞本人也未能幸免。正在危难之际，村上一位老草医因有感于张飞部属的纪律严明，对百姓秋毫无犯，为此，特献祖传除瘟秘方擂茶，亲研擂茶，分予将士。结果，茶到病除。为此，张飞感激不已，称老汉为"神医下凡"，说："这是三生有幸！"从此以后，人们称擂茶为"三生汤"。

制作擂茶时，一般先将生叶、生姜、生米按各人口味，用一定比例倒入山楂木制成的擂钵中，用力来回研捣，直至三种原料混合研成糊状时，再起钵入锅，加水煮沸，便成了擂茶。因为茶叶能提神祛邪，清火明目；生姜能理脾解表，去湿发汗；生米能健脾润肺，和胃止火。所以，擂茶有清热解毒，通经理肺的功效。擂茶是一种治病的良药。

喝擂茶有许多好处，对高寒多湿的山区人民更是如此，因此，喝擂茶自然成为当地的一种习俗。于是世代相传，甚至连在当地居住的一些其他民族也都养成了喝擂茶的习惯。一般人们中午干活回家，在吃饭之前，总以先喝上几碗擂茶为快。有的老年人甚至一日三顿，一顿几碗，只要一天不喝擂茶，就会感到全身乏力，精神不爽，视喝擂茶像吃饭一样重要，称"一日三餐茶饭，总是不能少的"。良宵吉日，擂茶自然是不可缺少的佳品，土家族人民把它当做是招待亲友的一道"点心"。不过，由于每个人嗜好不同，有在擂茶中加入白糖或盐的，甚至还有加入花生米、芝麻、爆米花之类的，所以，呷茶入口，甜、苦、辣、涩、咸都有，可谓五味俱全。倘若一碗落肚，真能舒身提神，才算领略了擂茶"既是饮料能解渴，又是良药可治病"的道理。

如今，随着人们生活水平的提高，擂茶的制作和选料更为讲究，在许多场合，喝擂茶还配上许多美味可口的小吃，既有"以茶代酒"之意，又有"以茶作点"之美，如此喝擂茶，更有乐趣在其间。擂茶的制作也有所改进，通常将炸得金黄色的芝麻，炒得油亮的花生，拌进茉莉花茶，再加上雪亮的白砂糖，拌匀擂碎，然后冲入沸水调制成擂茶，它像豆浆，似乳汁，喝起来清凉可口，滋味甘醇，又有防病健身、延年抗衰的作用。

五 蒙古族的咸奶茶

蒙古族主要居住在内蒙古自治区及周边省（区），他们以羊肉、牛肉及乳制品为主食，粮食、蔬菜为辅的游牧民族，饮用咸奶茶是蒙古族人的传统习俗。

蒙古族同胞喝的咸奶茶，用的多为青砖茶和黑砖茶，并用铁锅烹煮，这一点与藏族打酥油茶和维吾尔族煮奶茶时用茶壶的方法不同。但是，烹煮时，都要加入牛奶，习惯于"煮茶"，这一点又是相同的。这是由于高原气压低，水的沸点在100℃以内，加上砖茶不同于散茶，质地紧实，用开水冲泡，很难将茶汁浸出来。

煮咸奶茶时，应先把砖茶打碎，并将洗净的铁锅置于火上，盛水2~3千克。至水沸腾时，放上捣碎的砖茶约25克。再沸腾3~5分钟后，掺入牛奶或羊奶，用量为水的1/5左右。少顷，按需加入适量食盐。等整锅奶茶开始沸腾时，就算把咸奶茶煮好了。

煮咸奶茶看起来比较简单，其实滋味的好坏，营养成分的多少，与煮茶时用的锅、放的茶、加的水、掺的奶、烧的时间以及先后次序都有关系。如果茶叶放迟了，或者将加入茶与奶的次序颠倒了，茶味就出不来。而烧煮时间过长，又会使咸奶茶的香味逸尽。蒙古族同胞认为，只有器、茶、奶、盐、温五者相互协调，才能煮出咸甜相宜、美味可口的咸奶茶来。为此，蒙古族妇女都练就了一手烹煮咸奶茶的功夫，都是煮茶能手。姑娘从懂事开始，做母亲的就会悉心地向女儿传授煮茶技艺。

蒙古族人酷爱喝茶。其他地区的人都说"一日三顿饭"是不可少的，而蒙古族是"一日三次茶"，习惯于"一日一顿饭"。每日清晨起来，主妇们先煮上一锅咸奶茶，供全家整天饮用。蒙古族喜欢喝热茶，早上一边喝茶，一边吃炒米。早茶后，将其余的咸奶茶放在微火上暖着，以便随需随取。通常一家人只在晚上放牧回家后才正式用一次餐，但早、中、晚三次喝咸奶茶一般是不能少的。如果晚餐吃的牛羊肉，那么，睡觉前全家还会喝一次茶。至于中、老年男子，喝茶的次数就更多。所以蒙古族人均年消费茶叶量高达8千克，有的地区甚至高达15千克以上。

蒙古族人民如此重饮（茶）轻吃（食），却又身强力壮，这固然与当地牧区气候、劳动条件有关，还由于咸奶茶营养丰富，成分完全，加之蒙古族喝茶时常吃些炒米、油炸果之类充饥的缘故。

蒙古族是个好客的民族，十分重视饮茶的礼节。当家中来了尊贵的客人，首先会让客人坐在蒙古包的正首，并在木桌上摆上炒米花、奶豆腐、黄油、奶皮子等茶食，上奶茶时，通常是由长儿媳双手托举着装有八分满奶茶的杏木茶碗，举过头顶，敬献给客人，再依次敬献给家族长辈。客人也应起身双手接碗，并立即喝一口以示回敬。随后，客人落座后即可自由饮食。

六 纳西族的盐巴茶与"龙虎斗"

纳西族主要生活在云南省的高山峡谷地区，海拔多在两千米以上。由于海拔高，气候相对寒冷，主食杂粮，缺少蔬菜，所以纳西族早在唐朝就认识并饮用茶叶，如今茶叶早已成为他们必不可少的生活资料。有些纳西老人一天不喝茶就头昏脑涨，四肢无力，严重的甚至起不了床，害"茶病"。冲盐巴茶是纳西族较为普遍的饮茶方法。居住在这里的傈僳族、汉族、普米族、苗族、怒族等民族也常饮盐巴茶。其制法是先将特制的、容量为200~400毫升的小瓦罐洗净后放在火塘上烤烫，抓一把青毛茶（约5克）或掰一块饼茶放入罐内烤香，再将火塘旁茶壶里的开水冲入瓦罐，罐内茶水即沸腾起来，冲出泡沫。有的地方将第一道茶汁倒掉，名曰"洗茶"。第二次再向瓦罐中冲入开水至满,待沸腾停止后,将一块盐巴放在罐内茶水中,再用筷子搅拌三五圈,将茶汁倒入茶盅,一般只倒至茶盅的一半,再加入开水冲淡,就可饮用。边饮边煨,一直到瓦罐中的茶味消失为止。这种茶汤色橙黄,既有强烈的茶味,又有咸味,喝起来特别解除疲劳。一般每烤一次可以冲饮三四道。现在,这里的民族有的已发展到全家每人一个茶罐,"苞谷(玉米)粑粑盐巴茶,老婆孩子一火塘"。便是对其形象准确的描述。

"龙虎斗"的纳西语称"阿吉勒烤",是他们的特色茶饮,也是他们用以治疗感冒的药用茶。将茶放在小陶罐中烘烤,待茶焦黄散发出焦火香后,冲入开水,像熬中药一样,熬得浓浓的。同时,将半杯白酒倒入茶盅,再将熬好的茶汁冲进酒里(注意不能将酒倒入茶里),这时茶盅发出"啪啪"的响声,纳西族把这种响声看作吉祥的象征,响声越大,表示越吉利,响声过后,此时茶香酒香四溢,就可以饮用了。纳西族人认为,"龙虎斗"茶是治疗感冒的良药,提倡趁热喝下,对于治疗感冒非常有效。

七 回族的刮碗子茶(三炮台)

回族是目前中国分布最广的少数民族之一,主要聚居于宁夏回族自治区,在其他省份也有聚居区。宁夏回族民间茶俗甚多,有待客敬茶、三餐泡茶、馈赠送茶、聘礼包茶、斋月散茶、节日宴茶、喜庆品茶等茶俗,而且还从选茶、赠茶、用茶、点茶、配茶、煎茶、冲茶、递茶、加水、品饮、宴请等诸方面,形成了一套独特的茶事礼俗。盖碗茶是回族茶文化的精髓,真正体现回族茶文化的内涵。宁夏回族民间有谚语说:"不管有钱没钱,先刮三响盖碗。"每个回族家庭至少有两套盖碗,有的多达十几套。他们喜用盖碗子饮茶,不用缸子和杯子。

回族老人每天清早礼完"榜布达"(晨礼),有喝早茶的习惯。他们围在火炉旁,烤上几片馍馍,总是要"刮"一碗盖碗茶的。茶碗又称"盅子",底小口大。茶碗、茶盖、茶托(长方形称为盅船、茶船)配套,俗称"三炮台"(好似古代炮台结构)。大多数盖碗上绘有花纹图案,也有将经文和"清真"标志烧印其上,古朴高雅富有特色。喝茶时先备一壶滚烫的开水,把茶、糖等原料放入盅内,用开水冲泡5~10分钟再喝。用盖碗盅子喝茶有很多好处,民谚云:"一防灰(清洁),二防冷(保温),三防茶叶卡喉咙(安全)。"

择茶、泡茶、配茶种类甚多,都需要根据不同需求选用不同盖碗茶配料。一般常见的有红糖清茶、冰糖窝窝茶、三香茶(糖、枣、茶)、红四品(红茶、红枣、红糖、枸杞)、白四品(白毛尖茶、白糖、芝麻、白葡萄),还有开胃化食的五味茶,即绿茶(苦)、山楂(酸)、芝麻(香)、白糖(甜)、姜(辣),健脾强肾、提神明目的五珍茶(龙眼、枸杞、葡萄干、杏脯、祁门红茶),生津养胃、健身美容的元宝茶(珠茶、红枣、枸杞、桂圆肉、葡萄干),提气补虚、强身健骨的八宝盖碗茶(茉莉花茶、冰糖、红枣、芝麻、桂圆肉、枸杞、葡萄干、核桃仁)等。一般回族家庭除山区喝罐罐茶以外,川区回民多喝"三香茶"和"白四品",所选茶叶有茉莉花茶、毛尖茶、陕青茶、红茶、砖茶、珠茶等。

"客人远至,盖碗先上",家里来了客人,宁夏回族多用盖碗茶来招待。他们先将盖碗擦洗干净,盛上茶叶和作料,揭开茶盖半遮掩,将沸腾的开水注入盅碗内,冲出一圈一圈浪花,恰似牡丹开花。泡约5分钟,双手递给客人。客人饮茶边喝边"刮",不得用嘴吹或吸出声响,否则会被视为不懂茶礼、没有教养之人。喝茶时要留茶汁,不得一次喝干,要边喝边添。左手擎着托盘,右手大拇指和食指抓住盖顶,第四指卡住盖口,"刮"一下,喝一下,茶露汤色,常喝常有,清香爽口,连绵不断。这一套茶事活动,就贯穿了"轻、稳、静、洁"的饮茶礼节。"轻"指冲、刮、喝要轻,不得出声;"稳"指沏茶要稳要准,落点准确,一次沏妥当,似蜻蜓点水,不浅不溢,不漫不流;"静"指环境幽雅,窗明几净,无干扰,无噪声;"洁"指茶碗、茶水清洁卫生,一尘不染。

宁夏回族喝茶全在于"刮",不会"刮"就等于不会喝茶。喝茶要用碗盖一下一下地"刮"动,其目的是使茶叶和作料加速溶解,使茶汤尽快降温,方便饮用。使用茶盖不仅可以防尘防灰、保温,而且还可起到搅拌茶叶的作用。民谚说:"一刮甜,二刮香,三刮茶露变清汤。"意思是说,"刮"第一遍时只能喝到最先溶化的糖的甜味,"刮"第二遍时,茶叶与作料经过泡制,香味完全散发出来了,这时的味道最佳。"刮"第三遍时只剩下茶叶淡淡的汤色,能起到解渴的作用。回族先民用茶消食,以茶代药,以茶代酒,继承了中华民族古老的茶文化传统。"回族老人寿数长,早起礼拜喝茶汤""不抽烟,不喝酒,盖碗子不离手",这些都是回族养生保健的宝贵经验,从中不难发现饮茶在回族健康生活中的重要性。

【第三节】国外主要茶俗文化

中国是茶的原产地，也是茶文化的发源地。饮茶促进了人与人之间的交流互通，使茶文化天然具有开放共享，促进交流的社会属性。自汉唐时代开始，中华茶文化就开始对外传播，并同世界各国人们的生活方式和社会文化相融合，衍生出绚丽多彩而又特色鲜明的世界茶文化。

一 韩国茶俗文化

起源于中国的茶文化在向世界各地传播过程中，较早地进入了朝鲜半岛。公元7世纪时，饮茶之风已经流行于民间，因而韩国的茶文化也就成为韩国传统文化的一部分。在我国的宋元时期，通过全面学习中华茶文化，形成了以"茶礼"为中心，中国式点茶为外在形式的韩国茶文化。在我国元代中叶后，中华茶文化进一步为韩国理解并接受，而众多"茶房"、"茶店"、茶食、茶席也更为时兴、普及。20世纪80年代，随着韩国经济发展，茶文化开始复兴，茶礼重新出现，并把每年的5月25日定为茶日，年年举行茶文化盛典。

（一）韩国茶艺中的礼仪

韩国人十分重视礼仪道德的培养，尊敬长辈是韩国民族恪守的传统礼仪。韩国茶艺以"敬"和"礼"为基础，茶艺礼节是茶艺活动中必须遵守的规则。本节主要以生活中的行茶法中的室内茶礼为例，介绍韩国茶艺礼节和主人与客人在行茶过程中应注意的礼节。

韩国茶礼以"和、敬、俭、真"为根本精神。"和"，即茶人应具备中和之心、善良之心，做到彼此尊重、和睦相处、乐于助人。"敬"，是要有正确和规范的礼仪，尊敬他人，以礼待人。"俭"，即具有廉俭之德，推崇朴素的生活。"真"，即崇尚本真，真心诚意，为人正派，以诚相待。所以，在整个茶礼的过程中，从环境的营造、茶室的陈述、迎客和行礼规范，到茶具造型和排列、用水的讲究、投茶、泡茶、茶点、饮茶等，均有严格的规范和程序，力求给茶人以清雅、悠闲、文明之感。

1. 韩国茶艺基本顺序

（1）迎客　接待客人时，主人应到门口迎接，进入茶室时，主人先轻开门进入茶室后，站在东侧请客人以年龄高低顺序进入茶室。客人从茶室内西侧走向北侧至适当位置后，面向东侧。最后主人与客人面对面正式行礼。

（2）备具　茶具摆放应便于泡茶，一般用两个茶床，尽可能只摆放需要的茶具，避免摆放不需要的茶具。茶具摆放完毕后，先收拾折叠茶巾，将茶巾置于茶具左边。

（3）烫壶　将开水倒入茶壶中，之后将茶壶的水均匀倒入茶杯以起到温杯效果。再将茶杯中的水倒入退水器。上述操作之后，再将开水倒入熟盂中冷却到泡茶适宜温度。

（4）投茶　打开茶壶盖，壶盖放好后，左手将茶筒拿到胸前，右手打开盖子放在茶床角落，右手拿起茶则取一定量的茶叶投入茶壶。投茶后先将茶则放到原位，茶筒盖子盖好放回原位，之后将茶壶盖子盖好。

（5）倒茶　倒茶时用右手拿茶壶，左手扶起袖口或者轻轻压住壶盖。按人数摆好茶盏，倒茶时按从右到左的顺序，分三次缓缓倒入杯中。茶汤量为茶杯的六成满为最适宜，最多不能超过七成。

（6）敬茶　倒好茶汤后，从主人的右边年长者开始敬茶，敬茶时右手拿茶托，放在客人前的茶床上。敬完茶后主人将自己的杯子放到身前后，对客人说："请用茶。"此时客人回："谢谢。"之后与客人一起品茶。品茶时右手拿起茶杯的中间部分，左手托起茶杯边观赏茶汤颜色边喝茶。品茶时不能发出声音，要品茶叶的色香味。主人喝完一口茶后，将开水倒在熟盂中，准备第二泡茶的水。客人喝完茶后，将客人的茶杯收回，收回应注意茶杯的顺序不能颠倒。

（7）茶果　茶果是指喝茶时同时食用的水果或者糕点。茶果一般在喝完第一泡茶后等第二泡茶的间隙拿出，所以主人提前准备后放在旁边或者待机拿出。

（8）续茶　客人在食用茶果的间隙，将熟盂中的开水倒入茶罐中，准备第二泡茶。敬茶过程与第一泡茶相同。根据客人的意向可续两三次。

（9）送客　喝完茶后客人起身离开时，主人应送到门外，出房间的顺序与进房间时的顺序相反，年幼者先出，年长者后出。

（10）整理茶具　客人离开后才能清洗擦干茶具，并放回原位保管。

2. 主人应遵守的礼节

（1）向客人说明准备好的茶类，询问客人的意见。
（2）双手向客人敬茶。
（3）敬茶时茶杯的手把朝向客人的右手边。
（4）泡茶喝茶时不能背向客人。

3. 客人应遵守的礼仪

（1）入茶室时应脱掉外衣，挂在室外的衣挂上。如果没有衣挂，则在进入所指示的场所之后，折叠好放在自己身体后面。

（2）入茶室时不要戴戒指、手表、项链等金属饰物，这样才符合朴素的茶会气氛。

（3）不可穿着过于华丽的服饰，或是过于夸张地露出衬里的衣服，这些都不适合茶室气氛。

（4）入茶室事先清洗口腔与洗手，整理好自己的鞋物，以便于离开时方便穿着，事先清洁指甲，注意举止端庄，换上白色袜筒再进入茶室。

（5）进入后主动向先到的来宾行礼。
（6）离开茶室时彼此行礼致谢，整理好自己的座位，确认没有遗留果皮纸屑。
（7）不可践踏坐垫，使用完毕后应放在原来位置上。
（8）茶会结束后，客人与主人彼此致谢后静静离去。

4. 茶礼中的行礼法

礼仪教育是韩国用儒家传统思想教化民众的重要方式。韩国的茶离不开行礼，行礼的对象除了人之外还包括神、佛等。根据年龄、性别、职位、地区以及服装等的不同，其行礼的方法也有所不同。茶礼中的行礼法大约可分为草礼、平礼、真礼、拜礼四种。草礼一般是年长者向年幼者答礼时使用；平礼是年龄或官职差不多的人之间使用；真礼是年幼者向年长者或者在仪式中使用；拜礼在婚、葬、祭等仪式中使用。

（1）男子行礼　草礼时两膝跪坐，右脚放在左脚上，两手轻放在身前，并左手放在右手上，低头并身体向前倾斜15度左右。平礼与草礼相比不同点是身体向前倾斜30度左右。真礼时双手手掌完会接触地面，低头并身体向前倾斜45度左右。拜礼与真礼相似，不同点是身体尽量接近地面，更为恭敬。

（2）女子行礼　女子行礼方法有所不同。穿韩服行草礼时将右膝立起而跪坐，两手轻放在身体两侧，低头并身体倾斜15度左右；平礼与草礼相比不同之处在于低头并身体倾斜30度左右；真礼是低头并身体倾斜约45度左右；拜礼时两脚并齐跪坐，右手放在左手上，身体和头尽量接近地面，更为恭敬。穿便服行草礼时双膝跪坐，右脚放在左脚上，双手轻握，轻轻低头身体向前倾斜15度左右，平礼与草礼相似，不同之处在于向前倾斜30度左右；真礼与平礼相似，只是身体向前倾斜45度左右；拜礼时则身体尽量靠近地面，以示恭敬。

（二）韩国茶礼赏析

韩国茶礼可分为雪松行茶法、成年茶礼仪式、佛堂献茶仪式等韩国行茶法。除此之外，韩国茶礼还包括了幼儿茶礼、中小学生实用茶礼、书生茶礼等。

1. 雪松行茶法

雪松行茶法由韩国茶道协会所创立，是主人邀请一些爱茶之士，在茶室或者其他场所品茶的一种茶礼。雪松行茶法与佛堂茶礼等仪式茶礼相比较为轻松，又比实用茶礼严肃。

（1）雪松茶礼的七项法则

① 尊重茶道精神　雪松行茶法以尊重茶道精神为基础，并将茶道精神融入茶礼的各个环节。例如，开始泡茶时最先用茶巾轻压茶壶盖，这一过程是将陆羽《茶经》中和或者中庸的茶道铭记在心之意。之后用茶巾将茶壶擦四次，这一过程是将草衣禅师的《东茶颂》中的神与体、健与灵为一体即相合的茶道精神铭记在心之意。

② 温故知新，尊重传统　雪松行茶法是整理陆羽《茶经》、草衣禅师的《茶神传》、百丈怀海的《百丈清规》和《禅院清规》以及《朱子家礼》《梵音集茶礼》《佛教衣食集》等茶道精神的基础上所创立的。

③ 尊重礼节　雪松行茶法非常尊重礼节。因此学习雪松行茶法一般从礼拜开始。因此，该行茶法是培养行茶者尊敬他人的品德和奉献精神的一种茶礼。

④ 尊重科学　在泡茶时，尊重茶道精神、尊重礼节，但如果不尊重现代科学，也很难发挥茶的功效。因此雪松行茶法对投茶量、水温、泡茶时间、茶叶贮藏方法等提出了明确的要求。

⑤ 尊重法度　雪松行茶法除了以上应遵守的事项之外，还提倡便利、自然、遵守秩序。

⑥ 保持清洁　保持清洁是与茶道精神相关的重要礼法，最基本的是先保持自身的清洁以及场所、茶具等的清洁。

⑦ 尊重和谐之美　韩国茶礼重视人与物，甚至与环境间的和谐之美，强调茶礼应将茶人的身心与茶具融为一体。

（2）雪松茶礼步骤　雪松茶礼法具体的步骤如下。

① 待客人坐好之后，用水瓢盛开水至熟盂，水盂的开水倒入茶罐。

② 茶罐里的水倒入各茶杯后，转动两次茶杯后将水倒入退水器中。

③ 泡茶者将开水再次倒入熟盂后，放凉至适宜的温度。

④ 泡茶者右手拿着茶巾，左手拿起茶杯一个个擦拭干净，并放好。

⑤ 待熟盂中的水冷却至一定温度时，泡茶者打开茶罐盖子放在盖托上，取适量茶叶放入茶罐中。

⑥ 之后将熟盂中的水倒入茶罐泡1~3分钟。

⑦ 待泡好茶之后将茶水倒入茶杯，交给奉茶者。奉茶者从泡茶者处接过茶杯以及事先准备好的茶食放在茶盘上，走向客人致礼后再敬茶。

⑧ 客人向奉茶者答礼后，品尝茶水与茶食。

⑨ 待客人品尝好茶水与茶食后，奉茶者收回茶杯并向客人行礼后回到原位。

2. 成年茶礼仪式

在古时候韩国的成年礼仪是在女子15岁、男子20岁时，家长给他们穿上成年服装，给男子带冠、给女子带上发簪，宣告其已成为成年。成年礼的意义不在于外表形式的改变，而是社会予以承认又予以管理和约束，更为重要的是通过成年礼仪培养起受礼者的社会责任心。现在的韩国成年礼是在19周岁生日或者成年日（5月的第三个星期一）进行。

韩国成年茶礼仪式的顺序如下。

（1）受礼者穿上传统礼服，面向大门站好。

（2）宾客进入屋内后，受礼者跪拜宾客两次，宾客则答拜一次。

（3）礼拜结束后，侍者给受礼者梳发，并给受礼者插上发簪。

（4）宾客念祝词后，受礼者向客人礼拜四次。

（5）主泡者泡好茶后，侍者将茶杯奉给宾客，宾客赐茶给受礼者。

（6）受礼者喝茶后拜礼四次。

（7）受礼者向宾客宣誓尽成年的义务与责任，并拜礼两次。

（8）宾客对受礼者答拜。

3. 佛堂献茶仪式

韩国茶道协会每年在崇烈寺等地进行佛堂献茶、果、香仪式，特别是每年新茶上市时都会举行向佛堂献贡新茶仪式，其程序如下。

（1）泡茶者首先向佛献香，之后向佛祖跪拜三次；再献上花，并跪拜三次。

（2）摆放茶桌，不能正对着佛像，献茶仪式中宜使用高脚茶杯。

（3）将茶桌布叠好，并放在茶桌正右边。

（4）将开水倒入熟盂中，再用熟盂中的水清洗茶罐以及茶杯，将废水倒入退水器中。

（5）再将开水倒入熟盂中，等开水冷凉至泡茶适宜温度，在等待的时间用茶巾擦干茶杯。

（6）茶罐中置入新茶后，将熟盂中的水倒入茶罐中，泡出茶水。

（7）将茶水倒入高脚茶杯之后放在茶盘上，奉茶者双手举高茶盘至眼睛位置，走向佛殿后，交给住持。

（8）住持接过茶杯敬茶至佛坛，合掌拜礼三次。

（9）仪式结束后，泡茶者与奉茶者将佛坛上的茶水与茶食分发给观礼者品尝。

4. 五行茶礼

韩国把中国上古时代的部落首领炎帝神农氏称作茶圣。认为神农是发现茶、利用茶的先行者，五行茶礼是韩国为纪念神农氏而编排出来的一种献茶仪式，是高丽茶礼中的功德祭，气势庄严，规模宏大。

五行茶礼中的五行是东方的一种哲学，五行包括五行茶道（献茶、送茶、饮茶、吃茶、饮福）、五方（东、南、西、北、中）、五色（青、白、赤、黑、黄）、五味（甘、酸、苦、辛、咸）、五行（土、木、火、金、水）、五常（信、仁、义、礼、智）、五色茶（黄茶、绿茶、红茶、白茶、黑茶）。

五行茶礼设置祭坛、五色幕、屏风、祠堂、茶圣炎帝神农氏神位和茶具。所有参与茶礼的人都按严谨有序的入场顺序，一次参与者多达50余人。献茶仪式顺序如下。

（1）入场式开始，由茶礼主祭人进行题为"天、地、人、和"合一的茶礼诗朗诵。

（2）这时，身着灰、黄、黑、白短装，分别举着红、蓝、白、黄，并持绘有图案旗帜的四名旗官进场，站立于场内四角。

（3）随后依次是两名身着蓝、紫两色宫廷服饰的执事人、高举着圣火（太阳火）的两名男士、两名手持宝剑的武士入场。

（4）执事人入场互相致礼后分立两旁，武士入场要作剑术表演。

（5）接着是两名中年女子持红、蓝两色蜡烛进场献烛，两名女子献香，两名梳长辫着淡黄上装红色长裙的少女手捧着青瓷花瓶进场，另有两名献花女则将两大把艳丽的鲜花插入青花瓷瓶。

（6）这时，"五行茶礼行者"共十名妇女始进场。皆身着白色短上衣，穿红、黄、蓝、白、黑各色长裙，头发梳理成各式发型均盘于头上，成两列坐于两边。

（7）五行茶礼行者用置于茶盘中的茶壶、茶盅、茶碗等茶具表演沏茶。

（8）沏茶毕全体分两行站立，分别手捧青、赤、白、黑、黄各色的茶碗向炎帝神农氏神位献茶。

（9）献茶时，由五行献礼祭坛的祭主，一名身着华贵套装的女子宣读祭文，祭奠神位毕，即由十名五行茶礼行者向各位来宾进茶并献茶食。

（10）最后由祭主宣布"高丽五行茶礼"祭礼毕，这时四方旗官退场，整个茶祭结束。

五行茶礼是国家级进茶仪式，表现了高丽茶法、宇宙真理和五行哲理，是一种茶道礼，是高丽时代茶文化的再现。茶礼全过程充满了诗情画意和独特的民族风情。

二 日本茶俗文化

日本是中国茶叶较早对外传播的国家之一，早在隋文帝开皇年间，中国在向日本传播文化艺术和佛教的同时，将茶叶和饮茶方式传到日本。从此，日本才进入到饮茶时代，特别是到了唐宋时，来华的日本僧人大增，他们在学成回国时，不仅带回了当时中国的茶叶、茶具和饮茶方式，还将茶籽带回日本，发展了日本的茶业。随着茶在日本的不断普及，日本饮茶习俗也逐渐形成。

(一)日本饮茶习俗

在日常生活中,日本人喝茶,是以绿茶为主。到了夏天,普通民众更喜欢一种叫大麦茶的冷饮茶。大麦茶、玄米茶就是将大麦和谷粒(稻子)带壳炒焦,适当加入一些绿茶或其他茶叶,然后用水煮5分钟左右,颜色近似啤酒色为最佳。可以热饮,但冷饮更美味适口。年轻人即使在寒冬腊月也偏爱冰镇大麦茶。

现代的日本待客式茶俗是以抹茶道和煎茶道为主,这两种饮茶方式成为日本的主要礼俗方式。抹茶道是将茶末放置在茶碗里通过茶筅的辅助来完成点茶并饮用。煎茶道是通过茶壶来泡茶,泡好的茶倒入茶碗饮用。这两种饮茶方式以煎茶道更贴近日常生活,抹茶道饮茶方式在现代的日常生活中几乎看不到,只有在重大活动时才作为接待来宾表演之用。日本的茶生产者也主要为这两种饮茶方式来生产加工茶叶。

(二)日本茶道礼节

日本茶道程式源于唐宋点茶文化,并发扬唐宋时"寺院茶宴""斗茶"的文化精神,形成了具有浓郁特色的民族文化。日本茶道强调通过品茶陶冶情操和完善人格,强调宾主间高尚精神、典雅仪式和融洽关系。故,在茶道创立初期,日本茶道精神为"和、敬、清、寂"。按照茶道传统,宾客应邀入茶室时,由主人跪坐门前表示欢迎,从推门、跪坐、鞠躬,以至寒暄都有规定的礼仪程式。

1. 茶室中需遵守的基本礼节

在日本进行茶道活动又称茶事,茶事要在茶室中举行,标准的茶室面积为四张半榻榻米(约8.186平方米),面积超过四张半榻榻米的茶室称为"大茶室",相反则称为"小茶室"。最理想的茶事为四张半榻榻米大小的茶室,招待客人三名。茶室要体现出简素和静寂的风格,标准茶室一般小入口设一张或半张,称为"脚踏席",主人点茶处设一张,称为"点茶席",首席客人跪坐于一张,称为"贵人席",其余客人坐一张,称为"客人席"。另外如果有地炉(冬天),则设"地炉席",如果用风炉(夏天),则余下一张可为"往来席"。榻榻米的铺设有一定之规,随着季节变化,其布置随之调整。茶室内挂名人字画,其旁悬竹制花瓶,瓶中插花,插花品种和旁边的饰物,视四季而有不同,但必须和季节时令相配,而且契合"清净"二字。

茶事的每一个动作都有严格的规定。例如，进茶室时要先进右脚，出茶室时要先出左脚。在茶室内行走，不可踩踏榻榻米的边框。点茶时，茶道具都有规定的位置；端起茶碗时，手持茶碗的部位，手臂弯曲弧度，移动时端起的高度、移动线路等都有明确的规定。

在茶事过程中，客人为上，主人为下，主人要千方百计设法让客人感到舒适，点茶时茶和水的比例要因人而异，若是客人是初次品茶，就要点的淡一些，以免使客人感到太过苦涩。主人还要在客人面前反复擦拭本来已经清洗过的茶具，以此表示对客人的尊重。当点茶完毕将污水罐撤下去时，要向左转身，这样可使污水罐在客人的视线中停留的时间减少等。

客人也要站在主人的角度去多为主人着想。例如，在喝茶时，最后的一口要将茶全部吸进嘴里，并发出吸净的声音，这样会让人想起茶的甘美，会令主人快慰。再者，要穿色调素雅的服装，举止沉稳，少说话。说话时语言表达要简洁，声音要小，以免破坏主人精心设计的艺术环境。另外，客人们要认真观察茶室、茶具、茶食等，来发现主人的匠心，并在适当时机表示赞赏。

2. 茶道中的鞠躬礼仪

来宾入室后，宾主均要行鞠躬礼，有站式和跪式两种，且根据鞠躬的弯腰程度可分为真、行、草三种。"真礼"用于主客之间，"行礼"用于客人之间，"草礼"用于说话前后。

（1）站式鞠躬　"真礼"以站姿为预备，然后将相搭的两手渐渐分开，贴着两大腿下滑，手指尖触至膝盖上沿为止，同时上半身由腰部起倾斜，头、背与腿呈近90度的弓形（切忌只低头不弯腰，或只弯腰不低头），略作停顿，表示对对方真诚的敬意，然后，慢慢直起上身，表示对对方连绵不断的敬意，同时手沿腿上提，恢复原来的站姿。鞠躬要与呼吸相配合，弯腰下倾时吐气，身直起时吸气。行礼时的速度要尽量与别人保持一致，以免尴尬。"行礼"要领与"真礼"类似，仅双手至大腿中部即可。"草礼"只需将身体向前稍作倾斜，两手搭在大腿根部即可。

（2）跪式鞠躬　首先需要进行正坐姿态，即腰背挺直，下巴回收，视线斜下，双腿曲折，双脚摆平，脚面着地，臀部放在双脚上。双手放于前，一般为右手搭在左手上。这种正坐的姿态是行一切礼的出发点。行"真礼"时，双手从膝上渐渐滑下，目光注视远方，背颈部保持平直，上半身向前倾斜。全手掌着地并合拢，身体倾至胸部与膝间只存一个拳头大小的空当。切记只低头不倾身。行"真礼"时,起身比低下身时更为关键,要静静地缓慢地起身,表示对对方的敬意连绵不绝。动作要与呼吸相配,低身时吐气,起身时吸气,速度与他人保持一致。行礼方法与"真礼"相似,不过幅度较小一些,手掌不全着地,第二手指关节以上着地即可,整个速度也可加快一些。草礼要领与行礼相似,指尖着地即可。

(三) 日本茶事赏析

举办茶事要具备以下几个条件:一是人与人的交流,真诚交流是决定茶事是否成功的重要因素;二是茶事十分讲究合理搭配,通过茶道用具的合理搭配,使自己和客人置身于和谐的茶室空间中;三是茶道具体的礼法,主人待客娴熟的动作往往使茶事达到高潮,每一份茶包含着主人的心意。

1. 日本茶事的种类

茶道根据不同的季节举行应时茶事。如新春时节举行的茶事称为"初釜";立春之日举行的茶事称为"节人釜"等。茶事也可以赋予不同的主题,如以赏月为主要目的的茶事称为"月见";以赏红叶为主要目的的茶事称为"红叶狩";下雪天为赏雪举行的茶事称为"雪见"等。

此外,在茶事的分类中还有一种"茶事七式"的说法,是根据一天中茶事举行的时间点的不同,分别命名为正午、夜咄、朝、晓、饭后、迹见、不时。"正午"茶事开始于中午十一二点,大约需4个小时,为最正式的茶事,全年都可以举行;"夜咄"是在冬季的傍晚五六点开始举行;"朝"茶事为夏季的6:00左右举行;"晓"茶事一般为二月的4:00左右举行;"饭后"茶事又称点心茶事,是指与吃饭时间错开的茶事,一般在9:00、13:00举行;"迹见"茶事是指在朝、正午茶事之后,如客人要求拜见茶道具从而再次举行的茶事;"不时"茶事是指临时进行的茶事。

除了上述的茶事之外,也有口切茶事、一客一亭茶事、残火茶事等其他茶事。茶事有简单茶事和正式茶事两种,正式茶事以"中立"为界分为前后两个半场,前半场"初座"以怀石为核心,后半场"后座"则以饮茶(浓茶、薄茶)为核心,茶事所需要的时间以4个小时为标准,过长或过短都不适宜。

2. 日本茶事过程

（1）茶事邀请　每次的茶事都有特定的主题，如新婚、乔迁、成年等。为了使茶事的气氛融洽，在决定进行茶事后，首先要精心挑选客人。茶事的客人分别称为正客、次客、三客、四客以及末客，其中正客责任最重，他代表所有客人的意向。茶事之前主人挑选正客之后，以正客为中心选择与正客志趣相投的其他客人。定好客人名单后，主人要向客人发出邀请函，上面应注明茶事的原因、时间、地点以及客人名单，以便让客人事先对茶事有大致的了解。

（2）茶事前礼　客人在收到邀请后，次客等到正客家里致谢，之后正客代表全体客人前往主人家向主人表示感谢，称为"前礼"。前礼只在大门口进行、客人表示了谢意后立刻退去。

（3）茶事准备　举行茶事的前几天主人应将茶室、茶庭打扫得一尘不染。结合茶事主题选定适当的茶具。在壁龛上放一瓶花，茶道用花一般选用时令花木，花的数量一般为一朵或两朵，配以一些枝叶。

（4）客前洒水　距茶事开始前30分钟主人或助手将门前和茶庭的地面洒上水，等候客人的到来。

（5）初座　前半部分的茶事成为初座，包括待合、迎付、入席、叙礼、初炭、怀石、果子等过程。

①待合　客人在茶事前15分钟到来，不用主人迎接，各自穿过茶庭，进入等候室。等候室中也需要主人精心准备，包括环境要明净简朴、有取暖用的火盆、吸烟用具。壁龛中挂有简单字画。客人们在此检查一下服饰有无凌乱或更换成特定衣物，换上新的袜子，不用的物品（饰品和手表等）则用包袱布包好放入杂物箱中。客人坐定后，主人为每一位客人送上一碗温开水，然后说："喝完水请到茶庭去吧"。客人们喝完温开水后，穿上主人准备好的草鞋，从正客开始依次移位至待合（室外的小茅棚）处。待合处设有腰挂（坐凳），并摆上圆形草坐垫。客人依次坐下，静静观赏茶庭的景色，等待主人的出现。

②迎付　主人从茶室中出来，来到内露地（茶庭由中门将其隔为"外露地"和"内露地"），在"蹲踞"的石水盆中倒上新水后，来到中门进行迎付，主人并不出中门，而是位于中门的内露地，客人们起立行至中门外侧，双方互行默礼。客人依次进入内露地，到蹲踞处用石盆中的水以清身心。用竹勺舀一勺水，先洗左手，再

洗右手；然后再舀一勺水，先倒一点在左手心，用来漱口，勺中剩下的水则用来冲洗水勺柄；冲洗完毕后，将水勺放回原处。然后，把一个干净的手绢，放入前胸衣襟内，再取一把小折扇，插在身后的腰带上，稍静下心后，便进入茶室。

③入席　客人入席时，首先由正客打开躏口（茶室小入口，高73厘米，宽70厘米）的门，将草鞋脱下放在室外，然后膝行而入。客人进入茶室后，到壁龛前跪坐，将扇子放于膝前，向挂轴行礼，表示对书写挂轴者的敬仰。然后拜读挂轴上的字句，联想本日茶事的主题，细细体会其中的奥义，之后再仔细观赏裱褙配色、绢织花纹等。最后，再庄重地行一礼。之后走到地炉前拜看炉中和茶釜的景色。三位客人都拜看完之后，按次序坐定，由末客将茶室入口的门关上，关门时稍用力并发出"啪"的声音，以此来通知主人："我们已经入席了，请您进行下一步工作吧。"

④叙礼　主人听到客人关门的声音，便打开茶道口进入，与客人们行真礼，然后入座。主客面对而坐，而正客坐于主人上手（即左边）。主人从正客开始与每一位客人叙礼。客人将扇子放在前面，对主人的盛情邀请表示感谢。之后，正客代表客人们向主人询问等候室中所使用的挂轴、烟缸等道具以及茶庭的设计、茶室中的挂轴、地炉的情况，主人一一作出回答。

⑤初炭　叙礼后，主人退出，取炭斗、灰器、羽帚等器物再入茶室，跪于榻榻米上生火煮水，开始进行添炭技法的表演。茶道用炭十分讲究，有十种不同规格，而且在使用之前还要擦洗晾干，避免点燃时出现迸溅。同时，为了使炉中干燥的地灰不致在添炭时飞起，主人添炭前要压一层湿润的茶灰。表演填炭时，主人需要将茶釜盖盖上，提起茶釜放到纸垫上，移动至身体的左侧，开始用羽帚清扫地炉，这时客人便要依次围拢近观赏主人的表演。这时，主人开始往地炉里撒湿润的茶灰，一共撒五次，方位的先后和拿灰匙的手法都有讲究。撒完灰之后再次用羽帚清扫，然后再地炉中填炭，炭要按一定的位置、顺序摆放。当客人看到主人将点炭放入地炉时，由末客开始依次回位，之后主人用羽帚进行第三次清扫。最后主人往炉中放上一小圈熏香。正客向主人索取香盒，请求拜看，主人应诺。客人欣赏香盒时，主人则将茶釜放回地炉上，从腰间拿下绢巾，操演折小后将茶釜打开一个小缝。然后开始收拾道具。这时，客人已经逐一欣赏完，主人出来跪坐在香盒前，与客人进行对话，主要是对香名、香坊以及香盒材质、精巧图案及窑口烧制等进行询问和赞扬，主人则需谦虚回应并表示感谢。

⑥怀石 喝浓茶之前，必须先吃一顿简单的饭菜，这种饭菜称为"怀石料理"。初炭结束后，主人再次退出并端出食案，客人须膝行三步上前接过。之后主客须行一礼。客人依次接到食案后，主人在门口跪下说："请动筷吧。"客人们回礼说："恕我领受。"主人退下后，客人们各自打开米饭和大酱汤的碗盖，并将两个碗盖合对在一起放在食案的右侧。拿起筷子，先喝汤，之后再吃米饭。吃完后，主人为客人端来酒壶和酒杯，主人先向正客敬酒，正客对次客说："先失礼了。"之后，取用一摞酒杯中的最下面一个受酒，以表示谦恭之礼。然后开始吃食案上的凉拌菜。主人为全部客人敬酒一巡后退下，然后又端来盛饭器为客人添饭加汤等，客人也可以自行添加。这之后主人便端上茶食的主菜——燉菜。

吃燉菜的工作要求一致。三人一起用双手拿起碗，放在左手掌上，右手打开碗盖，欣赏碗中的艺术造型、色彩，享受燉菜的香气。之后将碗盖放在食案的右上方，一起拿起筷子食用。斟完第二遍酒后，便上一道烤鱼，然后再上一次米饭。当主人为客人加第三碗酱汤时，客人谢绝。茶事进行到这里，已经上完了一汤（大酱汤）、三菜（凉拌菜、燉菜、烤鱼），共三次饭、两次酒。为了让客人之间有交流的机会，主人暂时退出茶室。过来一会儿，主人进入茶室说："刚才我在茶厨想陪了，菜的味道不怎么样。"正客说："哪里的话，真实太好吃了。"

接下来要吃宾主交杯酒了，表示同心同德。这是一个重要的仪式。为此，要将用过的筷子洗干净，主人为客人端上一小碗清汤。喝清汤的动作要求一致。双手拿起，放在左掌上，右手取碗盖放在食案的右上方，喝完后将刚才的动作倒着重复一遍，将清汤碗回归原位。

主人端上来一壶酒和一个八寸白木方盘，右上方放有山珍（蘑菇、山菜之类），左下方放有海味（小虾米之类）。主人为客人斟酒之后，要求正客为自己斟酒，为了体现一种共同饮食和达到同心同德的古老传统，正客要将自己用过的酒杯用怀纸（一种茶道中专门的方形日本纸）擦干净后为主人斟酒。之后，大家用正客用过的这个酒杯各自喝一次酒。接下来，端上来锅巴泡饭和咸菜。吃了这两样，才会让客人心里才踏实。将所有的东西都吃完以后，客人们会拿出怀纸将餐具擦净，并拿起筷子在离食案5厘米左右直接放下，并发出啪的响声，示意主人已经用餐完毕。

⑦果子 主人收案，并端上点心。抹茶味道比较苦，为使客人更好地享受茶的美味，在吃茶之前要吃日式甜点（形美、易化、味佳、清新、名雅）。喝浓茶之前吃的点心称作"主果子"，大多有豆馅，主要有米粉豆包、小豆羊羹、葛冻等。当

客人取主果子时，要怀着感激之情，轻轻接过点心盘，然后从怀中取出杯纸放在膝前，拿起筷子，左手轻轻扶住点心盘，右手用筷子将最上面的点心夹到怀纸上，再用怀纸的一角将筷子擦拭干净。最后，将筷子放回点心盘，传给下位客人。客人用完点心后，依次前往茶庭的小茅棚处休息。

（6）中立 客人在小茅棚中静坐稍事休息，等候再入席，这大约为20分钟，这个过程称为"中立"。主人在这段时间将茶室再次清扫一遍，将壁龛的挂轴摘下，换上一瓶花，摆上清水罐和小浓茶罐，为"后座"做准备。

（7）后座 后半部分的茶事称为"后座"，主要包括鸣锣、点浓茶、后炭、点薄茶等过程。

①鸣锣 主人整理好茶室后，鸣锣招呼客人回茶室。如果客人在五人以下，则鸣锣五下。音量和音长分别为：大……小……中中……大。客人们听到锣声立刻蹲下，等锣声停止。然后按照入初座时的顺序在石水盆处洗手、膝行入茶室、拜看壁龛上的花和花瓶、地炉上的茶釜、炭火等。

②点浓茶 坐定后，主人天目茶碗放在左侧，拉开纸隔扇，与客人行礼，起立，右脚先迈过门槛进入茶室，在茶具架前跪坐下，将茶碗摆好。起身回茶厨拿污水罐，放在客人看不见的自己身体左侧。拿起勺，做与水勺面对面的动作，表现尊重自然之意。之后从污水罐里取出釜盖承放在地炉旁边，将水勺放在釜盖承上。之后，整理着装，确认自己的位置，做一个深呼吸，开始点茶。用双手将茶碗拿到自己的面前，将浓茶罐放在膝盖与茶碗的中间，将浓茶罐口袋摘掉。从腰间拿出绢巾进行操演（先将四边细看一遍，之后折成三角形再折小）。开始擦浓茶罐，左手将浓茶罐转三周后，将其放在茶具架与地炉之间。再擦茶勺，擦时要从下到上横擦一次，竖擦两次。将茶勺放在浓茶罐的上头。将茶刷拿出放在地炉与浓茶罐之间。再用绢巾将清水罐擦净，从茶碗里取出茶巾放在清水罐盖上。清水罐、浓茶罐、茶刷、茶釜的中心要在一条线上。点茶人的身体中线要正对地炉的一角。用绢巾拿起釜盖，将其放在釜盏承上。将绢巾放在右膝前头。用水勺舀一些热水倒入茶碗。双手将茶碗拿近自己的身体。进行清洗茶刷的操演。拿起两次，高度以自己的前臂与上臂形成90度。拿起两次后将茶刷在茶碗中上下拂动，然后在茶碗里画一圈，拿出。将水倒入污水罐。用茶巾把茶碗擦干，擦三圈半，最后还将茶碗的正面转到自己一方。拿起浓茶小罐，用茶勺舀茶粉。先用茶勺舀三次，然后将茶粉全部倒出。用茶勺将茶粉弄均匀，用茶勺在茶碗上轻敲一下，发出清脆的声音。在碗里添入少

量的水，将茶拌匀，再添入少量的水将茶点匀成粥状。之后双手将浓茶茶碗和绢巾送到相邻的榻榻米上，敬茶时，主人用左手掌托碗，右手五指持碗边，按顺时针方向旋转茶碗两圈，将碗的花纹图案对着客人，跪地后举起茶碗，需举到与自己额头齐平，恭送至正客前。此时，客人向准行礼，以示感谢。

饮浓茶时可一碗让每人轮流品饮，也可各人饮一碗。当轮流品饮时，正客取来茶碗和绢巾，并用绢巾托着茶碗进行饮用；喝完后，用怀纸将自己喝茶处擦拭干净，将茶碗递给次客。次客依样喝完，再递给末客。要小口品茶，当末客饮到最后一口时，要饮出声音，表示浓茶味道好。饮毕，末客将茶碗按逆时针方向转两圈，递回给主人。然后正客代表客人根据看过的茶道具——与主人进行问答。

主人拿回茶碗添入热水倒掉。说："请允许我收起茶具。"之后，添入清水，清洗茶刷。将茶巾茶刷依次放在茶碗上。拿起茶勺，用绢巾拂拭勺。之后将茶碗、浓茶罐归位，添一勺清水入茶釜。再舀出一勺热水倒回茶釜里，这是为了让水勺快速干燥。之后将清水罐的盖盖上。客人看到这个动作要说："请让我欣赏下您的浓茶罐、茶勺、浓茶罐口袋。"主人应诺，将浓茶罐进行认真地擦拭，连同茶勺、浓茶罐口袋摆在相邻的榻榻米上。之后，半东将这些东西转送给客人。当主人将污水罐、茶碗送回茶厨，给清水罐加完清水之后，客人也欣赏完茶道具了。主人于客人再次针对浓茶罐等进行问答，之后，主人与客人相互行礼。主人在门口外再次跪坐下，再次行礼，关好隔扇。弄茶点茶技法的表演便结束了。这时，客人便可进行自由交谈。

浓茶是茶事中的主要项目。点浓茶的动作要求沉稳庄严。因浓茶很酽，只给客人喝一次。几位客人传饮一碗浓茶。点一次浓茶大约需要40分钟，水温为80℃左右，茶粉量为3.75克。整个过程是庄重肃穆的，除规定的作答外，禁止多言。

③后炭　由于此时炭火已经乏力，需要再次进行填炭技法表演，称为"后炭"。后炭的技法与初炭大体相同，但需要用湿茶巾擦拭茶釜，使茶釜发出蒸汽，增加茶室的湿润度，别有一番情趣。

④点薄茶　后炭后，主人端出烟盒和点心盒，这时端出的点心主要为"干果子"。主要有干糖粉点心、小糖块和脆饼干等。客人取干果子的动作与取主果子相同。点薄茶的工作与点浓茶类似，主要包括以下过程：主人拿来清水罐、茶碗和装薄茶茶粉的薄茶盒，再拿来废水罐。主人即兴绢巾操演后，用绢巾擦拭薄茶盒，先由左往右擦外侧的一边，再由左往右擦靠近自己的一边。然后将绢巾盖在盒盖上，

由里往外擦拭，再擦一下薄茶盒的对面部分。最后，右手折好绢巾，左手放下薄茶盒。将薄茶盒和茶勺擦拭干净后，用水勺舀茶釜里的热水倒进茶碗中，清洗茶刷，倒掉废水。主人用茶勺将薄茶盒中的1.75克茶粉舀入主茶碗中，倒入约100毫升的热水（80℃），左手扶碗，右手点茶，快速均匀地上下搅动，直到泛起一层细泡沫，泡沫越厚越细越好，将茶刷在茶碗里画一圈后从茶碗的正中间来开茶面。点好薄茶后，放在相邻的榻榻米上。客人自己来取茶，正客取过主茶碗，喝薄茶。正客拜看完主茶碗，将其递给次客。主人在替茶碗中点好薄茶，呈给次客。次客将主茶碗放回原处，取回主茶碗，喝薄茶，喝完后将替茶碗递给末客。主人在主茶碗中点好薄茶，呈给末客。末客将替茶碗放回原处，取回主茶碗，喝薄茶，依次类推。全部客人喝茶完毕后，正客对主人说："请结束点茶吧"，并向主人要求拜看薄茶盒、茶勺。主人将薄茶盒、茶勺放在相邻的榻榻米上，撤下水盂，客人依次拜看薄茶盒、茶勺。拜看完毕后，正客代表客人就薄茶盒、茶勺向主人询问。主人回答后，撤下薄茶盒、茶勺，行左后的总礼。至此，"点薄茶"结束。这一套动作一般为30分钟，根据客人的情况进行调整。点薄茶过程氛围相较于点浓茶轻松愉悦一些，主人和客人之间可以自由交谈。

（8）送别　点薄茶结束后，主人入席，与客人互致离别之礼。临别之前，主客之间行最后的礼，正客说："请免送行。"主人应诺。之后，客人们再次欣赏一遍壁龛上的花、茶釜等，然后从蹒口出去，主人只送到这里。客人们整理仪装，穿过茶庭后次第离去。

（9）后礼　茶事结束之后，客人们一定要写书信向主人表示感谢，或附上包土特产作为礼品，称为"后礼"。

三　英国茶俗文化

"茶"伴随英国走过了4个世纪，对于这个欧洲岛国而言，茶已经是一种深入骨髓的东西，是他们的生活、思想、甚至全部生命不可分割的一部分，它会改变，但绝不会消亡。20世纪初，丘吉尔担任应该自由党商务大臣时，曾经把准许人们在工作期间享有饮茶的权利作为社会改革的内容之一，这个传统一直延续至今，各个行业每天上午都有一定的饮茶时间，英国至今仍然坚守着这份独特的文化。

（一）英国茶饮种类

英语中专门有Teatime一词，指的是"饮茶时间"；具体算来，英国人每天有1/3时间专门用于饮茶。英式红茶更是以名目繁多、内容丰富闻名于世，其主要内容包括以下方面。

1. 床边茶

每天早晨醒来的时，饮的第一杯茶，即Early Morning Tea，通常被称为"床边茶"。19世纪，床边茶通常由贴心的仆人，在接近主人起床时间之时，就用小木托盘送到床边，让主人在香茶的氤氲中苏醒，而主人就一边饮床边茶，一边让仆人为期更衣穿戴。现在，床边茶流行于绅士间，尤其是在特殊的日子里，由丈夫为辛劳的妻子献上床边茶，在一些杂志上也时有以床边茶为标题的报道，指导如何体贴地为妻子准备床边茶，增添生活中幸福的情趣。

2. 英式早茶

早餐时饮用的茶，称为"早茶"（Breakfast Tea）。英式吐司、果酱、奶油、煮豆子、烤番茄、煎培根火腿、煎蛋、牛奶再加上一大壶集浓郁和清新于一体，色泽和口感都相当出色的红茶，是英国人最喜爱的餐点。

正统的早茶要精选印度阿萨姆、锡兰（现斯里兰卡）、肯尼亚等地红茶调制而成（比例为40%锡兰茶、30%肯尼亚茶、30%印度阿萨姆茶），因此早茶的口感来自锡兰、浓度来自阿萨姆、色泽来自肯尼亚，最适合早上起床后饮用，英国人早晨若没有喝上一杯浓香的加了牛奶的早茶会感到怅然若失。

另外在英国还有一个传统，就是在清晨给家中的客人送上一杯香浓的早茶。这是唤醒客人的最好办法，而且主人可以顺便询问客人的就寝情况以示关心。在不少英国家庭中，特别是对于家庭中的成年人，这种早茶习惯被视为一种享受，但是随着工业社会生活节奏的加快，喜好早茶的英国人大多只能在非工作日和周末的早晨才能享受早茶的温馨，或者有些丈夫为了讨好自己的妻子或者制造一些久违的浪漫气氛，在早晨妻子初醒时奉上一份浓郁的早茶和精致的点心，以博得太太的笑容，这种方式更倾向于"床头茶"。

3. 英式上午茶

英式上午茶是英国饮茶习惯之一，又称"公休茶（Tea Break）"，大约持续20分钟。在11：00，无论是空暇在家享受生活的贵族还是忙碌奔波的上班一族，都要在这一时间休息一会儿，喝一杯茶，称之为"eleven's"，即11：00的便餐，所以上午茶可以看成是英国人工作间隙的一种很好的调剂方式。但是上午茶由于客观条件的约束，不可能很烦琐，所以成为英式茶中最简单的部分。

4. 午餐茶

午餐时饮用的茶称为"午餐茶（Lunch Tea）"。英国人与亚洲人的用餐习惯不同，由于早餐丰盛，且在午餐前进行过上午茶，所以午餐大多非常简单，经常是一些水果或三明治搭配红茶来进行简单充饥，就继续繁忙的工作，因此茶品以爽口的佐餐茶为主，例如，斯里兰卡汀布拉红茶就是很常见的午餐茶品。

5. 英式下午茶

英国有句谚语：当时钟敲响四下时，世上的一切瞬间为茶而停。此时，需要进行下午茶，即Afternoon Tea，又称午后茶。喝下午茶的最正统时间就是16：00，因为午餐吃得简单匆忙，人们容易在这个时间感到饥饿，就需要与朋友坐下来轻松喝杯下午茶。英式下午茶其实才是真正意义上的英国茶文化载体，因为历史上不曾种过一片茶叶的英国，用中国的舶来品创造了自己优美独特的饮用方式和内容，赋予饮茶以新的文化内涵。中国是茶的故乡，英国则将下午茶文化发挥到极致。英国茶正是凭借其内涵丰富、形式优雅的"英式下午茶"享誉世界，而"英式下午茶"更是成为英国人典雅生活的象征。

正统的英式下午茶是最讲究，也是内容最丰富的。

首先，要选择最好的房间作为下午茶聚会的处所，所选取的必须是高档的茶具和茶叶，一般为印度大吉岭茶、斯里兰卡茶、英式伯爵茶等，先品尝原味茶再品尝风味茶，然后加入鲜奶调制成奶茶享用。

其次，下午茶的点心也是非常精致，一般是用一个三层的点心瓷盘装满点心（必须是纯英式的）。最下层是用熏鳜鱼、火腿和小黄瓜搭配制作的美味的三明治和手工饼干；第二层是传统英式圆形松饼搭配以果酱和奶油；第一层放的是最令人胃口大开的时令水果塔和美味小蛋糕。食用时也必须按照从下而上的顺序取用，英式圆形松饼的食用方法是先涂果酱，再涂上奶油，吃完一口再涂下一口，而涂抹松饼常用玫瑰果酱，其质地较稀，加在玫瑰茶中也相当可口。除了有对茶和点心这两位主角的严格要求外，传统下午茶还少不了悠扬的古典音乐作为背景，当然，另外一个必需的要素就是参加者的好心情。如此美妙的生活就是一种艺术，简朴而不寒酸，华丽而不庸俗，代表一种格调，一种纯粹的生活的浪漫。正是因为英国人如此重视下午茶，才使得这种优雅的生活方式不断延续发展，创造出英国人恬静、高贵、精致的生活。正是下午茶构成英国饮茶内容中最核心的部分，承载着茶文化，因此，如果领悟英式茶文化，就必须是要掌握一套完整的下午茶生活方式。

6. 傍晚茶

在英国早期，除了贵族可以在下午茶时段享用下午茶之外，一般的劳动阶层则要等到17：00至18：00，男主人下班回家后与家人一起享用。女主人通常准备好喝的红茶及以肉类为主的丰盛菜肴，作为晚餐。此时的茶就是傍晚茶，又称"高茶（High Tea）"。傍晚茶为什么又叫作高茶？因为一般家庭是在用餐的高餐桌（hightable）上享用的，取其桌子高度的意思。而因为是全家人相聚在一起用餐，也会有小朋友一起参与，而小朋友使用较高的儿童座椅（highchair），也取其"高"字，因此得名。

虽然英式晚餐茶在茶具、茶点等多个方面都不如下午茶那么讲究，但是由于在这一时间段内家庭成员一般都会下班回家，所以体现出了浓厚的英伦平民化色彩与温馨气氛。

7. 晚餐后茶

晚餐后茶（After Dinner Tea），指的是晚饭后的品茶时间，这是家人心灵交会的温馨时刻，也是很受欢迎的饮茶时间。此时，全家聚在客厅，一边饮用混合茶或香草茶来放松自己，一边分享当天所发生的事情。另外，正统的英国男士会将白兰地或利久酒加入茶中，再搭配精巧可爱的块状巧克力，边喝茶边读书或听音乐，度过一段悠闲的时光。

8. 睡前茶

睡前茶（Night Tea），指的是睡前饮用的茶。过去，英国贵族们早上会喝早茶醒脑,晚上也会喝一杯茶暖身之后再就寝。睡前茶多加有薄荷等香草,以促进睡眠。

(二)英式下午茶的传统程序

传统用于交友待客的英式下午茶,有着十分考究的礼仪,对于饮茶时间、环境、茶叶、茶具,甚至是参与者的穿着、仪态、行为举止等,都有严格的规范。

1. 邀请客人

一场正式的英式下午茶会需要提前一个月开始准备,为给客人充分的时间准备和安排,往往要提前发请柬的方式邀请客人参加茶会。但因为传统英国人性格较为含蓄,请柬上不会直接写明参加茶会,而是写着主人合适在家,敬请光临等。请柬写好之后,加盖家族徽章后方能寄出,客人则需要在收到请柬后的40小时内给主人以答复。

2. 茶会布置

传统英国贵族社会的下午茶茶会属于正式的社交场合,因此非常讲究,从茶叶选购、茶具配置、茶点制作、三层架挑选、摆放方式到环境布置、音乐伴奏、穿着打扮、行为举止、礼仪应对等,均需要提前精心准备。重点要准备三个方面:一是茶会环境。较多人选择优雅舒适的环境,如家中的客厅或花园。主人都会选择家中最好的房间来招待客人。二是茶会点心。需提前准备好丰盛的冷热点心,点心需要非常精致和高档,多由女主人亲手制作。三是茶叶与器具。主人对茶叶的选择格外用心,祁门红茶、大吉岭红茶、锡兰红茶等都是非常经典的选择,在搭配上精美的骨瓷杯碟、银质茶壶、茶匙,更是相得益彰。此外,还有四季鲜花盆景,并播放悠扬轻松的古典音乐,营造出环境的优雅与高贵。

下午茶所需的茶杯、糖罐和奶缸、点心碟等都须在客人到来前全部准备就绪,而茶壶则要在客人就座之后才能拿上桌。英式下午茶的餐点和茶水的分量都要准备比参加人数多一人份,比如,三人的下午茶就准备四人份的茶点。桌上一般需要摆2个茶壶,一壶装茶水,而另一壶装热水是为了照顾每个人的喜好,如果觉得茶太浓了可以加点热水调淡。正统的英国茶杯为上宽下窄型,摆放时将杯耳朝右,并附上茶匙。茶匙必须放在杯耳下方成45度,把手朝向身体。因为英式下午茶喝的多是红碎茶,所以茶叶过滤器成了必不可少的工具,使用过滤器也成为体现英式下午茶优雅姿态的动作之一。在下午茶会上，餐巾必须在自己的大腿上折成相对的小三角，放于大腿上，并只能用小三角的位置来擦拭嘴角。用来放置茶具的木托盘铺着蕾丝巾，更为下午茶注入华丽优雅的氛围。

3. 饮茶与品尝点心

参加传统的英式下午茶会的男士必须身穿正式的燕尾服，女士必须身穿豪华的礼服或英式长袍，头戴礼帽。当宾客围坐于大圆台前面，主人就吩咐侍女捧来放有茶叶的宝箱，在众人面前当众开启，以示茶叶之珍贵。通常由女主人亲自为客人冲泡上第一壶茶，之后，可将茶壶摆在桌子中央，让客人们自行取用。而客人也应县品尝一口主人冲泡的红茶后，再依自己的喜好加糖或添加牛奶。

茶会点心一般会摆放在三层的架子上，由下到上分别是三明治、英式司康、蛋糕和水果等甜点。食用顺序是由下往上吃，遵循味道由淡到重、由咸至甜的原则。先品尝带点咸味的三明治，让味蕾慢慢品出食物的真味，再饮几口芬芳四溢的红茶；然后再吃英式司康饼，要先用手掰开，先涂一层果酱再抹一层奶油，让些许的甜味在口腔中慢慢散发，最后食用精致甜美的蛋糕与水果挞。

要使茶会气氛热烈，愉快的交谈是非常重要的因素。一开始可先谈些与现场红茶或茶点有关的话题，这样无论彼此是否熟识，都可以自然地开始交流。接下来再慢慢地展开别的谈话内容。

第八章 中华茶文化的核心——茶道

中华茶文化历史悠久，渗透在中华文化的方方面面，是中华传统文化中极美的盛宴。无论是王公贵族、文人墨客、官员将士、平民百姓，还是放下世缘、专心修道悟道的僧侣，无不对茶有着普遍的爱好。茶文化深刻地影响着中国社会的生产、制度、风俗、艺术、学术、思想情操、经济和贸易等。几乎是包罗万象的茶文化，其背后蕴含的茶道理念是其灵魂与核心。茶圣陆羽《茶经》"一之源"就开宗明义地指出"茶之为用，味至寒，为饮最宜精行俭德之人，若热渴凝闷，脑疼目涩，四肢烦，百节不舒，聊四五啜，与醍醐、甘露抗衡也"。这指出了一个行为精诚、品德俭约、高尚的人喝茶时的精神享受是美妙绝伦，可与醍醐、甘露抗衡媲美；指示茶人应该追求个人内在的德行，才可提升自己喝茶的品位；意味着要真正拥有幸福，不在于物质方面的享受，而是个人德行的提升。正如孔子赞叹学生颜回的美德："一箪食，一瓢饮，在陋巷，人不堪其忧，回也不改其乐，贤哉，回也。""精行俭德"作为陆羽《茶经》中的茶道道德观的核心，贯穿于《茶经》全文，也是陆羽一生的行为准则。受其影响，唐末刘贞亮和日本的明惠上人先后提出了"茶十德"和"饮茶十德"，茶道也成了茶文化的灵魂与核心。

【第一节】茶道的基本含义

"道可道，非常道"，这意味着"道"的深奥意义非言语所能表达。"茶道"同样有很深的内涵，很难从文字上给其一个确凿的定义，茶道包括两方面的内容：一是事茶之道，即事茶过程中的技艺、规范和品饮方法；二是思想内涵，即通过茶事活动，尤其是饮茶陶冶情操、修身养性，把思想升华到富有哲理的境界。也可以说是在一定社会条件下把当时所倡导的道德和行为规范寓于饮茶的活动之中。这两个基本点，在《茶经》中都明显得到体现。但茶道包含范围之广，内容之深，中外学者对其有不同角度的理解与描述。

一 日本学者对茶道的解释

日本是深受中国文化影响的一个民族，茶道也不例外。唐宋时期通过来华学习的僧侣和使者，将中国的茶及茶文化带到了日本。千百年来，茶也一直受日本人的青睐并逐渐形成了独特的饮茶风俗。有关茶道的论述，比较有代表性的有谷川激三、久松真一、熊仓功夫、仓泽行洋等几位学者。谷川激三将茶道定义为：以身体动作作为媒介而演出的艺术。它包含了艺术因素、社交因素、礼仪因素和修行因素等四个因素。久松真一则认为：茶道文化是以吃茶为契机的综合文化体系，它具有综合性、统一性、包容性。其中有艺术、道德、哲学、宗教以及文化的各个方面，其内核是禅。熊仓功夫指出：茶道是一种室内艺能。艺能是人本文化独有的一个艺术群，它通过人体的修炼达到陶冶情操完善人格的目的。仓泽行洋则主张：茶道是以深远的哲理为思想背景，综合生活文化，是东方文化之精华。他还认为，道是通向彻悟人生之路，茶道是茶至心之路，又是心至茶之路。冈仓天心在《茶之书》中写道："茶道是'一种唯美的信仰'，本质上，茶道是一种对'残缺'的崇拜，是在我们都明白不可能完美的生命中，为了成就某种可能的完美，所进行的温柔试探。"田中仙翁则综合上述观点，认为茶道是一项仪式，也是一种文化，更是一番信仰。

二 我国学者对茶道的解释

受老子"道可道，非常道。名可名，非常名"的思想影响，"茶道"一词从皎然首次提出以来，历代茶人都没有下过一个准确的定义。直到近年来才有一些学者尝试着从某个角度来给其一个定义。

吴觉农认为：茶道是把茶视为珍贵、高尚的饮料，饮茶是一种精神上的享受，是一种艺术，或是一种修身养性的手段。庄晚芳认为：茶道是通过饮茶的方式，对人民进行礼法教育、道德修养的一种仪式倡导"廉、美、和、敬""廉俭育德、美真康乐、和诚处世、敬爱为人"的精神，并将之总结为中国茶德——"廉美和敬"。陈香白认为：中国茶道包含茶艺、茶德、茶礼、茶理、茶情、茶学说、茶道引导七种义理，中国茶道精神的核心是和。中国茶道就是通过饮茶，引导个体在美的享受过程中走向完成品格修养以实现全人类和谐安乐之道。陈香白的茶道理论可简称为"七艺一心"。刘汉介先生提出:"所谓茶道是指品茗的方法与意境。"

叶惠民认为"和睦清心"是茶文化的本质,是茶道的核心。台湾著名茶学专家蔡荣章先生指出,茶道的核心在"茶",包括了泡茶、品茶、奉茶、茶器与品茗环境,而广义的茶的核心在茶汤。茶汤这件"媒体"直接给我们传递了香气、颜色与滋味,我们享用了它们,而且还可以借助它们游走于审美、思想与精神的境界。而刘汉介先生则更为简洁的提出:"所谓茶道是指品茗的方法与意境。"陈宗懋主编的《中国茶叶大辞典》中写道:茶道是以吃茶为契机的综合文化活动。并借一步说明,茶道是产生于特定适当的综合性文化,带有东方农业民族的生活气息和艺术情调,追求清雅,向往和谐;茶道基于儒家的治世机缘,倚于佛家的淡泊节操,洋溢着道家的浪漫理想,借品茗倡导清和、俭约、求真、求美的高雅精神。

【第二节】中华茶文化与儒、道、佛的关系

三教文化是中国的传统文化,涉及儒、释、道"三教"。这里的教是指教育,不是宗教。中国之所以能实现大一统的长治久安局面,究其原因是因为中国人懂得教育。中国有五千年的教育智慧、五千年的教育经验、教育方法和教育成果。中华民族的古圣先贤主要是通过儒释道三教,教会了我们伦理、道德和因果。在中国历史上,儒释道三家从源头上来说都是教育,都包含了伦理、道德、因果、哲学、科学的内容。清朝雍正皇帝阐释儒释道三教是"理同出于一源,道并行而不悖"。儒释道三教教化了中华民族几千年,教育的目的是使人转恶为善、转迷为悟、转凡成圣,教育的效果是人心向善、民族和谐、社会安定。茶文化的核心茶道,其内容也包含相同或相似的教育,与儒、佛、道三教有共同的思想基础,因而茶文化自然而然融入了他们,与儒、道、佛的境界也相互渗透,儒家之礼仪、道家之自然、佛家之禅悟在茶文化活动中体现得淋漓尽致。儒、释、道又皆通过饮茶,提升道德、净

化身心、追求自然。

一、茶文化与儒家思想

（一）儒家思想的主要内容

儒家思想是中华文化的根源之一，自汉武帝实施"罢黜百家，独尊儒术"以来，儒家思想更成为了中国传统社会国家治理的重要理论来源之一。宋朝朱熹从儒家著作中选出《大学》《中庸》《论语》《孟子》，而编成《四书集注》，一直被帝王定为科举考试的内容，直至清朝末期。因而儒家思想成为中国文化的主轴，是中国文化的正统。儒家思想究竟包含哪些基本内容呢？《汉书·艺文志》中曾有几句话概括：儒家思想"游文于六经之中，留意于仁义之际，祖述尧舜，宪章文武，宗师仲尼，以重其言，于道最为高"。这里包含的四个关键内容：六经、仁义、尧舜文武、仲尼，最终宗师定位于仲尼。

孔子为儒家的创始人，也是中华文化史上承上启下第一人。孔子之前，数千年的中华文化，因为有孔子而得以流传；孔子之后，数千年的文化，也因为有孔子而得以开启。古人曾说："先孔子而圣者，非孔子无以明；后孔子而圣者，非孔子无以法。"人们赞叹"天不生仲尼，万古如长夜"；又赞孔子"德侔天地，道冠古今，删述六经，垂宪万世"。因而以孔子的思想"大成至圣先师"为主的儒家思想代表了中国传统文化的主流。

儒家思想归纳为仁、礼、中庸。仁是人的本性。孔子认为，在人之所以成为人的本性中，有一些本性是潜在的优秀品质，这些品质很接近或很可能成为"仁"。仁是待人接物的品德。孔子认为，"仁"所要求的人际基本原则就是"忠恕"之道和爱人之心。所谓"己所不欲，勿施于人"；"仁者爱人"。"仁"是一种最高的社会品质，孔子认为，"仁"的最高品质是一种克制自我，主动顺应社会的行为，即"克己复礼为仁，一日克己复礼，天下归仁焉"。"礼"指伦理道德原则和规范，是仁在生活中的具体落实。礼是孔子终身学习、奉行、传授的内容，以礼治国是孔子的一贯主张。礼的根本是仁、是爱，落实在传统社会生活中是五伦八德。五伦是父子有亲、君臣有义、夫妇有别、长幼有序、朋友有信。八德是孝、悌、忠、信、礼、义、廉、耻。五伦八德以"父子有亲"为原点，也就是以孝、以爱为原点。仁者爱人，孝为仁之根本。"爱人"首先从爱父母做起，渐次扩充至对家族、对国家乃至对全人类、对天地万物的真诚爱心。内怀其仁，外依其礼，做人处事，执中而用，力求其正，既不可不够，也不可过分，称为"中庸之道"。

（二）儒家思想贯穿茶文化

唐末刘贞亮概括了饮茶十德，即"以茶散郁气，以茶驱睡气，以茶养生气，以茶驱病气，以茶利礼仁，以茶表敬意，以茶尝滋味，以茶养身体，以茶可行道，以茶可雅志"。其中的六德主要叙述的是饮茶对身体健康方面的作用，属于茶的物质功能。"以茶利礼仁""以茶表敬意""以茶可行道""以茶可雅志"，这四德都是通过饮茶贯彻儒家的仁、礼、中庸等道德观念，形成了儒家的茶道精神。

1. 各种茶礼折射儒家的仁爱思想

中国自古被誉为"礼仪之邦"，"茶礼"之举向来作为正伦序、明典章的重要手段，反映在生活的方方面面。

（1）赐茶 《茶经》中记载，早在三国时期，"孙皓每飨宴，坐席无不率以七升为限，虽不尽入口，皆浇灌取尽。曜饮酒不过二升，皓初礼异，密赐茶荈以代酒"。唐代赐茶之风尤盛，如"唐懿宗每赐同昌公主馔，其茶有绿华、紫英之号"，"元和时，馆阁汤饮待学士者，煎麒麟草（茶的别名）"，唐大中三年，唐宣宗赐给120余岁的东都（洛阳）僧茶50斤。《宋史》载："旧赐大臣茶有龙凤饰，明德太后曰：'此岂人臣可得？'命有司别制入香京挺以赐之。"

贡茶是臣子对皇上的礼节，而赐茶是皇上对臣子的恩宠，这一贡一赐加强了君王与臣子彼此间的信任与情谊，体现了君仁臣忠的儒家思想。

（2）赠茶 随着饮茶习俗的普及，茶渐成友谊的载体，亲朋好友之间以茶相赠，是情谊的象征。因其纯洁高雅，文人更看重。在赠茶与谢茶之余再附诗一首更是一种互通有无、交流感情、畅叙理想、抒发爱情的象征。如"蜀茶寄到但惊新，渭水煎来始觉珍"（白居易《萧员外寄新蜀茶》）、"愧君千里分滋味，寄与春风酒渴人"（李群玉《答友人寄新茗》）、"故人有意真怜我，灵荈封题寄荜门"（王令《谢张和仲惠宝云茶》）、"开缄宛见谏议面，手阅月团三百片"（卢仝《走笔谢孟谏议寄新茶》）。一些廉洁的官吏，百万巨金相赠婉拒不受，赠茶却肯笑纳。如"寿州刺史张镒，以饷钱百万遗陆宣公贽。公不受，止受茶一串，曰'敢不承公之赐。'"文人赠茶，平民百姓亦染此风。杭州某些地方喝"七家茶"，即在每年立夏日煎煮新茶，配上茶点，馈赠亲邻，左三家，右三家，加上主家，七家共饮佳茗。江南某些地区有茶亭赠茶习俗，一些乐善好施之士，于闹市通衢、码头道口，建茶亭、茶棚，或设茶摊，煎茶饮行人，分文不取。

（3）敬茶　我国历来是礼仪之邦，重视礼节，而"客来敬茶"在茶礼中最具有群众基础，也是最为人知的。谚曰："待客茶为先""茶好客常来""来客无烟茶，算个啥人家"。联曰："客至心常热，人走茶不凉""山好好，水好好，开门一笑无烦恼；来匆匆，去匆匆，饮茶几杯各西东""不费一文钱，过客莫嫌茶味淡；且停双脚履，劝君休说路途长""客人来了先问好，净手烫杯把茶泡。泡茶之礼有门道，水满七成最为妙。凤凰点头三鞠躬，动作连贯手灵巧。双手捧茶敬客人，微笑致意有礼貌。"

这些谚语和联句所表达的都是敬茶的礼仪。中国人待客不外乎烟、酒、茶。烟有损健康，并非人人皆好；酒有烟之弊，且性烈价昂，醉酒误事更有违待客初衷；相比之下，还是茶较为大众化，无论男女老幼，无论士农工商，无论东西南北，适用于各种社交场合，茶是老资格的"公关饮料"。敬茶之礼，昭示着人情之美、教养之功、礼遇之德。

（4）茶会　茶宴、茶话、茶会形式类似，是以茶联谊，表示友情，但也有不同之处。茶宴重在宴请，配有细果点心，或素淡菜肴，一饮二吃。《晋中兴书》记载有陆纳本意茶果招待谢安，而其侄子陆俶却偷偷准备珍馐美味，被陆纳以破坏自己素业，仗打四十的故事。陆纳以茶果待客以成清素之业，即以茶示俭，以茶修身，以茶倡廉，表明自己的节操。

茶会在唐宋时期兴起后，逐渐成为各阶层人士进行互相谈心、表示情谊、交流感情的传统形式。文人才子相会，切磋诗艺、品茗赋诗、互相唱和，既是一种有情、有境、有性灵的文人佳事，也凸显出茶会中品茗者的情趣、气度与风韵。宋代还有一种茶会，具同乡会性质，《萍州可谈》载："太学生每路有茶会，轮日于讲堂集茶，无不毕至者，因以询问乡里消息"。莘莘学子远离家乡在异地读书，便以茶结同乡之缘，叙同乡谊，互通家乡消息，以慰游子之思。

现代一种新的茶会——"无我茶会"，是由漳州科技学院蔡荣章首先提出并构思创建的。这是一种群众性的茶会形式，是一种人人泡茶、人人敬茶、人人品茶的全体参与式茶会。在茶会中以茶为媒介，通过平等、奉献、礼让、精进、团结的敬茶、品茶的形式，达到德行修养至善的"无我"之精神和儒家的仁爱思想。

（5）茶叶与祭祀　祭祀是中国最重要的礼节之一，是孝道的教育。儒家向来有祭祀的仪俗，原初的意义在于建立人与神的交接，彼此是一种"献"与"报"的礼尚往来的关系，后来逐渐将祭祀行为视作是人向自我本质回归与超越的实践之道。在中国人的祖先崇拜中，儒教讲究的是"慎终追远""慎终者，丧尽其礼；追远者，祭尽其礼。"茶性又能较好地契合其中。茶性本高洁，一杯香茗让人们对于先人的缅怀有了一个寄托，遥寄哀思，激励后人。把茶作为祭祀之物，可以追溯到两晋南北朝时期，梁朝萧子显在《南齐书》中写到："南朝时，齐世祖武皇帝在他的遗诏中有'我灵座上，慎勿以牲为祭，但设饼果、茶饮、干饭、酒脯而矣。'"，其后历有用茶叶祭神祀祖这一民俗。

在我国部分地区有"无茶不成丧"的习俗。东晋干宝所撰《搜神记》有"夏侯恺因疾死，宗人子苟奴，察见鬼神，见恺来收马，并病其妻。著平上帻，单衣人，坐生时西壁大床，就人觅茶饮。"至于用茶作为丧者的随葬物，这种习俗在我国不少产茶区一直沿用下来。例如，湘中地区丧者的茶枕，安徽丧者手中的茶叶包等。

2. 茶文化中的中庸之道

茶之为物，既是自然造就，又通过人间作成。中华茶文化具有飘然尘外的情调，又充满人间的情味和气质。如果用一个字来突出中国茶道的内核、涵盖中华茶文化的精神，那必然是"和"。这与儒家思想中庸之道即中和思想紧密相连。

中庸之道是儒家处世信条，儒家认为中庸是处理一切事情的原则和标准，并从中庸之道中引出"和"的思想。儒家的"和"更注重人际关系的和睦、和谐与和美。饮茶令人头脑清醒，心境平和，茶道精神与儒家提倡的中庸之道相契合。儒家不但将和的思想贯彻在道德境界中，而且也贯彻到艺术境界之中，并且将两者统一起来。但是儒家总是将道德摆在第一位，必须保持高洁的情操，在茶事活动中才能体现出高逸的中和美学境界。因此无论是煮茶过程、茶具的使用，还是品饮过程、茶事礼仪的动作要领，都要求不失儒家端庄典雅的中和风韵。儒家将茶道视为一种修身的过程，陶冶心性的方式，体验天理的途径。陈香白指出：中国茶道精神的核心就是"和"。和意味着天和、地和、人和，意味着宇宙万事万物的有机统一与和谐，并因此产生实现天人合一之后的和谐之美。和字不但囊括了所有敬、清、廉、俭、美、乐、静等意义，而且涉及天时、地利、人和诸层面，最能突出中国茶道精神。

裴汶《茶述》指出,茶叶"其性精清,其味浩洁,其用涤烦,其功致和。参百品而不混,越众饮而独高。"宋徽宗《大观茶论》说茶"擅瓯闽之秀气,钟山川之灵禀",因而能够"祛襟涤滞,致清导和""冲淡闲洁,韵高致静"正是茶叶具有这些中和、恬淡、精清、高雅的品性,因此深得茶人的欣赏。朱熹以理学入茶道,说建茶如"中庸之为德",江茶如伯夷叔齐。朱熹在《朱子语类·杂说》中云:先生因吃茶罢,曰:"物之甘者,吃过必酸,苦者吃过却甘。茶本苦物,吃过却甘。"问:"此理何如?"曰:"也是一个道理,如始于忧勤,终于逸乐,理而后和。盖礼本天下之至严,行之各得其分,则至和。"这里以茶喻理,巧妙地将中和之道的哲学理念与政治、伦理制度结合起来。茶道兴起,对社会醇风化俗的功效是显而易见的。儒家"和"的思想体现在采茶、制茶、品饮等诸多茶事活动中。如在泡茶时表现为"酸甜苦涩调太和,掌握迟速量适中"的中庸之美;在待客时表现为"奉茶为礼尊长者,备茶浓意表浓情"的明礼之伦;在饮茶过程中表现为"饮罢佳茗方知深,赞叹此乃草中英"的谦和之礼;在品茗的环境与心境方面表现为"朴素故雅去虚华,宁静致远隐沉毅"的俭德之行。中国茶道以"和"为最高境界,充分说明了茶人对儒家中和哲学的深切把握。

二 茶文化与道家思想

(一)道家思想的主要内容

道家是先秦时期的一个重要的学术流派,由老子创始,庄子是主要继承者,合称老庄,代表作有《道德经》和《庄子》等。道教是植根于我国土生土长的一种传统宗教,由东汉张道陵创立,后经不断充实,最终由北魏寇谦之完成,以"道"为最高信仰。

道教的形成和发展,跟道家老子确实有某些渊源,但是道家和道教原分为二,各自成为一家。古代道教,是在我国古代的鬼神崇拜观念上,以黄、老道家思想为理论根据,承袭战国以来的神仙方术衍化而成,其主要宗旨是追求长生不死、得道成仙、济世救人。而到了现代,道教同样积极发展,以尊道贵德,天人合一,贵生济世为教义。"道生一、一生二,二生三,三生万物""人法地,地法天,天法道,道法自然",这是道家思想的根本。这个自然不是指自然界的自然科学,而是指宇宙空寂的自性本体,无法用语言文字表达。道家提出的"无为而又无所不为",不是说人无所事事,而是教人心里放下得失,顺应自然而不妄为。齐物论是庄子哲学的核心思想。它是一种齐彼此、齐是非、齐物我的相对主义理论。他说:"道无终始,物有死生,不恃其成。一虚一满,不位乎其形。"认为事物无时无刻不在变移,其形态绝不固定。由于过分强调绝对运动,否定相对静止,导致否定事物质的规定性。他认为,从"道"的观点看来,一切事物都是无差别的,人们对事物的认识本来就没有确定不移的是非标准。

(二)中华茶文化中"天人合一"的道家思想

道家思想,一言以蔽之,就是"道法自然"。"天地生物,各遂其理",茶是契合自然之物,茶道是"自然"大道的一部分。茶道无所不在地显示了自然。所谓"自然"者,对茶人来说,就必须真正地以自然而然的态度与精神去契合于"天然之道",以素朴的人性与茶的本性契合。这些都是茶人从道家思想中得到启发并发展起来的茶人的原则。

中国茶道强调"道法自然",包含了物质、行为和精神三个层面。在物质方面,认为茶是"南方之嘉木",是大自然恩赐的"珍木灵芽",在种茶、采茶、制茶时必须顺应大自然的规律才能生产出好茶;在行为上,讲究在茶事活动中,一切都要以自然为美,以朴素为美:动则如行云流水,静则如山岳磐石,笑则如春花自开,言则如山泉吟诉,举手投足之中都应发自自然,任由心性,毫无弄巧造作;在精神方面,"道法自然,返璞归真"表现为使自己的心性得到完全的解放,心境清静、怡然、寂寞、无为,仿佛与宇宙相融合,升华到"天人合一"的境界。

例如,陆羽不仅研究茶的物质功能,还研究其精神作用。如烹茶一节,既观水、火、风,又体会物质变化中的美景与哲理。煮茶时,出现泡沫,陆羽形容其变化说:"华之薄者曰沫,厚者曰饽,细轻者曰花。如枣花漂漂然于环池之上,又如回潭曲渚,青萍之始生,又如晴天爽朗有浮云鳞然。其沫者,若绿钱浮于水湄,又如菊英堕于樽俎之中,饽者,以渣煮之,及沸,重华累沫,皤皤然若积雪耳。"在陆羽的眼里,茶汤中孕育着大自然最洁静、最美好的品性。在烹制、冲泡品茗或奉茶之中使情景合一,把个人融于大自然之中。卢仝饮茶,感到的是清风细雨一样向身上飘洒,可以"一瓯瑟瑟散轻蕊,七碗清风习两腋"。宋代大文学家苏轼更把整个汲水、烹茶过程与自然结合。他的《汲江煎茶》诗云:"活水还需活火烹,自临钓石取深清。大瓢贮月归春瓮，小杓分江入夜瓶。雪乳已翻煎处脚，松风呼作泻时声。枯肠未易禁三碗，坐听荒城长短更。"诗人临江煮茶，首先感受到的是江水的情意和炉中的自然生机。亲自到钓石下取水，不仅是为煮茶必备，而且取来大自然的慷慨馈赠。大瓢请来水中明月，又把这天上银晖贮进瓮里，小杓入水，似乎又是分来江水入瓶。茶汤翻滚时，发出的声响如松风呼泻，或是真的与江流、松声合为一体了。然而，茶人虽融化于茶的美韵和自然的节律当中，却并未忘记人间，而是静听着荒城夜晚的更声，天上人间，明月江水，茶中雪乳，山间松涛，大自然恩惠与深情，荒城的人事长短，都在这汲、煎、饮中融为一体。茶道中天人合一、情景合一的精神，被描绘得淋漓尽致。

道家主张内省、崇尚自然、清心寡欲、无为而又无所不为的理念，实现自身与天地宇宙合为一体的目标，他们相信这些可以在饮茶中得到充分感受。茶为心灵之声，自然之羽。自然化人，人化自然，都是茶与道人们自我超越，突破忘我的界限，走向理想中的自然之境。

三　茶文化与佛家思想

（一）茶与佛教的物质功能结合阶段

"茶寮""茶堂""斗茶""茶鼓""茶头""施茶僧""茶宴"和"茶礼"等各种茶文化的名词出现在佛门里面，由此可见茶与佛教渊源之深。茶的药理特性与种种功效对禅宗的修行有非常重要的作用，因此饮茶与禅宗，在历史的发展演进中，自然而然走在了一起。

茶具有祛病强身、提神益思，驱困解乏，生津止渴的种种药性与功效，对坐禅引起的诸病有裨益。佛教僧人在长期的坐禅实践中总结出"茶具三德"的观念：坐禅时通夜不眠，满腹时帮助消化，以及茶具不发（抑制情欲）之功。此外，茶具有的祛火解毒、消食化积的效能和苦寒平和的性味，使饮者内心易生冲和之气，保持心态平衡，对于坐禅时的摄心入定，的确大有裨益。

坐禅用茶的最早记载约见于《晋书·艺术传》：东晋僧人单道开在后赵的都城邺城（今河北临漳县）昭德寺内禅修，昼夜不卧，"日服镇守药数丸，大如梧子，药有松蜜姜桂茯苓之气，时复饮茶苏一二升而已"，且"自云能疗目疾，就疗都颇验"。说明至迟迄于东晋，佛教禅定已与用茶结缘。

东晋以后，修定僧人在长期修持实践中对饮茶益于摄心入定作用的发现，使得禅门将坐禅一段时间后的饮茶，列为制度，写入清规——即于法堂设两鼓：居东北角者称"法鼓"，居西北角者称"茶鼓"。讲座说法擂法鼓，集众饮茶敲茶鼓"法鼓，凡住持上堂，小参、普说、入室并击之，上堂时二通……茶鼓长击一通……"召集僧众饮茶。又每坐禅一炷香后，寺院监值都要供僧众饮茶，称"打茶"，多至"行茶四五匝"。

不仅坐禅时如此，在日常生活中，禅寺也处处不离茶之身影，例如，寺院中专设"茶堂"，供寺僧辩说佛理，招待施主、同参之用；寺院设"茶头"，专事烧水煮茶、献茶酬宾；寺门有"施茶僧"为游人惠施茶水；佛教寺院种植茶树，专称"寺院茶"；上供诸佛菩萨历代祖师之茶，称"奠茶"；寺院一年一度的挂单，依"戒腊"年限（即受具足戒时间）的长短，先后奉茶，称"戒腊茶"，住持请全寺僧众饮茶称"普茶"。凡此种种肇始于坐禅饮茶，而后相沿成习，潜移默化为佛教寺院的法门规式，乃至迁延至今，足证茶事与佛门佛事的渊源之深。

（二）茶与佛教的精神结合阶段——茶禅一味

茶在禅门中的发展，由特殊功能到以茶敬客，乃至形成一整套庄重严肃的茶礼仪式，最后成为禅事活动中不可分割的一部分，最深层的原因当然在于观念的一致性，即茶之性质与禅悟本身融为一体。正因为二者互融，所以茶助禅，禅助茶，"转相仿效，遂成风俗"。茶有如此巨大的功能，不是仅由其药用性质所决定的，正如道教最早在观念上把茶吸纳进其"自然之道"的理论系统中一样，禅门也将茶的自然性质，作为其追求真心（本心）说的一个自然媒介。

"吃茶去"三字，成为禅林法语，就是"直指人心，见心成佛"的"悟道"方式。唐高僧从谂禅师，常住赵州观音寺，人称"赵州古佛"。《广群芳谱·茶谱》引《指月录》中载：有僧到赵州从谂禅师处，师问："新近曾到此间么？"曰："曾到。"师曰："吃茶去。"又问僧，僧曰："不曾到。"师曰："吃茶去。"后院主问曰："为甚么曾到也云吃茶去，不曾到也云吃茶去？"师召院主，主应喏。师曰："吃茶去。"——并非要你直接吃茶而是要你当下"悟道"。自此以后，"吃茶去"成为著名的禅宗公案。"吃茶去"，乍看只是一句极为平常的话语，却包含了赵州禅师那无碍的平等心。在从谂禅师那里，无论是曾到、新到，还是院主，都照样是"吃茶"，没有等级高低贵贱之分，澄澈清明的茶中倒映的正是禅师的平常心。说到底，"吃茶去"，是和"德山棒，临济喝"一样的破除执著的特殊方法，是要去除人们的执著，一任自心而顿悟。

由上可知，茶对禅宗是从去睡、养生，过渡到入静、除烦，从而再进入到"自悟"的超越境界的。最令人惊奇的是，这三重境界，对禅宗来说，几乎是同时发生的，它悄悄地自然而然地使两个分别独立的东西达到了合一，从而使中国文化传统出现了一项崭新的内容——茶禅一味。

（三）佛教对茶文化发展的贡献

佛教对茶文化的发展起了十分重要的作用，主要有几个方面：通过高僧们写茶诗、吟茶词、作茶画，或与文人唱和茶事，极大丰富了茶文化的内容，提高了茶文化的美学境界；另外，佛教为茶道提供了"梵我一如"的哲学思想及"戒、定、慧"三学的修习理念，深化了茶道的思想内涵，使茶道更有神韵；"大道无疆，乾坤一体，区域虽殊，佛性不异"，佛教的这种尽虚空遍法界是一体的理念带动和促进了茶文化在世界各地的传播，日本、朝鲜等国的饮茶习俗最初均是由佛教徒从中国带去的。

【第三节】茶道的思想内涵与大学生的德行教育

一　茶道的思想内涵

茶道是一个抽象的概念，可是它通过点点滴滴的茶文化现象反映了其思想内涵。通过饮茶陶冶情操、修身养性，把思想升华到富有哲理的一种近乎宇宙人生的"道"的境界。茶道包含了儒道佛的精髓理念，如儒家的"仁、义、礼、智、信"五常和"孝悌忠信、礼义廉耻"八德的内容；道家的"道法自然，返璞归真"，崇尚自然，以及"无为而无所不为"的内涵；佛家的修身养性、戒定慧三学的修习理念。从另外一个方面可以说茶道的思想内涵浓缩在茶圣陆羽的身上，因为陆羽首次把我国儒、道、佛的思想文化与饮茶过程融为一体，也正因为如此才堪为茶圣（圣的意思是通达）。"不羡黄金罍，不羡白玉杯；不羡朝入省，不羡暮入台；千羡万羡西江水，曾向竟陵城下来"。陆羽的品行就是茶道的体现。因此，茶道以"精行俭德"为核心，包括了孝亲尊师、谦虚好学、吃苦耐劳、坚韧不拔、勤奋节俭、礼敬谦让、无私奉献等传统美德。

二 大学生的德行教育

茶文化作为我国优秀的传统文化之一，经过不断演变已经逐渐成为一个集人文理念、哲学思想以及优秀的文化价值的综合体。同时茶文化具有重要的德育功能，通过茶文化德育功能的运用，可以有效对学生的思想进行正向引导，这不但有助于我国中华传统文化的传播，对学生正确的道德情操以及价值理念的建立也有着重要意义。

1. 茶的起源道出做人的定位

"神农尝百草，日遇七十二毒，得茶而解之"的传说，说明了神农发现茶并了解其具有解毒功能；神农带领人民认识和利用大自然，使中华民族得以繁衍生息。由此，我们可以看出五千年的中国文化里面蕴含着的做人的理念：落实"君、亲、师"。《三字经》云：三才者，天地人。人与天、地并列为三才。其意就是人能够效仿天地宽广无私、平等博爱、滋润万物的情怀，其具体表现就是落实"君、亲、师"。"君"代表着领导人，领是率领，率领的人以身作则，走在前面，起引领作用；导的意思是引导大众走一条正路，以免误入歧途。所以，领导人要有智慧、要有德行，更要有方法。"亲"代表父母，以父母爱子女的心，爱护大众，这是亲的本质。"师"代表老师，是师表、是表率，一切言行举止都要做大众的榜样、做大众的模范，处处引导大众、教导大众，这是真正的老师。

"人无伦外之人"，也就是说我们都生活在五伦关系之中，每个人都同时肩负多种角色，如子女、学生、父母、兄弟姐妹、领导、老师等。当我们常常记起"君、亲、师"的使命感，就一定会扮演好生活赋予我们的每一个角色，成就幸福美满的人生。

2. 茶进入生活：提倡孝道的教育

茶为万病之药，中国人提倡喝茶，尤其是广东等地区的喝早茶，其目的是为了让父母、亲人朋友们身体健康长寿，蕴含了晚辈对长辈的孝心和良好祝愿。在每日早茶的准备中更是体现了晚辈的孝行。因为要想泡一壶好茶，还要用心选茶、泡壶、煮水、沏茶，没有对长辈的敬意是泡不出一壶好茶的。在中国古代，晚辈都会端茶以敬父母，每日亲见父母本身就是一种真情的陪伴。而长情的陪伴正是老人晚年生活最为所需精神给养。所以我们说敬茶蕴含了孝亲之意，行孝亲之举。

茶叶是祭祀中常见的祭品，而祭祀是中华民族最重要的一个礼仪。在"五礼"中，祭礼（吉礼）摆在第一位。祭祀是怀念祖先、纪念祖先、效法祖先，继承祖先的美德，所谓不忘本。当一个人春秋还不忘祭祀远祖，对眼前父母还能不孝吗？"百善孝为先"，一个人如果真把父母、长辈放在心里，他不可能做出不伦不类的事情。每个人能够把孝字做到，天下太平，安和乐利。现在这个社会越来越重视利害。在大学生中提倡孝道的教育，最能激发他们良心深处的美德并带动他们的学习热情。

3. 茶叶的传播，激发民族自豪感

中国作为茶文化的发源地，茶叶自古以来就作为丝绸之路重要的商品之一，通过我国不断的传播与发扬，饮茶已经逐渐受到了世界范围人无数友人的追捧，中国的茶文化在全球范围内备受赞誉。通过饮茶文化能够起到修身养性，陶冶身心的重要作用，同时饮茶具有显著的保健作用，已经逐渐得到全球人民的广泛认可。另外，我国茶叶种类经过上千年的不断演变与发展，形成了六大茶类，上千种茶叶，居世界之最。所以茶文化作为我国传统文化的代表之一，是值得国人骄傲的重要文化，通过茶文化在学生中的不断传播，可以有效激发学生的民族精神、民族意识，从而激发学生的民族自豪感，激活融于血肉之中的中华儿女的爱国主义精神。

4. 茶文化蕴含"和"，弘扬茶人的精神

茶文化蕴含的知识极其丰富，讲究以"和"为中心，重视人的群体价值，倡导无私奉献，反对见利忘义和唯利是图，注重协调人与人之间的相互关系。茶文化中包含着茶人的脚踏实地、精益求精，用于创新的工匠精神。20世纪80年代，钱梁首先提出"茶人精神"这个概念，认为"默默地忘我奉献，为人类谋福"是茶人精神的朴素表达。另外，茶文化中蕴含的平和、静谧、祥和也促使学生在遇到事情时胸怀平常心，不抛弃不放弃，用持之以恒的耐心追求胜利。学生在复杂多样的文化环境下学习茶文化可以提高自身眼界、扩展知识储备、唤醒爱国情怀、弘扬传统文

化。因此，学生无论身在何处，都应当以"茶人精神"作为度量标准，鼓励自己，审视自己，端正思想，摆正态度。

5. 茶叶倡廉俭，引导风气的好转

茶之所以醇香，是因为其除却杂质，保留纯真，成就甘甜。人如果能像茶一样摆脱各种贪欲杂念，保留做人的纯真，努力静修养性，提高能力，就能成就自我的清正和作为。在西晋时期，陆纳将饮茶看作自己的"素业"，以茶来倡导廉洁，以对抗当时社会上的奢侈之风。唐代诗人韦应物赞颂茶"洁性不可污"，表明茶具有高洁的品质。

在当代，不管是中国茶德所提倡的"廉、美、和、敬"还是日本茶道的"和、敬、清、寂"以及韩国茶礼的"和、敬、怡、真"，所体现的都是"重义轻利""以德服人""德治教化"等价值观。日常生活中人们也常用"粗茶淡饭""清茶一杯"来表示节俭、廉洁之意。品茶之廉可以让青年人树立起正确的价值观、宁静致远，远离尘世喧嚣和浮躁。"茶能性淡为吾友"，以茶为友，能使人淡泊名利，在平淡中找到人生的大道。

6. 以茶叶为媒，形成正确的三观

学生学习茶的历史，品尝茶的文化，有助于反省自身行为，思考面临的人生，这是一件很有意义的事情。当然，茶不是功课，也不是束缚，其实，喝茶是一种生活，是一种享受，是一种放松心情的过程。水要轻煮慢烧、热茶不可一饮而尽。流水匆匆过，时光悄悄逝，放慢脚步，好好品一壶好茶，让自己在喘息的空隙澄化心灵，既多了一份诗情画意，也增添了一份内心的相守。通过饮茶过程中对人生进行不断地感悟与思考，在饮茶过程中茶叶的起起落落完美地体现出了人生中的各种波折，同时茶叶先苦后甜略带苦涩的口感，也充分体会了人生百味的重要意义，使人们懂得人生只有经历挫折的洗礼才能够做到苦尽甘来，从而获得成功。

品茶与其说培养的是慢节奏的心性，更多的应该是逐渐加深学生对生活的感悟，培养学生真情真心真诚的为人之道。从而，让学生在人生的道路上，确立正确的人生观，价值观和世界观；在复杂的社会里，能明确人生奋斗方向；在服务社会中，去实现自己的人生价值。

7. 以茶叶为基，利于修身和养性

茶，在日常生活中，对人们的身体是具有一定保健作用；茶，在艺术领域中，在一煮一饮中都有着独特的意蕴和艺术的修养，同时，人们在品茶的过程中，不仅是对身体的一次洗涤，也是对心理的一种熏陶。为此，在高校思想教育中引入传统茶文化，能够帮助学生养成良好的生活习性，促进学生身心健康发展。引入传统茶文化，不仅能够培养学生的养生意识，还能够在健康的饮茶习惯中，保持身体的健康。此外，茶文化作为一种慢文化，能够将高校学生从快节奏的生活、学习中走出来，在品茶的缓慢过程中，修身养性。因此，在高校教育中融入传统茶文化，有利于学生培养健康的生活习性，有利于学生塑造良好的身体素质，提升学生的个人竞争力，从而真正做到：清茶一杯，手捧一卷，操持雅好，神游物外，强身健体，锤炼意志。

8. 以茶叶为礼，助培养礼仪规范

礼仪自古以来在我国都有着重要意义，茶文化中不乏行为礼仪等的渗透，在人们的日常生活中通常讲究以茶相待，体现了主人对客人的尊敬，同时在饮茶过程中泡茶也有着重要的讲究，在端茶倒茶过程中要注重茶礼的要求，这样才能够彰显出主人的良好品位，茶礼作为我国重要的文化礼仪之一，对人们的日常生活有着重要的影响。所以在对学生进行思想教育过程时，通过对茶文化的不断渗透，能够使学生的礼仪规范得到良好的培养和锻炼，养成谦虚有礼的礼仪习惯，使学生时刻保持得体的姿态来待人接物。

9. 以茶叶为模，成就担当和使命

历史长河中，茶文化形成了丰富多样的文化形式。茶文化源远流长，无论经历哪个时代，都能够打上那个时代的烙印，与当时的文化形式相结合，为茶文化注入了新的内涵和活力，从而产生了多种多样的以茶文化为根基的审美文化，表现出不同的时代性和创新性。比如，与书法绘画艺术的结合，与饮食文化的结合，与服饰文化的结合，与歌舞乐器等的结合，都体现了不同时代的特征。茶文化自身所蕴含的时代性也非常多，比如，茶叶形式从唐代的蒸青团茶到宋代的龙团凤饼再到明清的六大茶类和现代的速溶茶、茶饮料；茶叶的利用从远古的生煮羹饮到唐煎宋点再

明清瀹泡法和现代的冷泡速饮；饮茶器具从唐瓷宋盏到明代紫砂再到清代盖碗和现代化茶具等，都体现了时代性。在大学生教育中融入茶文化，不仅能够显著地提升学生的审美能力，而且能够使学生在新时代背景下，逐渐适应新时代形式的变化，不断博采众长，提升自己，成就新时代大学生的担当和使命。

10. 弘扬茶文化，促进社会和谐、世界和平

中华茶文化源远流长，博大精深，是我国优秀传统文化的一部分。茶文化在不断沉淀积累的历史长河中，融合了儒、道、佛各家优秀思想，形成了"天人合一"的人文精神以及"和为贵"的民族精神。茶文化强调敬畏自然、保持谦逊清寂的品质，主张通过饮茶来修身养性，追求内在的境界。通过这种修身养性的过程，人们能够更好地调整自己的心态和态度，从而对社会产生积极的影响，推动社会的进步和和谐。

当代，茶文化活动已成为超越国界、种族、流派的活动，成为国际交流的重要媒介。随着国际茶文化交流活动的频繁，茶文化中蕴含的中华传统美德将向全世界弘扬，为促进社会和谐、世界和平做出更大的贡献。

第九章

茶与文学艺术

【第一节】茶与文学

茶与文学艺术

　　文学，是指以语言文字为工具用以表达社会生活和心理活动的艺术，包括诗歌、散文、戏剧、小说等。当茶进入文人的生活后，有关于茶的文学作品便开始出现。从最初的诗词歌赋，到后来的戏剧小说，有关茶的文学形式越来越多样，内容越来越丰富，成为中华茶文化中重要的文化瑰宝。本节以历史为线索，介绍不同时期茶文学的发展情况，因为篇幅所限，各朝代的茶诗茶文只作部分摘选。

一 唐代以前的茶文学作品

　　唐代以前，关于茶的文学作品并不多，最早的茶诗是西晋左思的《娇女诗》。这首诗中，左思以一种半嗔半喜的口吻，叙述女孩子们的种种情感，准确形象地勾画出她们娇憨活泼的性格，字里行间闪烁着慈父忍俊不禁的笑意，笔墨间流露着家庭生活特有的情味。"心为茶荈剧，吹嘘对鼎𬭊"描写了两个顽皮活泼的小女儿心急喝茶，对着煮茶的鼎吹火的可爱形象。全诗共56句，《茶经》中摘录了12句：

　　吾家有娇女，皎皎颇白晳。小字为纨素，口齿自清历……其姊字惠芳，面目粲如画……驰骛翔园林，果下皆生摘。贪华风雨中，倏忽数百适。心为茶荈剧，吹嘘对鼎𬭊……

登成都白菟楼（节选）

张载

　　借问杨子舍，想见长卿庐。
　　程卓累千金，骄侈拟五侯。
　　门有连骑客，翠带腰吴钩。
　　鼎食随时进，百和妙且殊。
　　披林采秋橘，临江钓春鱼。
　　黑子过龙醢，果馔逾蟹蝑。
　　芳茶冠六清，溢味播九区。
　　人生苟安乐，兹土聊可娱。

《登成都白菟楼》是一首五言古诗，全诗160字，为西晋张载作，被认为是以茶入诗的最早篇章之一。陆羽《茶经》中节选了"借问扬子舍"以下的16句。"白菟楼"，又称"张仪楼""百尺楼"，位于成都西南角，为秦时张仪所建，至唐犹存。该诗描述白菟楼的雄伟气势以及成都的商业繁荣、物产富饶、人才辈出的景象。其中除赞美秋橘春鱼、果品佳肴外，还特别炫耀四川香茶，咏茶云："芳茶冠六清，溢味播九区。"六清即《周礼》所谓的"六饮"，指供天子用的六种饮料，有水、浆、醴、凉、医、酏。水即饮用水；浆：有醋味的酒；醴：甜酒；凉：薄酒；医：醴和酏混合的饮料；酏：薄粥。溢味：茶的美味四溢。九区即九州，《书禹贡》把当时的全中国分为冀、兖、青、徐、扬、荆、豫、梁、雍九州，后用"九州"泛指全中国。诗人赞誉，茶的甘美胜过一切饮料，茶的醇香传遍全国。

荈　赋（节选）
杜育

灵山惟岳，奇产所钟，厥生荈草，弥谷被岗。承丰壤之滋润，受甘霖之霄降。月惟初秋，农功少休，结偶同旅，是采是求。水则岷方之注，挹彼清流。器择陶简，出自东隅，酌之以匏，取式公刘。惟兹初成，沫成华浮，焕如积雪，晔若春敷。

《荈赋》是中国茶叶史上第一篇完整地记载了茶叶从种植到品饮全过程的作品。文章从茶的种植、生长环境讲到采摘时节，又从劳动场景讲到烹茶、选水以及茶具的选择和饮茶的效用等。例如，文中所写"灵山惟岳""丰壤"指的是生长环境，"月惟初秋"指的是采摘时节，"结偶同旅"指的是采摘场景，"岷方""清流"指的是对水的选择，"东隅""陶简"和"酌之以匏"指的是对茶具的选择，"沫成华浮，焕如积雪"指的是烹茶初成时的茶汤状态。从这些描述都可以看出在晋代时，茶叶的烹煮就已经很讲究了。

二 唐代茶文学作品

茶文化兴于唐，茶事活动在唐代开始大范围普及，关于茶的文学作品也有了大幅度的增加。世界上第一本茶书《茶经》便成书于此时，其作者陆羽（733—804年），字鸿渐，唐朝复州竟陵（今湖北省天门市）人。陆羽自小是名孤儿，由竟陵智积禅师收养。此人爱好文学，精通茶道，他与崔国辅、僧人皎然等文人交好，几人经常一起品茶鉴水，也曾参与由颜真卿主编的《韵海镜源》一书。唐天宝十五年（758年），陆羽游历巴山峡川，考察茶事。唐上元元年（760年），陆羽到苕溪（今浙江吴兴）隐居，闭门著述《茶经》。据说他经常去野外、茶农处考察，经常"采茶觅泉，评茶品水，或诵经吟诗，杖击林木，手弄流水，迟疑徘徊，每每至日黑兴尽，方号泣而归，时人称谓今之'楚狂接舆'。"

《茶经》中详细地记载了有关茶的生产加工、产地、品鉴、典故等，是关于唐以及唐之前的知识和实践的系统总结，堪称最早的茶叶百科全书。《茶经》对后世饮茶影响极大，而陆羽则被后人尊为"茶圣"，更被茶商祀为"茶神"。

继陆羽之后有一位嗜茶之人张又新，他认为《茶经》中对于鉴水的描述太少，因此著了一卷《煎茶水记》用以补充。张又新（约813年前后在世），字孔昭，深州陆泽人（今河北深州市），唐宪宗元和九年进士第一。《煎茶水记》于唐敬宗宝历中（825年前后）成书，书中记载宜茶之水，共记载了20处水，并给它们排了名次，其中，前三名是扬子江南陵水，无锡惠山寺泉水，苏州虎丘寺泉水，对后世在品水上有较大影响。

唐代是写诗盛行的年代，随着茶叶在全国的普及，有不少茶诗问世。唐代著名的诗人李白、杜甫、白居易、柳宗元等均有茶诗留世。唐代茶诗的内容开始涉及茶的方方面面，有描写茶叶形态的，有描写煮茶、器具等茶艺方面的，有描述茶会的，有以诗乞茶的，还有描写饮茶感受、饮茶意境的……

（一）描写饮茶感受的诗词

许多诗人均作过有关饮茶感受的诗词，而在历代茶诗中极著名的是卢仝的《走笔谢孟谏议寄新茶》：

> 日高丈五睡正浓，军将打门惊周公。
> 口云谏议送书信，白绢斜封三道印。

开缄宛见谏议面,手阅月团三百片。
闻道新年入山里,蛰虫惊动春风起。
天子须尝阳羡茶,百草不敢先开花。
仁风暗结珠蓓蕾,先春抽出黄金芽。
摘鲜焙芳旋封裹,至精至好且不奢。
至尊之馀合王公,何事便到山人家。
柴门反关无俗客,纱帽笼头自煎吃。
碧云引风吹不断,白花浮光凝碗面。
一碗喉吻润,两碗破孤闷。
三碗搜枯肠,惟有文字五千卷。
四碗发轻汗,平生不平事,尽向毛孔散。
五碗肌骨清,六碗通仙灵。
七碗吃不得也,唯觉两腋习习清风生。
蓬莱山,在何处?玉川子,乘此清风欲归去。
山上群仙司下土,地位清高隔风雨。
安得知百万亿苍生命,堕在巅崖受辛苦!
便为谏议问苍生,到头还得苏息否?

卢仝(约795—835年),范阳(今河北涿州)人,自号玉川子。卢仝好茶成癖,诗风浪漫且奇诡,人称"卢仝体",此诗便是其代表之作。这首诗是卢仝在饮用了好友送来的春茶后的一番感慨,其中"一碗到七碗"这几句将茶的功效和饮茶感受描写得淋漓尽致,是古今描写此类诗词的名句,因此该诗又被为"七碗茶诗"。诗人饮第一碗时开始觉得喉咙甘润,这是茶叶解渴的作用;饮下第二碗便觉心中苦闷尽散,这是茶叶散闷的作用;三碗下肚,茶叶益思的作用产生了;此三碗的感受在其他茶诗词中多有出现,而后四碗,诗人感受进一步升华,写出了超脱于其他诗词之上的饮茶名句;到了第四碗,诗人觉得此生所受所有苦难均已不在,似有佛家"看破一切,立地成佛"之意;第五碗,诗人觉得身骨变轻,六碗开始通仙灵,这都是道家修炼升仙的过程;到了第七碗,诗人只觉腋下清风生,几乎进入升仙状态,因此后句写道"蓬莱山,在何处?玉川子,乘此清风欲归去"。这几句诗流畅明快,笔墨神乎其神,引发人们对饮茶的无限向往,对后世影响甚大,历代文人雅士多有引用,如宋梅尧臣

"亦欲清风生两腋,从教吹去月轮旁";苏轼"何须魏帝一丸药,且尽卢仝七碗茶";杨万里"不待清风生两腋,清风先向舌端生"等。卢仝这首诗的最后几句,写出了茶农的艰辛,表达了诗人对当时茶政的不满,可见卢仝虽不入仕,但仍十分关心民间疾苦。

陆羽的朋友皎然,是唐代著名的诗僧,其对陆羽在《茶经》的写作上有很多帮助。他先后写了不少茶诗,其中《饮茶歌诮崔石使君》中的"三饮"部分写出了饮茶的意境,有卢仝的《七碗茶诗》之意境。作者在诗中首次提到了"茶道"一词,具有极高的文献价值。其诗曰:

越人遗我剡溪茗,采得金芽爨金鼎。
素瓷雪色缥沫香,何似诸仙琼蕊浆。
一饮涤昏寐,情来朗爽满天地。
再饮清我神,忽如飞雨洒轻尘。
三饮便得道,何须苦心破烦恼。
此物清高世莫知,世人饮酒多自欺。
愁看毕卓瓮间夜,笑向陶潜篱下时。
崔侯啜之意不已,狂歌一曲惊人耳。
孰知茶道全尔真,唯有丹丘得如此。

(二)描写名茶的诗词

描写名茶茶诗中,极有名的是李白的《答族侄僧中孚赠玉泉仙人掌茶》,它是诗仙李白为数不多的茶诗,诗中详细地描述了唐代名茶"仙人掌"的形态、品质、生长环境和功效等,是最早名茶入诗的诗篇。

尝闻玉泉山,山洞多乳窟。
仙鼠白如鸦,倒悬清溪月。
茗生此中石,玉泉流不歇。
根柯洒芳津,采服润肌骨。
丛老卷绿叶,枝枝相接连。
曝成仙人掌,以拍洪崖肩。
举世未见之,其名谁定传。

宗英乃禅伯，投赠有佳篇。

清镜烛无盐，顾惭西子妍。

朝坐有余兴，长吟播诸天。

在这首诗里，字里行间无不赞美饮茶之妙，为历代咏茶者赞赏不已。公元752年（唐玄宗天宝十一年），李白与侄儿中孚禅师在金陵（今江苏南京）栖霞寺不期而遇，中孚禅师以仙人掌茶相赠并要李白以诗作答，遂有此作。此诗生动形象地描写了仙人掌茶的独特之处。前四段写仙人掌茶的生长环境及作用，得天独厚，以衬序文；"丛老卷绿叶，枝枝相接连。"写出了仙人掌茶树的外形；"曝成仙人掌，以拍洪崖肩"。曝，晒也。洪崖是传说中的仙人名。本句的意思是饮用了仙人掌茶，来达到帮助人成仙长生的结果。由"曝成仙人掌"可以看出，仙人掌茶是散茶，加上产量较少，一般人品尝不到这样的佳茗，因此是"举世未见之，其名定谁传"。"宗英乃禅伯，投赠有佳篇。清镜烛无盐，顾惭西子妍"写的是李白对中孚的赞美之情，诗人在此自谦将自己比作"无盐"，而将中孚的诗歌比作西子，表示夸奖。

对名茶的宣扬，莫过于唐代诗人张文规的《湖州贡焙新茶》。张文规是唐宪宗时期刑部尚书张弘靖之子，会昌元年（841年）任湖州刺史，每岁进顾渚山贡茶院监制贡茶。此时湖州顾渚山贡茶已进入全盛时期，据嘉泰《吴兴志》《湖州府志》记载：湖州"每岁进奉顾渚紫笋茶，役工三万人，累月方毕。""会昌中（843—845年）上贡湖州紫笋茶一万八千四百斤。"张文规在顾渚山唐代摩崖石刻群斫射岭老鸦窝山岩上有题字，清晰可见者有"河东张文规癸亥年三月四日"：

凤辇寻春半醉回，仙娥进水御帘开。

牡丹花笑金钿动，传奏吴兴紫笋来。

此诗描述了唐代宫廷生活的一个图景，表达了对贡焙新茶的赞美之情。"凤辇寻春半醉回"，描述皇帝车驾出游踏春刚刚归来的情景，皇帝已经喝得半醉。这时候，"仙娥进水御帘开"：宫女们打开御帘进来送茶水。"牡丹花笑金钿动"形容的是一种欢乐的场面。"传奏吴兴紫笋来"：湖州的贡焙新茶到了。"吴兴紫笋"指的就是湖州长兴顾渚山的紫笋贡茶。从此诗的结句中，读者可以感受到宫廷中那种对湖州贡焙新茶的到来而欢欣喜悦的气氛。

西山兰若试茶歌
刘禹锡

山僧后檐茶数丛,春来映竹抽新茸。
宛然为客振衣起,自傍芳丛摘鹰嘴。
斯须炒成满室香,便酌砌下金沙水。
骤雨松声入鼎来,白云满碗花徘徊。
悠扬喷鼻宿酲散,清峭彻骨烦襟开。
阳崖阴岭各殊气,未若竹下莓苔地。
炎帝虽尝未解煎,桐君有箓那知味。
新芽连拳半未舒,自摘至煎俄顷余。
木兰沾露香微似,瑶草临波色不如。
僧言灵味宜幽寂,采采翘英为嘉客。
不辞缄封寄郡斋,砖井铜炉损标格。
何况蒙山顾渚春,白泥赤印走风尘。
欲知花乳清泠味,须是眠云跂石人。

此诗为刘禹锡做郎州司马时所作。诗中所写的是湖南常德的兰若寺中的"炒青茶",把茶的采、制、煮、饮及其功效都描述得生动形象。在唐代,茶多数为蒸青绿茶,而此诗中"斯须炒成满室香"一句,则是炒青绿茶的做法,是唐代有炒青茶存在的文字证据。诗中讲到茶的原料(鹰嘴)要细嫩,种茶之地也有讲究(阳崖阴岭),煮茶之水选用"金沙水",茶汤的浮沫如"白云""花",其香如木兰,色比瑶草,闻香品饮,可以提神解郁。最后还提到,要品味如此佳茗,需要"幽寂",放下尘俗(眠云跂石)。

(三)与茶宴、茶会相关的诗词

与赵莒茶宴
钱起

竹下忘言对紫茶,全胜羽客醉流霞。
尘心洗尽兴难尽,一树蝉声片影斜。

此诗描写诗人与友人于竹下举行茶宴,谈笑风生,轻松愉快的心情。唐代茶宴盛行,因此描写茶宴的诗也颇多。

白居易(772—846年),字乐天,祖籍山西太原,终生嗜茶,自称"别茶人"。留世的2806首诗作中,茶诗有60多首。白居易的思想,综合儒、佛、道三家。立身行事,尊"达则兼济天下,穷则独善其身"。其茶诗的代表作有:

夜闻贾常州崔湖州茶山境会想羡欢宴因寄此诗
白居易

遥闻境会茶山夜,珠翠歌钟俱绕身。
盘下中分两州界,灯前合作一家春。
青娥递舞应争妙,紫笋齐尝各斗新。
自叹花时北窗下,蒲黄酒对病眠人。

湖州紫笋茶和常州阳羡茶都是唐代的"贡茶",每到春茶季节,这两州太守便会在境会亭举行茶宴,诗人也在邀请之列。虽然诗人很想前往,但无奈有病在身,心中十分惋惜,因此借由想象写下此诗,描绘茶宴的盛况。

联句是古时作诗的一种方式,由几个人共作一首诗,不仅要韵脚相对,还要意思连贯。

五言月夜啜茶联句

泛花邀坐客,代饮引情言。(陆士修)
醒酒宜华席,留僧想独园。(张荐)
不须攀月桂,何假树庭萱。(李萼)
御史秋风劲,尚书北斗尊。(崔万)
流华净肌骨,疏瀹涤心原。(颜真卿)
不似春醪醉,何辞绿菽繁。(皎然)
素瓷传静夜,芳气清闲轩。(陆士修)

联诗联句是文人雅士聚会时最常见的风雅之举。此诗由六人联句而成,其中陆士修作首尾两句,共七句。诗中"代饮"指的是以茶代酒,而华席指的是茶宴,"流华"则指饮茶。诗的首联"泛花邀坐客,代饮引情言"是茶诗名句,它道明了茶饮能增加交流,增进友谊。

(四)赠茶

谢李六郎中寄新蜀茶

白居易

故情周匝向交亲,新茗分张及病身。
红纸一封书后信,绿芽十片火前春。
汤添勺水煎鱼眼,末下刀圭搅曲尘。
不寄他人先寄我,应缘我是别茶人。

此诗描述的是白居易在病中收到好友寄来的新茶,十分开心地煮茶的情景,并写道好友会将新茶先寄给自己的原因"应缘我是别茶人"。

三 宋代茶文学作品

茶兴于唐而盛于宋,宋代的茶文学作品在唐代的基础上有了更大的发展。在茶书方面,目前可考证的有十几种。宋代茶叶的中心南移至福建,因此宋代的茶书多与福建北苑贡茶园中的茶有关,其中专门有描写福建北苑贡茶院茶叶制作的《宣和北苑贡茶录》《北苑别录》,有描写茶叶采制品饮的《茶录》《大观茶论》。其他的茶书有专述茶具的《茶具图赞》,记述茶叶典故的《荈茗录》,专门论述鉴水的有欧阳修的《大明水记》等。

《茶录》的作者蔡襄(1012—1067年),福建莆田人,北宋四大书法家之一,曾任福建转运使,掌管朝廷茶事。宋代茶叶以福建建州为上,而蔡襄本为福建人,因此对茶十分了解。史上茶家认为:"蔡君谟善辨茶,后人莫及。"他从改造北苑茶品质花色入手,求质求形。在外形上改大团茶为小团茶、品质上采用鲜嫩茶芽作原料,并改进制作工艺。蔡襄鉴于陆羽《茶经》中"不第建安之品",于宋皇祐

（1049—1053年）作《茶录》献与皇帝，全书分上下2篇，上篇为论茶，系统地介绍了北宋御茶园的茶叶的品鉴，包括色、香、味、藏茶、炙茶、碾茶、罗茶、候汤、熁盏、点茶。书中提出"茶色贵白，茶有真香"，不可掺入其他香料等；下篇为茶器，对于品茶器具、储藏器具等都有描述。

宋徽宗赵佶（1082—1135年）是北宋的末代皇帝，治国虽然无方，但是他的文化艺术造诣却极高，其书法绘画都堪称大家之作。宋徽宗是个嗜茶的皇帝，因此写了一部有关宋代茶叶的书——《大观茶论》，该书成书于大观元年（1107年），全书共20篇，分为地产、天时、采择、蒸压、制造、鉴辨、白茶、罗碾、盏、筅、瓶、杓、水、点、味、香、色、藏焙、品名、外焙等，介绍了北宋时期茶叶的生产情况，由于作者的帝王身份，书中对于茶叶的采制、品鉴都十分讲究，其中"点茶"一篇，见解精辟，论述深刻。书中认为的"茶色贵白、茶盏贵黑、点茶用筅"等对后世影响甚大。

《茶具图赞》是审安老人于宋咸淳五年（1269年）著。此书是现存最早的茶具专书，也是最早的有关茶具的图谱。作者不仅将宋代所用的12种茶具以白描的手法绘制下来，还分别以茶具的功能给茶具冠以职称，并赐名、字、号，例如，茶碗为陶宝文，名去越（越窑），字自厚（壁厚），兔园上客（兔毫盏），是研究宋代茶具的珍贵史料。

宋代的茶诗在唐代的基础上又有新的发展。著名的文人如梅尧臣、范仲淹、王安石、苏轼、黄庭坚、陆游、杨万里等均有茶诗词传世。陆游写有茶诗300多首，苏轼作有茶诗词70多篇。诗词的内容有名茶、茶具、采茶、制茶、点茶、饮茶、名泉、茶园、茶会、斗茶等。下面列举一些较为著名的诗词。

（一）描写名茶与品饮的诗词

烹北苑茶有怀

林逋

石碾轻飞瑟瑟尘，乳香烹出建溪春。
世间绝品人难识，闲对茶经忆故人。

林逋为宋初的隐士,极其好茶,此诗显示出作者对北苑之茶的推崇,称之为"世间绝品"。

双井茶
欧阳修

西江水清江石老,石上生茶如凤爪。
穷腊不寒春气早,双井芽生先百草。
白毛囊以红碧纱,十斤茶养一两芽。
长安富贵五侯家,一啜犹须三日夸。
宝云日铸非不精,争新弃旧世人情。
岂知君子有常德,至宝不随时变易。
君不见建溪龙凤团,不改旧时香味色。

双井茶是宋代名茶。此首诗作于欧阳修晚年辞官隐居时,"宝云日铸非不精,争新弃旧世人情"一句借咏茗以喻人,讽喻人情冷暖(宝云茶和日铸茶均为当时的名茶),而后两句则认为君子应"有常德",应坚持自己,不随时间而改变品德志向。

品 令
黄庭坚

凤舞团团饼。恨分破、教孤零。金渠体净,只轮慢碾,玉尘光莹。汤响松风,早减了、二分酒病。味浓香永。醉乡路、成佳境。恰如灯下,故人万里,归来对影。口不能言,心下快活自省。

该词讲述了词人碾茶、点茶、品茶的过程,饮茶后似有醉意,心中有种故人万里归来与自己品茗的无以言表的喜悦之情。

月兔茶
苏轼

环非环,玦非玦,
中有迷离月兔儿,
一似佳人裙上月。
月圆还缺缺还圆,
此月一缺圆何年?
君不见,斗茶公子不忍斗小团,
上有双衔绶带双飞鸾。

这首是苏轼的一首咏茶小诗,诗中对月兔茶的形状和品质都做了描述,将月亮和月兔联系起来,并用提问"圆何年""不忍"表达了对此茶的珍惜。

试院煎茶
苏轼

蟹眼已过鱼眼生,飕飕欲作松风鸣。蒙茸出磨细珠落,眩转绕瓯飞雪轻。银瓶泻汤夸第二,未识古今煎水意。君不见昔时李生好客手自煎,贵从活火发新泉。又不见今时潞公煎茶学西蜀,定州花瓷琢红玉。我今贫病常苦饥,分无玉碗捧娥眉,且学公家作茗饮。博炉石铫行相随。不用撑肠挂腹文字五千卷,但愿一瓯常及睡足日高时。

这是苏轼的一首描写煎茶过程的杂言古诗,其中对于煎茶时烧水的火候控制、点茶的过程、所用茶器、茶汤以及品饮茶汤时的讲究等,描写得相当细致。词中对于水沸状态的描述十分微妙,生动再现了陆羽《茶经》中的烧水火候的掌握技巧。同时词中流露出苏轼对于茶的喜爱,在贫苦之时仍想饮茶。全词文思流畅,一气呵成,引人入胜。

次韵曹辅寄壑源试焙新芽
苏轼

仙山灵草湿行云,洗遍香肌粉未匀。
明月来投玉川子,清风吹破武陵春。
要知玉雪心肠好,不是膏油首面新。
戏作小诗君勿笑,从来佳茗似佳人。

此诗用了大量的美妙的比喻,将点茶的过程以一种艺术畅想的形式展现出来,末句"从来佳茗似佳人"更是历代文士茶人耳熟能详的名句。

惠山谒钱道人烹小龙团 登绝顶望太湖
苏轼

踏遍江南南岸山,逢山未免更流连。
独携天上小团月,来试人间第二泉。
石路萦回九龙脊,水光翻动五湖天。
孙登无语空归去,半岭松声成鋆传。

宋人十分喜爱惠山泉,因此有许多诗词都是描写惠山泉的。苏轼"独携天上小团月,来试人间第二泉"便是这类诗词的名句。其中小团月便是指小团茶,而第二泉便是自唐被评为天下第二的惠山泉。

三游洞前岩下小潭水甚奇取以煎茶
陆游

苔径芒鞋滑不妨,潭边聊得据胡床。
岩空倒看峰峦影,涧远中含药草香。
汲取满瓶牛乳白,分流触石珮声长。
囊中日铸传天下,不是名泉不合尝。

此诗写的是陆游不畏辛苦,为煎茶专门到路滑的名泉取水的过程,可以看出作者对于煎茶之水是十分讲究的。

步月茉莉诗
施岳

玉宇薰风,宝阶明月,翠丛万点晴雪。炼霜不就,散广寒霏屑。采珠蓓、绿萼露滋,喷银艳、小莲冰洁。花痕在,纤指嫩痕,素英重结。

枝头香未绝。还是过中秋,丹桂时节。醉乡冷境,怕翻成悄歇。玩芳味、春焙旋熏,贮浓韵、水沈频爇。堪怜处,输与夜凉睡蝶。

此词描写的是茉莉花茶,说明作者所在南宋时期已用茉莉花熏茶,"翠丛万点晴雪"描写了茉莉花夹在茶叶之中,"采珠蓓"可见采花已经讲究采制花苞了,"春焙旋熏"则是对窨制工艺的描写。

(二)描写斗茶和分茶的诗词

和章岷从事斗茶歌
范仲淹

年年春自东南来,建溪先暖冰微开。
溪边奇茗冠天下,武夷仙人从古栽。
新雷昨夜发何处,家家嬉笑穿云去。
露芽错落一番荣,缀玉含珠散嘉树。
终朝采掇未盈襜,唯求精粹不敢贪。
研膏焙乳有雅制,方中圭兮圆中蟾。
北苑将期献天子,林下雄豪先斗美。
鼎磨云外首山铜,瓶携江上中泠水。
黄金碾畔绿尘飞,紫玉瓯心雪涛起。

> 斗茶味兮轻醍醐，斗茶香兮薄兰芷。
> 其间品第胡能欺，十目视而十手指。
> 胜若登仙不可攀，输同降将无穷耻。

斗茶在宋代盛行，范仲淹的这首诗便是对斗茶活动的描写。诗中写出了茶叶产地"武夷"，茶叶生产、压制，以及斗茶的原因"北苑将期献天子"，诗中"其间品第胡能欺，十目视而十手指，胜若登仙不可攀，输同降将无穷耻"几句十分生动地描绘出斗茶的紧张场面。

"分茶"即"茶百戏"是一种高超的点茶技艺，运用技艺在点茶时将茶汤点出花鸟鱼虫等图案，《澹庵坐上观显上人分茶》（见第二章第二节）这首诗写作者观看分茶的过程。诗中描写到显上人手如"新玉爪"，分茶之时茶汤表面出现各种奇幻景象，让人惊叹。茶百戏在宋代十分流行，陆游诗中"晴窗细乳戏分茶"句就是他做"茶百戏"游戏的写照。

（三）描写乞茶、谢茶的诗词

西域从王君玉乞茶，因其韵七首（选一）
耶律楚材

> 积年不啜建溪茶，心窍黄尘塞五车。
> 碧玉瓯中思雪浪，黄金碾畔忆雷芽。
> 卢仝七碗诗难得，谂老三瓯梦亦赊。
> 敢乞君侯分数饼，暂教清兴绕烟霞。

耶律楚材虽然是契丹人，但却颇爱饮茶。此诗作于作者随元太祖西征时，诗人开头以一句"心窍黄尘塞五车"表达出无茶不可的态度。

尝新茶呈圣俞
欧阳修

> 建安三千五百里，京师三月尝新茶。

人情好先务取胜，百物贵早相矜夸。
年穷腊尽春欲动，蛰雷未起驱龙蛇。
夜闻击鼓满山谷，千人助叫声喊呀。
万木寒痴睡不醒，惟有此树先萌芽。
乃知此为最灵物，宜其独得天地之英华。
终朝采摘不盈掬，通犀銙小圆复窊。
鄙哉谷雨枪与旗，多不足贵如刈麻。
建安太守急寄我，香蒻包裹封题斜。
泉甘器洁天色好，坐中拣择客亦嘉。
新香嫩色如始造，不似来远从天涯。
停匙侧盏试水路，拭目向空看乳花。
可怜俗夫把金锭，猛火炙背如虾蟆。
由来真物有真赏，坐逢诗老频咨嗟。
须臾共起索酒饮，何异奏雅终淫哇。

此诗是欧阳修在品尝好友建安太守梅尧臣寄新茶时的一番感慨。诗中"年穷腊尽春欲动……千人助叫声喊呀"两句描写了建安地方击鼓喊山、催芽生发的民俗。而"泉甘器洁天色好，坐中拣择客亦嘉。"一句，写出了饮茶的用水、器具、环境、客人等讲究。欧阳修与梅尧臣、蔡襄是好友，又都是爱茶之士，他曾为蔡襄的《茶录》写过后序，对蔡襄创新的"小龙团"十分赞赏。

喜得建茶
陆游

玉食何由到草莱，生龛初喜坼封开。
雪霏庾岭红丝碨，乳泛闽溪绿地材。
舌本常留甘尽日，鼻端无复嚏如雷。
故应不负朋游意，手挈风炉竹下来。

陆游曾到建州做了十年茶官，因此对建茶十分推崇，《喜得建茶》便是一首描述建茶的诗。作者通过描写茶叶的品质、制作过程和品茶时的愉悦感受，表达了对珍贵茶叶的喜爱和对友人相聚的期望。

四 明清时期的茶文学作品

明代是茶书大量出现的时期，在此期间共有茶书35种，占据全部古典茶书的一半以上。最能代表明代茶学成就的是张源的《茶录》和许次纾的《茶疏》，其次是闻龙的《茶笺》、田艺蘅的《煮泉小品》、黄龙德的《茶说》等。清陆廷灿的《续茶经》搜罗了作者之前的茶书资料。

《茶录》，明代张源所作，全书分采茶、造茶、辨茶、藏茶、火候、汤辨、汤用老嫩、泡法、投茶、饮茶、香、色、味、点染失真、茶变不可用、品泉、井水不宜茶、贮水、茶具、拭茶布、分茶盒、茶道、茶盏，共23则，关于茶叶的采制品饮等都有讲述，其中对于茶汤、选水等颇有见解。

《茶疏》，明代许次纾所著，全书分产茶、今古制法、采摘、炒茶、岕中制法、收藏、置顿、取用、包裹、日用置顿、择水、贮水、舀水、煮水器、火候、烹点、秤量、汤候、瓯注、荡涤、饮啜、论客、茶所、洗茶、童子、饮时、宜辍、不宜用、不宜近、良友、出游、权宜、虎林水、宜节、辨讹、考本，共36则，是明代茶学的集大成之作。

明清时期的茶诗词，不论内容还是形式上都比唐宋逊色不少。这是因为此时小说已经开始占文学主导地位，而诗词退居二线。

（一）描写名茶与品饮的诗词

爱茶歌

吴宽

汤翁爱茶如爱酒，不数三升并五斗。
先春堂开无长物，只将茶灶连茶臼。
堂中无事长煮茶，终日茶杯不离口。
当筵侍立为茶童，入门来谒惟茶友。
谢茶有诗学卢仝，煎茶有赋拟黄九。
茶经续编不借人，茶谱补遗将脱手。

平生种茶不办租，山下茶园知几亩。

世人可向茶乡游，此中亦有无何有。

此诗通俗易懂，将汤翁即作者描绘得活灵活现。"无何有"语出庄子《逍遥游》，意思是除了茶之外，什么都没有。

龙井茶
于若瀛

西湖之西开龙井，烟霞近接南山岭。
飞流密汩写幽壑，石磴纡曲片云冷。
拄杖寻源到上方，松枝半落澄潭静。
铜瓶试取烹新茶，涛起龙团沸谷芽。
中顶无须忧兽迹，湖州岂惧涸金沙。
漫道白芽双井嫩，未必红泥方印嘉。
世人品茶未尝见，但说天池与阳羡。
岂知新茗煮新泉，团黄分浤浮瓯面。
二枪浪自附三篇，一串应输钱五万。

这是一首描写龙井茶的诗，详细地介绍了龙井的产地、品质以及龙井泉的泉水，最后写道龙井茶二枪如团黄，它的嫩度和优异的品质可以和双井茶、北苑龙团茶媲美，所以非常珍贵，一串的价格值五万钱。读了这首诗，令人感到龙井茶的确不是一般的茶叶。明清时期，描写龙井茶的诗很多，除本诗外，还有屠龙《龙井茶》、陈继儒《试茶》、吴宽《谢朱懋恭同年寄龙井茶》，乾隆皇帝下江南时，也写下了四首咏龙井的诗《观采茶作歌（前）》《观采茶作歌（后）》《坐龙井上烹茶偶成》《再游龙井作》。

日铸茶
吴寿昌

越茗饶佳品，名输此地传。

根芽孤岭上，采焙早春前。
馀味回云雾，清芬试水泉。
幸辞团饼贡，风韵最自然。

吴寿昌，清乾隆时著名诗人，浙江绍兴人，进士出身。这首诗是他《乡物十咏》中的一首，与东浦酒、鉴湖菱、平水冬笋、陶堰艾糕、斗门鳗线等共同组成了歌咏绍兴特产的系列诗篇。该诗赞颂了日铸茶产地、采摘季节、茶之质地，最后一句"风韵最天然"，作了最好的概括。日铸茶，又称"日注茶""日铸雪芽"，产于绍兴县东南五十里的会稽山日铸岭，以御茶湾采出的茶叶制成的日铸茶为极品，日铸茶是我国历史名茶之一。早在唐朝，勤劳智慧的山阴（绍兴）人，就首先改变蒸青的茶叶制作方法，而创新性地使用了炒青工艺，生产出来的日铸茶广受欢迎。

煎 茶
文徵明

嫩汤自候鱼眼生，新茗还夸翠展旗。
谷雨江南佳节近，惠山泉下小船归。
山人纱帽笼头处，禅榻风花绕冀飞。
酒客不通尘梦醒，卧看春日下松扉。

文徵明（1470—1559年）的这首诗描写了诗人煎茶的过程，讲究"嫩汤"，品用"新茗"，水用"惠山泉"，后几句讲到诗人的悠闲品茗之情。明清时期，惠山泉继唐宋之后更加闻名，有许多歌咏惠山泉的诗词，文徵明还绘有《惠山文会图》。清乾隆皇帝南巡时也到惠山泉品水，还赋了首诗："惠泉画麓东，冰洞喷乳糜。江南称第二，盛名实能副。流为方圆池，一倒石栏甃。圆甘而方劣，此理殊难究。对泉三间屋，朴断称雅构。竹炉就近烹，空诸大根馔。"

题《事茗图》
唐寅

日长何所事，茗碗自赍持。

料得南窗下，清风满鬓丝。

文徵明与唐寅（1470—1522年）都是明代江南才子，两人相交甚好，都是爱茶之人。此二人均有多篇茶诗画存世，其中大部分茶诗均题于画上。此诗也是题于唐寅所做《事茗图》上，一副悠闲洒脱之意。

（二）描写采茶制茶的诗词

采茶词
高启

雷过溪山碧云暖，幽丛半吐枪旗短。
银钗女儿相应歌，筐中采得谁最多？
归来清香犹在手，高品先将呈太守。
竹炉新焙未得尝，笼盛贩与湖南商。
山家不解种禾黍，衣食年年在春雨。

这是一首描写茶农辛苦生活的诗，十分具有生活气息，其中采茶的部分写道采茶姑娘相互应歌，十分生动传神。

茗理并序
朱升

茗之带草气者，茗之气质性也。茗之带花香者，茗之天理之性也。治之者贵乎除其草气，发其花香，法在抑之扬之间而已。抑之则实，实则热，热则柔，柔则草气渐除。然恐花香因而太泄也，于是复扬之。迭抑迭扬，草气消融，花香氤氲。茗之气质变化天理浑然之时也，漫成一绝。

一抑重教又一扬，能从草质发花香。
神奇共诧天之妙，易简无令物性伤。

此诗是对炒青绿茶炒青工艺的分析和描述,强调"天理浑然",要遵循"易简无令物性伤"之理,其中"抑扬"结合的手法至今为炒青工艺所用。亦有学者认为是对于早期乌龙茶工艺的描述。

五 近现代茶文学

近现代,我国的茶叶产业经历了从低迷到复兴的阶段,茶诗的选材也越发广泛,格调新颖。由于白话文学的兴起,古典诗词的创作较少,下面介绍两首具有代表性的茶诗。

茶诗论长寿

朱德

庐山云雾茶,味浓性泼辣。若得长年饮,延年益寿法。

1959年,朱德在庐山植物园品饮"庐山云雾茶"之后,顿觉心旷神怡,精神大振,因而诗兴大发,当即写下这首五言绝句。这首茶诗充分表达了朱德知茶、爱茶、信茶的情感。他深知"庐山云雾茶"产地环境条件得天独厚,海拔高,土壤肥沃,云雾多,从而使茶叶内含物质丰富,茶叶品质优良,滋味浓烈。并根据他多年饮茶保健的经验,断定凡此好茶,只要坚持常年饮用,必定有益于人体健康,达到益寿延年的目的。

初饮高桥银峰

郭沫若

芙蓉国里产新茶,九嶷香风阜万家。
肯让湖州夸紫笋,愿同双井斗红纱。
脑如冰雪心如火,舌不忘来眼不花。
协力免教天下醉,三闾无用独醒嗟。

郭沫若（1892—1978年），现代文学家，此诗是他到湖南高桥茶叶试验场品尝1959年新创的高桥银峰茶时所作。

近现代，有关茶事的散文颇多，如鲁迅《喝茶》、梁实秋《喝茶》、林语堂《茶与交友》、冰心《我家茶事》、秦牧《敝乡茶事甲天下》、贾平凹《品茶》和陆文夫《茶缘》等。鲁迅在《药》这小说中有提及茶馆；沙汀的小说《在其香居茶馆里》，故事就是发生在茶馆。当代第一部长篇小说是陈学昭《春茶》，描写了西湖龙井产区从合作社到公社化的历程。20世纪80年代以来，有关茶事的小说更是层出不穷，如曾宪国《茶友》、蔻丹《壶里乾坤》、宋清梅《茶殇》等。王旭峰《茶人三部曲》则代表了当代茶事小说的最高成就，小说分《南方有嘉木》《不夜之侯》《筑草为城》三部，描写了杭州茶叶商人四代人起伏跌宕的命运，以一个茶庄百年的兴衰，将中国百年的历史变革和华茶百年来的兴衰展现在读者眼前。23集大型民族题材电视连续剧《茶马古道》描写的是，1942年第二次世界大战期间，抗日战争进入到最艰苦的阶段，缅甸沦陷，日军侵犯云南的畹町、龙陵、腾冲，滇缅公路被迫中断，由此，最后一条通往中国战区的通道也被切断，使外国援华的物资无法从缅甸运入中国。在中华民族处于危难之时，贯穿滇、川、藏直达印度出海口的茶马古道成了唯一能运送国际援华物资的地面通道。拉萨成了中国大西南商旅云集的商业大城市。这时候，藏族、汉族、纳西族、白族、普米族、回族、彝族等各民族的马帮组成浩浩荡荡的民间商队，延续着他们世世代代血脉相连的命运，走上茶马古道。

【第二节】茶谚和茶联

 一　茶谚

茶谚是指关于茶叶饮用和生产经验的概括和表述，并通过谚语的形式，采取口传心记的办法来保存和流传。它并不与茶同时期出现，而是茶叶生产、饮用发展到一定阶段才产生的一种文化现象。就其内容或性质来分，大致可分为茶叶饮用和茶叶生产两类，也可细分为饮用的礼俗、品饮、茶树种植、茶园管理等。

1. 饮茶礼俗

①客到茶烟起。（客来敬茶敬烟，是浙江湖州地区最普遍的礼俗，茶是招待客人的必备之品。）

②茶七酒八。茶满欺负人，酒满敬客人。（此处讲的就是斟茶时七分满即可，因为如果茶太满，客人端起来品饮时容易洒出，从而烫到客人。）

③三茶六饭。（形容招待得非周到。）。

④茶香留客住，重叙故乡情。

⑤待客茶为先。

2. 茶在日常生活中的重要性

①开门七件事，柴米油盐酱醋茶。

②宁可一日不食，不可一日无茶。

③白天皮包水，晚上水包皮。（白天多喝茶，是"皮包水"；晚上在澡堂泡澡，即"水包皮"，其中蕴含：以饮茶洗涤内脏，以汤浴清洗肌肤，内外清爽，延年益寿。）

④吃饭勿过饱，喝茶勿过浓。

3. 茶的冲泡品饮

①头交水，二交茶。（茶要到第二道才出味。）

②头茶苦，二茶涩，三茶好吃摘勿得。

③头茶苦，二茶补，三汁四汁解罪过。

④姜是老来辣，茶是后来配。

⑤酒头茶尾最精华。（此句是说潮汕地区泡工夫茶时，先倒出的浓度较低，而最后面倒出的茶水，才是精华部分）。

⑥好茶不怕细品。

⑦嫩香值千金。（细嫩的绿茶香气中带有嫩香，此句是对新茶嫩芽的赞美。）

⑧时新茶叶陈年酒。

⑨头茶气芳，二茶易馊，三茶味薄。

4. 好水配好茶

①金沙泉中水，顾渚山上茶。
②扬子江中水，蒙山顶上茶。
③龙潭水，碧坞茶。
④半月泉中水，东山岭上茶。
⑤龙井茶，虎跑水，天下一绝。

这几句讲的都是好水与好茶的出处，虽然内容各有不同，但却表示出不同地方的好茶宜配好水。

5. 茶树栽培经验

如下谚语是对于茶叶生产栽培的经验总结，具有实际生产指导意义。

①平地有好花，高山有好茶。
②砂土杨梅黄土茶。
③细雨足时茶户喜。
④惊蛰过，茶脱壳。
⑤谷雨茶，满地抓。
⑥向阳好种茶，背阴好插柳。
⑦茶叶不怕采，只要肥料待。
⑧七挖金，八挖银。（此条说明茶园伏耕的必要性和重要性。七、八指夏历七月八月。）
⑨见铁三分肥。（锄草松土，茶园肥旺。）
⑩留叶采摘，常采不败。（此条说明采茶要留叶采摘，才能采后再发。）
⑪茶籽采得多，茶园发展快。（过去多采用茶籽育苗，因此，茶籽采得多，茶园发展得快。）
⑫拱拱虫，拱一拱，茶农要吃西北风。（这句话是说，茶树易受拱拱虫影响，严重时茶光要被虫吃光，茶农颗粒无收。拱拱虫是茶尺蠖的俗名，是中国茶树主要害虫之一。）
⑬头茶勿采，二茶勿发。（头批春茶不采摘，第二批茶将会受影响。）
⑭清明发芽，谷雨采茶。
⑮片叶下山，越采越发。

⑯早采为茶，晚采为茗。

⑰立夏茶，夜夜老，小满后茶变草。

⑱早采三天是宝，迟采三天是草。

⑲夏茶养丛，秋茶打顶。

⑳立夏过，茶生骨。

㉑嫩茶轻，老茶重。（以上几句都是关于采茶经验的谚语，告诉大家采茶主要根据春、夏、秋三季茶叶的不同情况，适时采摘，合理采摘，合理留养。）

㉒茶叶好比时辰草，日日采来夜夜炒。

㉓茶叶本是时辰草，早三日是宝，迟三日是草。

㉔一季茶叶一场病，一年茶叶半条命。（反映茶园生产并非易事。）

6. 茶的保健作用

①姜茶治病，糖茶和胃。

②浓茶猛烟，少活十年。

③粗茶淡饭不喝酒，一定活到九十九。

④午茶提精神，晚茶难入眠。

⑤常喝茶，少蛀牙。

茶联

茶联，就是有关于茶的对联，多出现在茶馆，其中有许多关于茶、饮茶、茶道等内容。

①坐，请坐，请上座

　茶，敬茶，敬香茶

据传，此联出自郑板桥之手。一日，郑板桥到一寺庙拜访方丈，方丈见他就是个贫穷书生模样，便说道，"坐"，对着旁边的小和尚说道，"茶"。与郑板桥聊了一会，发现他谈吐不凡，于是请他到厢房，说"请坐"，并吩咐小和尚："敬茶"。再聊了一会儿，发现原来此人正是郑板桥，于是更加尊敬，连忙将他请到方丈室，一面说道"请上座"，一面吩咐"敬香茶"。方丈知道郑板桥是书法名家，于是请他为寺庙写副对联。于是，郑板桥便将方丈的几句话写成了如上的对联。此联即景生情，对仗工整，又寓意深刻，郑板桥的对联是对那种"看人下菜碟"的势利眼的嘲讽，是对敬茶失礼的批评。

②为名忙，为利忙，忙里偷闲，且喝一杯茶去

　劳心苦，劳力苦，苦中作乐，再倒一杯酒来

这是蜀地早年一家茶馆兼酒店的门上对联，联中写出了人的一生，忙忙碌碌，辛辛苦苦，但是在忙之中，在苦之中，喝杯茶，饮杯酒，将辛苦暂时抛于脑后，得到一份逍遥的生活态度。

③山好好，水好好，入亭一笑无烦恼

　来匆匆，去匆匆，饮茶几杯各西东

这是以前福建的一座茶亭上的茶联，联中写到旅行之事，人在旅途，有好山好水相伴，大家在亭中休息时喝上几杯茶，谈笑间便将旅途的艰辛抛弃，然而大家都是来去匆匆，休息完毕便又各奔东西。这副茶联不仅写出了茶亭的作用，还把人在旅途的艰辛都化为轻松一笑，行人若行经此亭，自然会停下休息，饮几杯茶，会心一笑。

④陶潜喜饮，易牙喜烹，饮烹有度

　陶侃惜分，夏禹惜寸，分寸无遗

这是广州陶陶居茶楼三楼上的一副茶联，联中巧妙引用了四个典故，实为劝告世人要饮食有度，珍惜时光。

【第三节】茶与书画

唐代，茶事盛行，因此有关茶的画作也开始出现。茶画，是现代的说法，传统的国画分类中并无此类，而是随着近代茶文化的发展而出现的专有名词，是有关茶的画作的总称。有些画作是因茶而画，有些画作的主题并非茶（特别是古代的画作），但其中有关于茶的部分，也归于茶画之中。画是记录历史的最直接的形象载体。从不同时代的茶画中，可以直观地看到不同的茶文化现象，从而更加清晰地了解茶文化在不同时期的不同表现。下面介绍几幅较有历史意义的茶画。

一　茶画

1.《萧翼赚兰亭图》

这是最早一幅描述茶事活动的茶画，现存台北故宫博物院，为初唐画家阎立本所作。图中描述了大臣萧翼奉了唐太宗之命骗取辩才和尚的王羲之《兰亭集序》真迹的故事。画中共5人，辩才老和尚坐在中间，右侧为萧翼，正与辩才交谈，中立一个年轻的侍者。画的左边有位老者和童子正在烹茶。只见老者守在一风炉旁，炉上有一锅，其中茶汤似已沸腾，老者手持"茶夹"，一边掌握着茶汤的火候，一边还观察着主宾交谈的情况。对面的童子端着茶托盏，准备奉茶，旁边桌子上放有茶罐茶碗等，十分生动。此作被称为"一件最早的反映唐代饮茶生活的绘画作品。"

2.《调琴啜茗图》

《调琴啜茗图》是反映唐代宫廷饮茶的图画，现藏于美国纳尔逊·艾金斯艺术博物馆，此图由周昉所作，画中描绘了三位衣着华丽、体态丰满的贵妇人，其中一位在弹琴，一位手捧茶盏于唇边，一边品茗，一边赏乐，另一妇人在凝神倾听。其旁还有两位奉茶的侍女。

3.《文会图》

描述文人茶会的《文会图》，现藏于台北故宫博物院，宋徽宗赵佶所作，图中描绘了文人聚会品茗的场景。中间一张巨大的桌子放在庭院之中，其上尽是佳肴，众多士人环桌而坐，神态各异，或高谈阔论，或静坐倾听，或举杯品饮，形态文雅；侍者或端捧杯盘，往来其间，或在炭火旁忙着点茶分茶，其场面气氛热烈，神态微妙，堪称人物图画的佳品。画中的茶具甚多，与赵佶在《大观茶论》中提到的茶器多有类似，可谓是宋代点茶法场景的形象再现。

4.《斗茶图》

《斗茶图》为元代赵孟頫所作，现藏于台北故宫博物院。斗茶是宋元时期盛行的就茶叶品质和点茶技艺进行比试的活动，又称"茗战"。图中有四人，身旁均放着茶担，担子上茶具、炉具一应俱全。左前一人一手执茶碗，一手提着茶桶，神态自若，似已胜券在握。其后一人正一手执壶，一手执茶碗，仔细地注水。右边的两位凝神注目，静观这二人比试的结果。此图人物生动传神，极富感染力，斗茶的紧张气氛仿佛都能透着画卷传达出来，是茶画中不可多得的佳作。

5. 明代才子的茶画

明代才子中的唐寅、文徵明、仇英可谓是爱茶之人，作的茶画也较多。文徵明的《茶具十咏图》（现藏于北京故宫博物院），图中描绘了一古树参天的庭院，一位隐士等待客人品茶的场景，图上方书写了十首诗《茶具十咏》，从诗图中可以读到文徵明对于茶的研究和理解。其还作有《惠山茶会图》（现藏于北京故宫博物院），也是佳作，描绘了古人吟诗品茗，游山试泉的雅趣。另有《乔林煮茗图》（现藏于北京故宫博物院）《林榭煎茶图》（现藏于天津艺术博物馆）。

唐寅《品茶图》（现藏于台北故宫博物院），图中描绘山中的一位老者正与小童悠闲品茶，图上有诗"买得青山只种茶，峰前峰后摘春芽；烹煎已得前人法，蟹眼松风候自嘉。"另有《事茗图》（现藏于北京故宫博物院）《琴士图》《卢仝煎茶图》等。

仇英《松亭试泉图》，画中层峦飞瀑，流入林溪间，溪边一亭，两人正于亭中饮茶，一童子在溪边汲水，一派悠闲风景。另有《烹茶洗砚图》《陆羽烹茶图》《园居图》《松溪论画图》等画作。

二 与茶有关的书法作品

书法是中华文明最可宝贵的文字艺术，包含中国人高尚的、特殊的审美情趣。在悠久的书法历史中，有众多的名人书法作品，是以有关茶事的书信手札、诗词文章等为主要内容的。最早的关于茶事的手札是唐怀素的《苦笋帖》："苦笋与茗异常佳，乃可径来。怀素上。"怀素是草书大家，其书法以"狂"著称。此帖文字笔势俊健，一气呵成，其字忽大忽小，其笔画忽连忽断，线条似飞动跳跃，又刚劲有力，变幻无穷。

历史上的许多书法大家同时又是爱茶之人，其所作的有关茶事的书信手札、诗词文章等均可视为书法作品，如苏轼、米芾、八大山人、郑板桥等。其作品列举一二。

苏轼《啜茶帖》"道源无事，至今可能罔顾啜茗否？有少时须至面白。孟坚必已安也。轼上,恕草草。"此帖是苏轼于宋元丰三年(1080年)写给道源的信,邀其来饮茶。此札用行书,用墨丰赡而骨力洞达。

幼孚斋中试泾县茶
汪士慎

不知泾邑山之涯,春风茁此香灵芽。
两茎细叶雀舌卷,蒸焙工夫应不浅。
宣州诸茶此绝伦,芳馨那逊龙山春。
一瓯瑟瑟散轻蕊,品题谁比玉川子。
共向幽窗吸白云,令人六腑皆芳芬。
长空霭霭西林晚,疏雨湿烟客忘返。

汪士慎,字近人,号巢林,扬州八怪之一。由于他排行第六,并嗜茶如癖,他的朋友金农常称其"汪六"或"茶仙"。晚年双目失明,但仍能作画,颇有名望。

此诗描写了诗人品饮泾县茶的感受,赞美此茶的品质优越。此诗是隶书中的精品。值得一提的是,条幅上有"左盲生"一印,说明此诗作于他左眼失明后。这幅作品通篇笔致动静相宜,方圆合度,结构精到,茂密而不失空灵,整饬而暗相呼应。

金农的《玉川子嗜茶》。金农也是扬州八怪之一,其书法方正朴拙,人称"漆书"。金农嗜茶,其书法作品中有几件涉及茶。其中《玉川子嗜茶》便是此类代表作,内容为:"玉川子嗜茶,见其所赋茶歌,刘松年画此,所谓破屋数间,一婢赤脚举扇向火。竹炉之汤未熟,长须之奴复负大瓢出汲。玉川子方倚案而坐,侧耳松风,以候七碗之入口,而谓妙于画者矣。茶未易烹也,予尝见《茶经》《水品》,又尝受其法于高人,始知人之烹茶率皆漫浪,而真知其味者不多见也。呜呼,安得如玉川子者与之谈斯事哉!稽留山民金农。"

金农写过《述茶》一轴,内容为:"采英于山,著经于羽;荈烈荿芳;涤清神宇。"他还写过苏东坡的茶诗:"敲火发山泉,烹茶避林樾。明窗倾紫盏,色味两奇绝。吾生服食耳,一饱万想灭。颇笑玉川子,饥弄三百月。岂如山中人,睡起山花发。一瓯谁与同,门外无来辙。"

【第四节】茶歌舞

一 茶歌舞

茶歌舞是人们在茶叶生产消费的过程中衍生出来的一种文化现象。茶歌的来源可分为三种。

第一种，由文人创作后流入民间传唱。《全唐诗》中，如皎然的《茶歌》、卢仝的《走笔谢孟谏议寄新茶》、刘禹锡的《西山兰若试茶歌》等，都是茶歌。宋熊蕃在十首《御苑采茶歌》的序文中称："先朝漕司封休睦，自号退士，曾作《御苑采茶歌》十首，传在人口……蕃谨抚故事，亦赋十首献漕使。"这里所说的"传在人口"，就是流传在百姓之间、被反复咏唱的意思。范仲淹的《和章岷从事斗茶歌》亦是脍炙人口的佳作。

第二种，由文人将民谣整理配曲再返回民间，如明清时期杭州富阳一带流行的《贡茶鲫鱼歌》，是由正德九年按察检事韩邦奇根据《富阳谣》改编。其歌曰："富阳山之茶，富阳江之鱼，茶香破我家，鱼肥卖我儿。采茶妇，捕鱼夫，官府拷掠无完肤，皇天本圣仁，此地一何辜？鱼兮不出另县，茶兮不出别都，富阳山何日摧？富阳江何日枯？山摧茶亦死，江枯鱼亦无，山不摧江不枯，吾民何以苏！"歌中用反复的问句倾诉了富阳人民被贡茶和贡鱼弄得民不聊生的情况，韩邦奇后因反对贡茶得罪皇帝，以"怨谤阻绝进贡"罪，被押囚京城多年。

第三种，是民间创作，即由人们在茶叶生产劳动过程中创作出来的，这部分是中国茶歌的主要来源。民间茶歌在多个省份的方志中都有记载，如江西、福建、浙江、湖南、湖北、四川等。这些歌曲在发展的过程中形成了特有的"采茶调"，成为我国传统民歌的一种形式。"采茶调"属于汉族的民歌，在我国的少数民族也有不少如"打茶调""敬茶调""献茶调"等曲调。藏族牧民在挤奶时，有"挤奶调"；宴会时，唱"敬酒调"；青年男女相会时，唱"打茶调""爱情调"。

下面是一首清代流传在山西的茶歌，歌中描述了茶工的艰辛与无奈，歌词为：

清明过了谷雨边，背起包袱走福建。
想起福建无走头，三更半夜爬上楼。

> 三捆稻草搭张铺，半碗腌菜半碗盐。
> 茶叶下山出江西，吃碗青茶赛过鸡。
> 采茶不幸真不幸，三夜没有两夜眠。
> 茶树底下冷饭吃，灯火旁边算工钱。
> 武夷山上九条龙，十个包头九个穷。
> 年老穷了靠双手，老来穷了背竹筒。

《采茶舞曲》是浙江民歌，作于1958年，由周大风作词曲，全曲以越剧的音调为素材，具有舞蹈风格。1987年，《采茶舞曲》被联合国科教文组织作为亚太地区优秀民族歌舞保存起来，并被推荐为浙江地区的音乐教材。这是中国历代茶歌茶舞得到的最高荣誉。

其歌词为："溪水清清溪水长，溪水两岸好呀么好风光。哥哥呀你上畈下畈勤插秧，妹妹们东山西山采茶忙。插秧插到大天亮，采茶采到月儿上；插得秧来匀又快，采得茶来满山香，你追我赶不怕累，敢与老天争春光，争呀么争春光。"

茶舞中最著名的要数福建《采茶扑蝶》。其舞者由若干女子组成，身着传统服饰，鱼贯而入，一手执扇，一手执灯。其曲调欢快愉悦，歌词清爽，舞蹈欢快优美，描绘了茶农们愉快采茶的场景。

二 采茶戏

采茶戏又称"茶歌""采茶歌""唱采茶""灯歌""采茶灯""茶篮灯"等，大都形成于清中期到末期，是福建、安徽、两湖、两广等省区的一种戏曲类别。采茶戏最早发源于江西，由"采茶歌""茶灯"等融入其他艺术发展而来。采茶戏剧种繁多，如湖北的"阳新采茶戏""黄梅采茶戏"、广东的"粤北采茶戏"等。其中江西的剧种较多，有"赣南采茶戏""抚州采茶戏""南昌采茶戏""武宁采茶戏""吉安采茶戏""景德镇采茶戏"和"宁都采茶戏"等。

随着历史的发展，采茶戏逐渐演变成为反映人们生活的剧种，虽然起源于采茶活动，但时至今日，大部分采茶戏的内容已经与茶叶无关。目前与茶有关的采茶戏有赣南采茶戏中的《茶童戏主》《采茶歌》，景德镇采茶戏的《姑嫂摘茶》，吉安采茶戏的《茶亭会》等。各地的采茶戏表演形式不同，如赣南采茶戏以演"三小戏"

为主，分小生、小旦、小丑，曲牌分茶腔、灯腔、路腔和杂调四种，俗称"三腔一调"，多以扇子作道具。小生多表演青年男子，小旦则表演年轻妇女，小丑多表演懒汉、浪荡公子一类。而闽西采茶戏则有"八角头"，音乐以茶歌、小调为主，多以花帕彩伞做道具。

20世纪50年代以来，随着我国戏剧事业的成长，戏剧舞台上也出现了一批以茶事、茶馆为背景的话剧与电影，著名的有老舍《茶馆》等。

【扩展阅读】 《叶嘉传》 宋·苏轼

叶嘉，闽人也。其先处上谷，曾祖茂先，养高不仕，好游名山，至武夷，悦之，遂家焉。尝曰："吾植功种德，不为时采，然遗香后世，吾子孙必盛于中土，当饮其惠矣。"茂先葬郝源，子孙遂为郝源民。

至嘉，少植节操。或劝之业武。曰："吾当为天下英武之精，一枪一旗，岂吾事哉。"因而游，见陆先生，先生奇之，为著其行录传于世。方汉帝嗜阅经史时，建安人为谒者侍上，上读其行录而善之。曰："吾独不得与此人同时哉！"曰："臣邑人叶嘉，风味恬淡，清白可爱，颇负其名，有济世之才，虽羽知犹未详也。"上惊，敕建安太守召嘉，给传遣诣京师。郡守始令采访嘉所在，命贲书示之。嘉未就，遣使臣督促。郡守曰："叶先生方闭门制作，研味经史，志图挺立，必不屑进，未可促之"。亲至山中，为之劝驾，始行登车。遇相者揖之曰："先生容质异常，娇然有龙凤之姿，后当大贵"。嘉以皂囊上封事。

天子见之曰："吾久饫卿名，但未知其实耳，我其试哉。"因顾谓侍臣曰："视嘉容貌如铁，资质刚劲，难以遽用，必捶提顿挫之乃可。"遂以言恐嘉曰："砧斧在前，鼎镬在后，将以烹子，子视之如何？"嘉勃然吐气曰："臣山薮猥士，幸惟陛下采择至此，可以利生，虽粉身碎骨，臣不辞也。"上笑，命以名曹处之，又加枢要之务焉。因诫小黄门监之。有顷报曰："嘉之所为，犹若粗疏然。"上曰："吾知其才，第以独学未经师耳。嘉为之，屑屑就师，顷刻就事，已精熟矣。"上乃敕御史欧阳高、金紫光禄大夫郑当时、甘泉侯陈平三人，与之同事。欧阳嫉嘉初进有宠，曰："吾属且为之下矣。"计欲倾之。会天子御延英，促召四人。欧但热中而已；当时以足击嘉；而平亦以口侵陵之。嘉虽见侮，为之起立，颜色不变。

欧阳悔曰:"陛下以叶嘉见托吾辈,亦不可忽之也。"因同见帝,阳称嘉美,而阴以轻浮訾之。嘉亦诉于上。上为责欧阳,怜嘉,视其颜色,久之,曰:"叶嘉真清白之士也,其气飘然若浮云矣。"遂引而宴之。少选间,上鼓舌欣然曰:"始吾见嘉,未甚好也;久味之,殊令人爱,朕之精魄,不觉洒然而醒;书曰:'启乃心,沃朕心',嘉元谓也。"于是封嘉为钜合侯,位尚书。曰:"尚书,朕喉舌之任也。"

由是宠爱日加。朝廷宾客,遇会宴享,未始不推于嘉。上日引对,至于再三。后因侍宴苑中,上饮逾度,嘉辄苦谏。上不悦曰:"卿司朕喉舌,而以苦辞逆我,余岂堪哉。"遂唾之,命左右仆于地。嘉正色曰:"陛下必欲甘辞利口,然后爱耶?臣言虽苦,久则有效,陛下亦尝试之,岂不知乎?"上顾左右曰:"始吾言嘉刚劲难用,今果见矣。"因含容之,然亦以是疏嘉。嘉既不得志,退去闽中。既而曰:"吾未如之何也,已矣。"上已不见嘉月余,劳于万几,神思困,颇思嘉。因命召至,喜甚,以手抚嘉曰:"吾渴见卿久也。"遂恩遇如故。上方欲以兵革为事。而大司农奏计国用不足,上深患之,以问嘉。嘉为进三策。其一曰:榷天下之利,山海之资,一切籍于县官。行之一年,财用丰赡。上大悦。兵兴有功而还。上利其财,故榷法不罢。管山海之利,自嘉始也。居一年,嘉告老。上曰:"钜合侯其忠可谓尽矣。"遂得爵其子。又令郡守择其宗支良者,每岁贡焉。嘉子二人。长曰抟,有父风,袭爵。次曰挺,抱黄白之术。比于抟,其志尤淡泊也。尝散其资,拯乡闾之困,人皆德之。故乡人以春伐鼓,大会山中,求之以为常。

赞曰:今叶氏散居天下。皆不喜城邑,惟乐山居。氏于闽中者,盖嘉之苗裔也。天下叶氏虽夥,然风味德馨,为世所贵,皆不及闽。闽之居者又多,而郝源之族为甲。嘉以布衣遇天子,爵彻侯,位八座,可谓荣矣。然其正色苦谏,竭力许国,不为身计,盖有以取之。夫先王用于国有节,取于民有制,至于山林川泽之利,一切与民。嘉为策以榷之。虽救一时之急,非先王之举也。君子讥之。或云管山海之利,始于盐铁丞孔仅、桑弘羊之谋也。嘉之策未行于时,至唐赵赞始举而用之。

参 考 文 献

[1] 衣萍. 采茶戏的名与实——采茶戏若干问题辨析[J]. 农业考古, 2003, 02: 170-174.

[2] 夏涛. 中华茶史[M]. 合肥: 安徽教育出版社, 2008.

[3] 徐晓村. 茶文化学[M]. 北京: 首都经济贸易大学出版社, 2009.

[4] 黄仲先. 中国古代茶文化研究[M]. 北京: 科学出版社, 2010.

[5] 胡丹. 中国茶与书画篆刻艺术的契合[M]. 北京: 光明日报出版社, 1999.

[6] 沈海宝. 饮茶诗话[M]. 兰州: 甘肃人民出版社, 1986.

第十章

茶文化与社会功能

【第一节】茶文化在现代社会的发展

茶文化与
社会功能

一 茶道、茶德精神的新发展

"茶道"二字最早出现于唐代皎然和尚的诗中"孰知茶道全尔真,唯有丹丘得如此"。认为饮茶有道,古代的佛教徒在饮茶中静心自悟,体会茶禅一味的真谛。唐宋时期日本僧人来中国留学,将佛门茶事学了回去,由于统治阶级对茶道的重视,因而,茶道在日本发展起来。1977年,谷川激三先生在《茶道的美学》一书中,将茶道定义为以身体动作作为媒介而演出的艺术,包含了艺术因素、社交因素、礼仪因素和修行因素四个因素。滕军博士在《日本茶道文化概论·茶道解》中也写道:"茶道是日本文化的结晶……茶道被称为是应用化了的哲学,艺术化了的生活"。在日本,茶道被提到很高的地位。我国茶人也对新时代茶道的内容进行了阐述,丁文先生专门撰文《中国茶道》,认为"茶道是一门以饮茶为内容的文化艺能,是茶事与传统文化的完美结合,是社交礼仪、修身养性和道德教化的手段。"陈香白先生提出了茶道的具体内容,认为茶道包括"七义一心","七义"包括"茶艺、茶德、茶礼、茶理、茶情、茶学说、茶导引","一心"即茶道的核心是"和",完整系统地阐述了茶道的内涵。

"茶德"即为茶道精神,也有人认为是茶道的内涵。陆羽在《茶经》中认为茶最宜精行俭德之人,后来唐代刘贞亮对茶德进行了概括,认为茶有十德。日本人认为茶道精神是"和、敬、清、寂","和"即强调主人对客人要和气,客人与茶事活动也要和谐。"敬"表示相互承认,相互尊重,并做到上下有别,有礼有节。"清"是要求人、茶具、环境都必须清洁、清爽、清楚,不能有丝毫的马虎。"寂"是指整个茶事活动要安静,神情要庄重,主人与客人都是怀着严肃的态度,不苟言笑地完成整个茶事活动。韩国也提出了"和、敬、俭、真"的茶道精神。中国台湾学者提出茶道精神可用"清、敬、怡、真"概括。"清"是指"清洁""清廉""清静""清寂"。茶艺的真谛不仅要求事物外表之清,更需要心境清寂、宁静、明廉、知耻。"敬"是万物之本,敬乃尊重他人,对己谨慎。"怡"是欢乐怡悦。"真"是真理之真,真知之真。饮茶的真谛,在于启发智慧与良知,使人生活得淡泊明志、俭德行事,臻于真、善、美的境界。茶学大师庄晚芳先生认为茶德可以概括为"廉、美、和、敬",

并对这四字进行了解释,"廉"即廉俭育德,"美"为美真康乐,"和"即和诚处世,"敬"为敬爱为人。程启坤先生认为中国茶德是"理、敬、清、融"。茶界著名学者、上海茶叶学会理事长钱梁先生从茶的周而复始,尽情抽发出新芽的现象概括出更高层次的"茶人"应有的情操和精神风貌:"默默无私的奉献精神,有博大的胸怀,为人类造福。"

二 饮茶技艺——茶艺的创新与发展

饮茶讲究茶品、器具、火候、水质,因此需要经验和技术,而操作的过程技巧性很强,本身又是一门艺术,因此称为"茶艺"。在唐代,茶人已经很讲究饮茶的技艺了。陆羽《茶经》六之饮写道:"茶有九难,一曰造,二曰别,三曰器,四曰火,五曰水,六曰炙,七曰末,八曰煮,九曰饮",认为品茶应善于鉴茗、品水、看火、辨器。从陕西法门寺出土的唐代宫廷茶具也证明了当时饮茶器具之多,对茶具精美、奢华的追求。到了宋代饮茶风气日盛,对茶艺的追求也更为精致。首先,对茶品的追求达到了极致,当时制造的贡茶"龙团凤饼"对原料、工艺都很讲究,而且上面还要压上龙凤图案。其次,对茶技有很高的要求,当时斗茶之风盛行,分茶法要求在泡好的茶汤上面幻化出各种图案来。欧阳修曾倡导品茶必须茶新、水甘、器洁,再加上天朗、客嘉,五美具备方为品茶之真趣。明代由于散茶制造大为发展,饮茶方式也向清净、愉悦、闲适方向发展。朱权的《茶录》对此进行了描述,对饮茶之人、品茗环境、饮茶方法、饮茶礼仪进行了详尽的描绘。

在当代,一些社会学家和茶叶界人士对"茶艺"的概念进行了界定,范增平在1987年对茶艺的概念进行了广狭义的解释,指出:"广义的茶艺是研究茶叶的生产、制造、经营、饮用的方法和探讨茶业原理、原则,以达到物质和精神全面满足的学问。"而狭义的解说是:"研究如何泡好一壶茶的技艺和如何享受一杯茶的艺术"。蔡荣章在1992年提出:"茶艺应强调有形的动作部分,认为茶叶的冲泡过程不只是把茶叶的品质完美发挥的技能,本身也是一种发展个性的表演艺术"。王玲提出:"茶艺和茶道精神是茶文化的核心。我们这里说的'艺'是指制茶、烹茶、品茶等茶艺之术;我们这里所说的'道'是指茶艺过程中所贯彻的精神。"丁文提出:"茶艺是指制茶、烹茶、饮茶的技术,技术达到炉火纯青便成一门艺术。"陈香白认为:

"茶艺就是泡茶的技艺和品茶的艺术。其中又以泡茶的技艺为主体,因为只有泡好茶后才谈得上品茶。"陈文华也认为茶艺应是"专指泡茶的技艺和品茶的艺术而言,是茶道的载体,具有独立存在的价值。"

陈文华对当前社会上的茶艺表演进行了归类,认为目前国内茶艺表演分为三种类型:传统茶艺、加工整理和仿古创新。传统茶艺是指在我国民间最流行的茶叶冲泡技艺,主要包括四川及北方地区的盖碗茶(以冲泡花茶为主,也有用盖碗冲泡绿茶的)、闽广港台地区的小壶小杯的工夫茶,专泡乌龙茶江浙地区的玻璃杯冲泡名优绿茶。加工整理型是指对民间自发状态的传统茶艺进行艺术化、规范化的整理,例如,"台湾工夫茶艺"就是对潮汕工夫茶艺的改良与提高。仿古创新型的茶艺,仿古类主要是根据文献和考古资料复原古人的品茗活动;创新类则是根据一定主题编创反映现实生活的茶艺活动,主要有江西的文士茶、福建的惠安女茶俗、湖南的洞庭茶俗、上海乔木森创制的"太极茶道"、杭州的"龙井问茶"等复古或创新的茶艺。丁以寿也对当前的茶艺进行了归类整理,认为根据中国饮茶历史以及习茶法,茶艺可分为煎茶茶艺、点茶茶艺、泡茶茶艺三大类,而根据泡茶的器具不同可归类为:工夫茶艺、壶泡茶艺、盖杯泡茶艺、玻璃杯泡茶艺、工夫法茶艺(指当代茶人借鉴茶具和泡法冲泡非青茶类的茶)五大类。也有人将现代茶艺分为两种类型,即休闲型和表演型,休闲型茶艺主要在茶艺馆表演。表演型的茶艺又包括民族型、宫廷型、地方型、文士型、寺院型、少儿型、科普型。寇丹提出了"主题茶艺"的概念,认为自唐代以来的茶会、茶宴都是有主题的,茶艺的主题能体现人与茶结合的形式和内容,以及这种结合对人对社会产生的影响。

【第二节】茶馆文化

一 茶馆文化的内涵

茶馆文化是指以茶馆为中心并向外延伸,围绕茶馆所进行的茶事活动和与之相关的文化娱乐活动，还包括在这些文化活动基础上形成的一系列民俗文化的内容。其内容和形式都是以茶为载体，以馆为展示场所，综合音乐、诗画、茶艺表演等多种艺术形式来表达茶与人的思想感情、生活情趣、道德和价值观念，给人一种精神鼓舞，情感愉悦并具审美效应。

老舍先生曾说："茶馆就是一个小社会，这里三教九流，无所不有，天地玄黄，共存俱在。"茶馆形成后，其功能不仅仅是一个喝茶的场所，而且成为人们议事、叙谊、做生意、谋生存，甚至解决纠纷的场所，成为各种人物的活动舞台，并经常成为社会生活和地方政治的中心。在古代，它既是茶客们的公共空间，又是其"自由世界"，茶客们一边歇息聊天，还可观看和享受各种艺人的表演和服务。评书、相声、快板等戏曲节目不断在这里上演，它成为一个公共的娱乐空间，还有小贩、手工匠在这里谋生存。在一些地方，茶馆也成为解决纠纷的"民间法庭"，有冲突的双方在茶馆坐定，请当地有威望的长者主持公道，理输的一方将支付全部茶资。

上海沪剧作家以沙家浜军民抗日生活为素材，创作了沪剧《芦荡火种》，演出后轰动申城，名闻江浙。后来北京京剧团把它改编为京剧。"垒起七星灶，铜壶煮三江，摆开八仙桌，招待十六方……"，阿庆嫂的唱词使沙家浜的茶馆闻名全国。《沙家浜》中的智斗一场戏，以茶馆作为背景是有史据的。《常熟县志》记载："在明朝时，这里的茶馆就已十分普遍，抗日战争时期沙家浜仍有徐德茂茶馆、里乐园茶馆、桑厅茶馆、金家茶馆等34家。"那些起早的男人们总会赶在一天劳作之前，聚集到茶馆里谈古论今，交流信息。茶馆还是民间艺人的演出场所，水乡人在此喝茶听戏，其乐融融。当年"江抗"(抗战组织)经常利用茶馆作掩护，联络接头，传递情报，许多茶馆都是地下交通站。

由此可见，独特的中国茶馆文化，其内涵已超越了茶馆和茶这些物质载体，不再是一个简单的集体饮茶场所，而是一种精神和文化领域，是文化交流的场所，文化传播的平台，成为人们生活中不可或缺的休闲娱乐和社交场所。现代茶馆不仅提供茶饮，还提供人文服务，融喝茶、欣赏、文化、交流等功能于一体。在环境幽雅、富有文化的氛围中，人们欣赏茶艺、讲究礼仪、欣赏研讨诗画、享受民俗风情、联谊交友、调节生活节奏和心理状态、感受休闲乐趣，从而得到精神层面的满足，达到对生活品质的重视和珍惜。

二 中国茶馆发展历程

1. 唐代茶馆

早在唐朝前,已出现了茶馆的雏形,陆羽《茶经》中引用了南北朝时一部神话小说《广陵耆老传》中的一个故事,"晋元帝时,有老姥每旦独提一器茗往市鬻之,市人竞买,自旦至夕,其器不减",这便是设茶摊、卖茶水的最早方式。

唐代,当时全国许多地方都产茶,茶叶生产已十分发达,饮茶风气盛极一时。不论是僧侣道士,还是达官贵人,甚至普通百姓,都爱好饮茶,茶已成为"比屋之饮"。其次,唐代社会经济比较发达,商业来往较为频繁。因此在许多大城市便出现了供商人、工匠、挑夫、贩夫等各阶层人士交往、歇息的地方,茶馆便是他们交流往来的一个好地方。

在唐代封演所著的《封氏闻见记》有这样的记载:"开元中(713—741年)……自邹、齐、沧、棣,渐至京邑城市,多开店馆,煮茶卖之,不问道俗,投钱取饮。"表示在一些大城市,一些专门卖茶的茶馆已经成立,而且已成为百姓解渴歇息的好地方。当时,唐代的茶馆多是与旅舍、饭店相结合,未完全独立,但也初具规模,为两宋茶馆的兴盛奠定了基础。

2. 宋代茶馆

宋代是茶馆兴盛的时代,表现在茶馆数量增多,注重文化氛围的营造,形式多样,功能齐全。在宋代,各大城市的大街小巷,茶肆林立,茶馆成为一个兴盛的行业。在当时的汴梁(现河南开封市)和临安(指浙江杭州市),大街小巷都分布着茶馆,甚至出现了连片经营的情况。临安地区出现了许多名茶馆,吴自牧在其《梦粱录》里记载的有"潘节干茶坊、俞七郎茶坊、朱骷髅茶坊、郭四郎茶坊、张七相干茶坊、黄尖嘴蹴球茶坊、一窟鬼茶坊、车儿茶肆、蒋检阅茶肆"等。除了大城市茶馆业发达外,宋代茶馆已从市镇普及到乡村,成为普通百姓饮茶休闲的场所。

宋代茶馆除了数量增多外,开始注重文化氛围的营造,美化饮茶环境,以求取得良好经济效益。据吴自牧《梦粱录》卷十六《茶肆》记载:"汴京熟食店,张挂名画,所以勾引观者,留连食客。今杭城茶肆亦如之,插四时花,挂名人画,装点店面。"有的茶肆"列花架,安顿奇松异桧等物于其上,装饰店面",有的店面壁上写字作装饰，可见，当时的茶馆在装修上已非常注意环境氛围的营造，来吸引消费者，这些装饰行为对今天茶馆的装饰仍然起着指导作用。

宋代茶馆不但注意文化氛围的营造，茶馆的功能也多样化，不仅可在此喝茶，还可休闲、娱乐。茶馆类型也多种多样，有供士大夫、读书人聚会的"车儿茶肆"，也有供商人谈生意的茶馆，称为"市头"，还有兼营旅馆的茶肆等。为了满足不同阶层、不同人士的消费需求，拓展了茶馆的功能，使茶馆文化得到丰富。

3. 清代茶馆

在清朝，曾经出现"康乾盛世"的局面，社会经济的发展，政治的稳定，使得社会各行业都得到了好的发展。茶叶生产也不例外，在明朝废除蒸青团茶后，各茶类也相继出现，各地民众饮茶风气尤盛，例如，福建等地流行的工夫茶品饮方式此时已正式形成。同时，康熙、乾隆都是爱茶的皇帝，乾隆皇帝尤其爱茶，称"君不可一日无茶"，乾隆皇帝六下江南，也曾多次来到龙井茶区，参观考察龙井茶的生产。茶文化完全融入社会各阶层的生活中，茶馆文化已成为大众文化，因此清代茶馆在数量、种类、功能上都有很大发展，此时茶馆的发展又到了一个新的高峰。

在茶馆类型上，清代茶馆有大茶馆、清茶馆、书茶馆、野茶馆、棋茶馆等不同类型，大茶馆一般规模较大，一般有厅堂和雅间。大茶馆除提供茶水外，还提供各种点心和小吃，因此又可分为二荤馆、红炉馆、窝窝馆、搬壶馆等类型。清茶馆则只卖茶，不提供吃的，是一般为文人雅士聚会之处。野茶馆与清茶馆相似，只是一般选在环境幽雅、富有野趣的郊外，讲究的是清幽、惬意。书茶馆则是环境布置非常讲究的茶馆，座位还分三六九等，显著的特点是经常有曲艺节目的演出，如评书、单弦、大鼓、杂耍、京戏等。棋茶馆，顾名思义则是既可喝茶又可下棋的地方，这也是文人士大夫经常光顾的茶馆。

在社会功能上，清代茶馆已成为人们日常生活不可缺少的场所，成为人们的交际娱乐中心。当时，茶馆不仅成为文人雅士叙谈、会旧、吟咏、品茗赏景的场所，也是富商洽谈生意之地，还是下层市民聚会、寻找工作、打探经济信息、民事评理的地方。同时，说唱艺术进驻茶馆，进一步丰富了茶馆文化的内容，茶馆已成为包罗万象的社会生活大舞台。

三 中国当代茶馆

随着社会的进步，在人们对保健和休闲生活重视的背景下，当代茶馆已成为都市生活一道亮丽的风景。装修风格各异的茶馆将人们的饮茶形式点缀得既传统又时尚，滋润着当代茶人的心灵。无论是身处大都市的高档茶馆，还是市镇上的简单茶座，都已成为国人生活中一处惬意的休闲场所。当代茶馆的功能有如下特点：① 以品茗为主，并结合饮食文化，但特别强调文化氛围，不但注重外表装潢，更注重内在文化韵味，置名家字画，陈列民俗工艺品古玩、精品茶具和珍贵茶叶，并提供完整的茶艺知识。② 茶馆除了洽公谈商、以茶会友等社会功能外，还强调形成一个注重精神层面的文化交流中心。一些茶馆会举行有关传统文化的展览，还有一些会举办文学沙龙，请文化名人来讲座等。③ 茶馆还强调社会责任，茶馆不仅以盈利为目的，而且努力建设成为有益社会的高雅场所，成为倡导国饮，弘扬祖国茶文化的场所，为精神文明建设作出了贡献。

1. 京派茶馆

北京作为全国的政治、经济、文化中心，饮茶者众多，北京的茶馆富丽考究，且透着浓浓的京味文化。

京派茶馆中具有代表性的是老舍茶馆，它融入大众化的大碗茶文化和多种传统民族艺术形式于一体，被誉为"民间艺术的橱窗"。"老舍茶馆"的前身称"青年茶社"，是由尹盛喜先生带领一群年轻人开办的茶摊，卖的是二分钱的大碗茶。后来，为了弘扬民族艺术，重现老舍先生《茶馆》中的情景，尹盛喜提出了"振兴祖国茶文化，扶植民族艺术花"的口号，将"青年茶社"建成了一座大楼，"老舍茶馆"便由此诞生，在这里可以品赏全国各地名茶，还有曲坛名流在此演唱，形成了别具一格的老舍茶馆文化。老舍茶馆的装修体现的是晚清、京味的风格，观众可一边品尝着宫廷糕点和北京风味小吃，一边欣赏着传统戏曲，民乐演奏，可体会到老北京人"坐茶馆"的乐趣。

2. 川派茶馆

有语云："四川茶馆甲天下"，四川是我国茶起源地之一,四川人保留了饮茶的习惯，四川人喝茶，称"龙门阵、大碗茶"，不讲究茶的品质，不讲究喝茶的环境。

大树荫处，凉棚底下，随随便便摆上桌凳，就可以喝茶，已成为了一种生活状态。四川茶馆多，被称为"头上晴天少，眼前茶馆多"。四川的茶馆又以成都为最，茶馆有大有小，大到上千个座位，小到只有三五张桌。四川茶馆讲究待客态度、铺面格调、茶具、茶汤，操作技艺配套服务。正宗川茶馆应是紫铜茶壶、锡茶托、景瓷盖碗、圆沱茶、好么师（茶博士），样样皆精，处处体现了巴蜀地区的文化氛围和文化特色。

3. 粤派茶馆

"食在广州"，广州人对吃非常讲究，其茶馆起步也较早，前身是清代的"二厘馆"，提供"一盅两件"，即一盅茶、两件点心，最初的功能是休闲和餐饮，为客人提供歇脚叙谈、吃点心的地方。而现在广州的茶馆不称"茶馆"，而称"茶楼"，是因为在光绪时期，开始出现楼层建筑，不仅室内装饰讲究而且在食谱上推陈出新，一般为楼上开茶馆楼下卖小吃茶点，典型特点是"茶中有饭，饭中有茶，餐饮结合"。目前广州茶楼的点心已达数百种，提供的茶类也相当丰富，以普洱茶和乌龙茶类为主，其他各种绿茶、红茶、白茶等也时常可见，茗茶与精美食品、点心，相得益彰，形成浓郁的"岭南特色"。比较讲究的消费者常常自带茶叶，请服务员代为冲泡。

4. 杭派茶馆

杭州号称"休闲之都"，同时又是"茶叶之都"，这里不仅是西湖龙井的产地，而且许多国字号的茶叶研究机构都兴建在此。杭州被称为"茶香四溢"的城市。在西湖的山水间，坐落着各种风格的茶馆，有人说："坐在杭州，犹如坐在茶馆。"杭州人喜欢在外休闲聚会，加之杭州又是著名的旅游城市，因此成就了杭州茶馆业的繁荣发展。杭州的茶馆类型多样，既有"清茶馆"，也有"茶餐馆"，还有兼带可以阅读的书茶吧、可以上网的网茶吧、可以买画的画茶吧等，以满足不同人群的需要，既能吸引大叔大妈，也能迎来都市时尚男女。杭州茶馆服务细腻，经常会弄些"小恩小惠"讨消费者的欢心，例如，被称为"五小"服务特色的"小技巧、小折扣、小礼品、小客套、小特色"，使消费者觉得既实惠又温馨。杭派茶馆讲究精致而又有个性，近年不断出现主题茶馆、复合式茶馆、探索性茶馆等，而"茶餐馆"经营模式更被业内人士不断模仿，形成了浓郁的杭派茶馆特色。

5. 海派茶馆

上海是一个国际化的大都市，同时又是一个很讲究展现自我、体现个性的城市，上海人的精致生活在茶馆文化中也得到了体现。上海最有名的茶馆是"湖心亭茶楼"，湖心亭茶楼已有140多年的历史了，其仿明清的建筑风格在上海这个大都市里显得分外优雅，它不仅是市民品茶休闲的场所，也是接待国际友人的重要场所，曾接待许多到访的外国元首。湖心亭的茶品都直接从原产地采购，泡茶用水、器具都非常讲究，并摸索出了一套独有的泡茶之道，且每年都推出新品。此外，还讲究营销手段，每年根据不同的季节推出不同的饮茶活动，还增添一些表演节目，使茶客享受到超值服务。除了湖心亭茶楼外，上海许多新开的茶馆以极富个性、极富特色的装潢，以及创新发展的饮茶方式，开创出一种新的饮茶文化，这正符合上海人追求创新的精神。海派茶馆的发展不但是与上海经济发展齐头并进、共同发展，也应和了都市消费的一种新的需求，并以其浓烈的都市生活情趣吸引人们悠闲品茗，使之成为感受老上海的沧桑或体味新上海的繁华的好去处。

【第三节】茶文化与旅游

茶文化是人类在发展、生产、利用茶的过程中把茶作为载体表达人与自然，人与人之间各种理念、信仰、思想情感的各种文化形态的总称。当前，以茶会友、以茶养心、以茶修身已成为当代人的生活时尚。因此，将茶文化与旅游业结合起来，利用茶文化资源开展旅游活动成为大众一种新的休闲方式。

中国是茶的原产地，也是茶园面积和产量均居世界第一的产茶大国，在中华大地上，不仅有风景优美的茶园，还有在历史发展过程中留存下来的丰富的茶文化遗迹、丰富多彩的饮茶习俗等。中国有四大茶区，各大茶区各有不同的风貌，还有许多人文景观，美丽的茶园风光、厚重的茶文化历史遗迹、有趣的饮茶习俗、优美的茶艺表演、丰富多彩的茶产品、茶具等构成了茶文化旅游的丰富内容。在现代，人们向往绿色、生态、品位、健康，茶文化旅游正是具有休闲性、文化性、参与性和多样性的特质而受到大家的喜爱。

一 茶文化旅游的内涵

茶文化旅游是茶业资源与旅游有机结合的一种旅游开发模式，它将茶园生态环境、茶叶生产、茶产品开发、茶文化内涵等融为一体，是以优美秀丽的环境为条件，以茶区生产为基础，依托茶区多样性的自然景观和特定历史文化景观，以蕴含丰富茶文化内涵、绚丽多彩的民风民俗活动为内容，涵盖观光、体验、习艺、娱乐、商贸、度假、休闲等多种旅游功能的新型旅游产品。茶文化旅游大致可包括以下产品：以名山胜水、茶园茶馆、茶加工厂、茶博物馆、茗具观赏游等项目为内容的茶景观产品；以茶道、茶节庆、茶礼俗、宗教茶仪等文化活动为内容的茶文化产品；以茶艺表演、茶歌、茶舞为内容的茶艺术产品。目前茶文化旅游开发的产品类型有：① 生态观光茶园，如广东英德的"茶趣园"和"茶叶世界"；② 茶文化公园，有上海闸北茶文化公园、昆明世博园、杭州的龙井山园等；③ 观光休闲茶场，如台湾省的龙头休闲农场；④ 茶乡风情游，如福建的"八闽茶乡风情旅游"活动。

二 茶文化旅游的特点

茶文化旅游的特点是将茶文化内涵外显于山川景点、民俗风情、人文地理、生态环境、自然资源和茶园生产的游览与观赏之中，让两者在人们旅游的精神体验和文化感受中融合，使旅游散发出多种功能的色彩，旅游不单是游玩与休闲，更有增知、习艺、考察、体验、陶冶心情、接受教育、健体等多方面效益，也正体现了文化的深层价值。总结起来有以下几方面的价值。

（1）观赏价值 茶文化本身就是观赏价值很高的民俗文化，无论是茶具、茶点、茶楼等有形艺术，还是茶俗、茶艺等无形的艺术都体现着很强的观赏性。一些茶的建筑文化，营造出独特的茶文化环境，可以使游客获得美的感受，身心俱益。

（2）体验价值 游客的旅行过程是获得体验价值的过程，茶文化中既包括了文化实体，又包含了非文化实体，既可以亲临茶园，观赏茶树，参与到采茶中去，又可以体验到茶风俗，感受旅游地浓郁的茶文化氛围，因此茶文化的体验价值是新奇而具有强烈吸引力的。

（3）经济价值　茶是经济作物，是人们普遍消费的饮料，茶文化的实用性使其表现出特有的经济性。近年来兴起的茶文化节活动，"文化搭台，经济唱戏"体现出商业趋向，与纯粹观光型旅游不同，旅游者被当地茶文化所吸引，购买喜爱的茶叶、茶具等商品，不仅满足了旅游者自身实用、留念等需要，对当地经济发展也起到重要推动作用。

三、茶文化旅游发展现状

茶文化旅游作为旅游业中的新兴领域，正以其独特的吸引力，在我国乃至世界引发了新一轮的文化旅游热潮。作为茶的故乡和茶文化的发源地，我国拥有丰富的茶产品资源和茶俗、茶艺、茶事等茶文化资源。近年来，在茶界、旅游界等各界人士的共同努力和推动下，我国的茶文化旅游的发展取得了可喜的成就，茶文化旅游产品也不断的推陈出新，茶文化旅游在茶产业的作用显著。2022年11月29日，我国申报的"中国传统制茶技艺及其相关习俗"成功列入联合国教科文组织人类非物质文化遗产代表作名录。作为中国的第43项世界非物质文化遗产，"中国传统制茶技艺及其相关习俗"涉及15个省（区、市）的44个国家级项目，堪称我国历次人类非遗申报项目中的"体量之最"，涵盖茶园管理、茶叶采摘、茶的手工制作，以及茶的饮用和分享的知识、技艺和实践等内容。"中国传统制茶技艺及其相关习俗"列入联合国教科文组织人类非物质文化遗产代表作名录，对于弘扬中华茶文化、更好的挖掘茶文化旅游产品、促进茶文化旅游产业发展具有很大的意义。

当前，在乡村振兴的道路上，茶旅产业成为推动绿色发展、高质量发展的有力抓手，为广大茶农打开了致富之门，青青茶山摇身变为"金山银山"，茶叶成为老百姓增收致富的"金叶子"。茶旅融合不仅提升农村经济，弘扬茶文化，还推动乡村文旅产业可持续发展，有助于构建乡村产业体系，实现产业兴旺，乡村带来经济和社会发展的机遇。为推动茶乡旅游发展，2023年上半年，中国农业国际合作促进会茶产业委员会和中国茶产业联盟面向全国联合征集"春季踏青到茶园""夏季避暑到茶乡"全国茶乡旅游精品线路。其中，60条茶乡旅游精品线路脱颖而出，30条线路入选"春季踏青到茶园"全国茶乡旅游精品线路；30条线路入选"夏季避暑到茶乡"全国茶乡旅游精品线路。茶文旅结合促进茶产业发展的例子举不胜举。

多年来，湖州市安吉县黄杜村依托优越的生态环境，持续推动茶旅产业融合发展，形成了以茶促旅、以旅带茶、相互促进的发展格局，有力支撑乡村振兴。该村将茶园景观和茶文化元素相结合，打造新式茶饮空间，单日客流量达1000人次。如今的黄杜村不仅卖白茶，还初步形成了集休闲观光、度假康养等于一体的白茶文化休闲产业园，民宿产业快速发展，亮点庄园、芳草滩亲子园等特色民宿纷纷涌现。

各地通过打造茶旅融合项目，推动茶园变景区，实现了资源优化组合、产业融合发展。例如，武夷山市现有茶园面积近15亩，广泛分布在全市36个景区中，茶相关产业共吸纳12万人就业。近年来，武夷山市不断推出茶旅融合新产品、新业态，让游客吃有茶味、住有茶香、行有茶路、游有茶韵、购有茶礼、娱有茶戏。武夷山市也通过举办茶膳、茶食品研发创意大赛，开发武夷茶宴等新产品，加快嘉叶山舍等茶主题酒店、民宿建设，推出喊山祭茶、武夷问茶等5条精品茶文化旅游线路，打造提升燕子窠生态茶园、武夷茶博物馆等景点，规划建设茶旅小镇等，推动了武夷山茶旅品牌影响力持续提升。

湖南安化黑茶历史悠久，益阳市安化县因茶兴业。自2006年以来，安化县将茶旅产业确定为主导产业，推广茶园景观化，推进茶山、茶湖、茶带、茶路建设，催生出一批文旅新业态，带动了体育、康养、医药等产业融合发展，形成了茶旅产业集群。安化还推出"24小时健康茶生活"旅游线路，串联起安化黑茶特色小镇、中国黑茶博物馆等景区景点，带领市民游客品茶点、走茶道、游茶园、食茶宴、赏茶戏、宿茶庄，感受茶文化的独特魅力。

湖北省赤壁市羊楼洞茶文化生态产业园集种茶、制茶、品茶、赏茶等功能于一体，还入选了国家工业旅游示范基地。该园通过着力打造茶研学旅游品牌，推出采茶体验、炒茶及茶艺体验等研学项目和茶文化科普研学活动，深受市民游客喜爱。在这里，赤壁青砖茶还被开发成茶食品、茶医药、茶服装等100多类300多种衍生产品，古老砖茶被"玩"出了新花样。据介绍，该产业园年产达1.5吨，年接待游客量超30万人次。茶旅产业发展，还带动了周边水果采摘、乡村民宿等业态，吸纳了大批居民就业。

贵州省作为全国面积最大的茶叶生产省，目前茶园总面积700余万亩。贵州省以茶为主题的景区达26个，以茶为主题的省级以上乡村旅游重点村达20个，贵州绿茶已入驻2个3A景区、7个4A景区、2个5A景区，入驻星级饭店31家，有力地推动了贵州绿茶销售、带动茶产业发展。目前，贵州省茶文旅融合发展工作取得了积极成效。茶叶在贵州省范围内实现了进景区、进酒店、进高速公路,成为贵州重要的旅游产品。近年来,贵州在大力推动茶产业规模优势、品质优势转化为价格优势、竞争优势的同时,依托丰富的少数民族茶文化资源,打造了一批茶旅融合的综合性旅游服务项目,实现了茶园变公园、茶山成"金山",不仅带动了更多当地百姓增收致富,也为乡村振兴注入了新动能。

起步更早的台湾省茶文旅产业独具特色。台湾省观光茶园的茶文化旅游源自于1980年台北木栅铁观音茶区成立的第一个观光茶园,其开启了我国观光茶园的先河,陆续发展出多样化的茶农业游憩活动。1984年,台湾省农业主管部门分别在桃园龙潭、新竹关西及湖口、南投信义、花莲瑞穗、台东鹿野等地,规划设立观光茶园,促进茶产业升级,提高附加价值,增加茶农收入与社会整体利益。目前全台湾分成北、中、南、东4个主要的茶叶生产区域,各区域观光茶园结合当地产业环境、自然资源及人文特色,举办茶叶知性之旅或自助制茶研习之旅等茶文化慢游活动,提振各产业经济与观光游憩形象。主管部门针对台湾北、中、南、东各茶区特色,规划出5条适合国际观光客从事"茶路"观光的旅游路线,从历史脉络出发,配合采茶、品茶、手作制茶、地方特色茶食料理及文化表演等体验,深度了解台湾独特的茶文化,将台湾茶路观光变成吸引国际游客来台旅游的主要产品。5条台湾茶文化旅游行程分别围绕南投日月潭红茶、花莲瑞穗蜜香红茶、台北文山包种茶、嘉义阿里山高山茶及新竹东方美人茶,通过茶路探访认识台湾茶文化,体验台湾茶路全新风貌。2020年,为推广台湾特色茶文化,将亮点茶庄及星级制茶厂与在地景点、农村生活文化、优质茶服务体验及特色茶叶伴手礼等不同的产业串联结合,精选出10条别具特色的台湾茶文化旅游路线。该旅游形式综合了地方特色、生态体验和养生主题,使茶、茶文化、旅游成为一个体系,相辅相成,密不可分。茶与茶文化丰富了台湾旅游业的内容,旅游的兴盛亦带动台湾茶文化的发展。

由此可见,茶产业与旅游业高质量融合发展,是传播茶文化、赋能旅游业提质升级、增强中华文化影响力的有效途径。基于当前茶文化旅游发展现状,各地应立足实际,深入挖掘不同地域茶文化的独特内涵,因地制宜推动茶旅融合,推动中国传统制茶技艺及其相关习俗进景区,建设茶文化博物馆、非遗传承基地,开发茶戏等中国茶习俗相关文艺节目,举办茶文化节等主题节庆活动,让市民游客在旅游过程中认识博大精深的茶文化遗产;促进各地茶产业与文化旅游的信息对接与要素融合,推进茶区茶企在茶叶生产流通环节中融入文化旅游元素。

【第四节】茶文化的社会功能

一 弘扬传统文化，提高人文素养

1. 茶文化为什么是优秀传统文化？

茶文化中蕴含着丰富的文化内涵和发人深省的哲学思想，中华茶文化的形成与发展，有着丰富的思想基础和文化基础。一般认为，茶文化思想的基础是儒家、道家和佛家思想，属于三种优秀文化的融合，主要包括儒家的以"和"为中心的中庸思想、道家的天人合一思想，以及佛家的内省自修思想。

中庸之道是儒家处世信条，儒家认为中庸是处理一切事情的原则和标准，并从中庸之道中引出"和"的思想。儒家的"和"更注重人际关系的和睦、和谐与和美。以和为贵、协同敬诚是中华茶文化所具有的核心思想之一，是实现以民为本、普济众生目标应有的处世准则。中华茶业之独特之处，就是因为茶的生产、消费过程突显了中华文明"和合"精神。首先，体现了儒家的"中庸"思想。《茶经》中强调指出，无论是茶的制作、茶的饮用，都要把握分寸，既不能太过，也不能不及。其次，体现了协同合作，共进共荣的中华文明的和谐发展的社会思想。《茶经》指出，各种茶事都要协调"五行"，使相关的各方"圆融和谐"。而要达到这一目的，在处理人与人的关系时，必须做到"敬"与"诚"。"敬"，即尊敬、敬重，平等看待别人；"诚"，即诚实、诚信，以诚相待。这是达到"和合"与协调共荣目标的根本。现代茶道中的请茶、敬茶、品茶、友茶等各种茶事活动与风俗习惯，充分体现了"真诚致敬""友爱互敬""平等待人"等中华文明的品格。

道家"天人合一"思想告诉我们，大自然经过万年的衍变蕴含着关乎于天命、人事以及生存之道的法则，这些是人类很难以单纯用自己的力量去与之抗衡的，唯有顺从天道且为我所用，尊重客观规律，与自然和谐相处，才能在社会生活中做出正确的选择，人生之路也会因此变得通畅。而所谓"天人合一"，其本质就是在阐述人的心应该与自然之道保持一致，在自然法则的指引下做与自然规律相一致的行为。中华茶文化思想里涵盖有大量的"天人合一"的理论，"天人合一"思想也被认为是我国茶文化思想的精髓，因此，我国茶文化传统与"天人合一"生态和谐美的融合。而"天人合一"的生态和谐美作为一种独具美学价值的生态观念体现的是人与自然和谐相处之道,这与我国茶文化传统有诸多想相通和共融之处。

当前的茶产业发展要求我们,不仅要处理好人与人、人与社会的关系,还要处理好人与自然、茶与自然的关系。这里的"天人合一"也赋予了更多时代内涵。第一,"天"指"天时",即天气环境。《茶经》谈"茶之九难"中第一难是"造",指茶树生长依赖于一定的自然气候条件,茶叶的采摘与制作要适时,避免"阴采夜焙",不可"夏兴冬废"。当然仅有"天时"还不行,还要与"地利""人和"相配合,只有三者统一才能达到一种完美的境界。第二,"天"的另一重要含义是指自然规律即自然存在的客观规律。所以"天人合一"从根本上说,就是顺应自然,回归自然,返朴归真。这是当代茶道的基本精神。茶道之所以要追求"清""淡",制茶、品茶都要求心无杂念,淡泊人生,这并不是无所作为的表现,而是要达到一种"淡泊明志、宁静致远"的境界。有了如同自然界一样包容天地,能纳万物的品格,就能复归清净、纯朴的境界,达到洞悉人生、社会、天地、自然的内在规律。陆羽认为,"茶"字很完美地体现了人回归自然的境界,体现了"人在草木间",与自然和谐共处、融为一体的境界,自然保护了人,人亦成全了自然。

内省自修思想源于佛家思想,佛家思想与茶文化的融合使茶文化吸收了禅文化思想,增加了内省自修的内涵。佛家讲求自身的悟性,讲究静坐和修行。茶文化当中包含的哲学思维,将佛道的精神内涵深化,使得哲学思维更加丰富。茶文化当中蕴含的佛家的哲学思维经过升华和提炼之后,主要是教导人们要豁达地处事,遇见困难要能够进行自我调节,学会一个人的独处,在独处的过程当中提升自我、反省自我,同时还教导人们要乐于帮助他人,在帮助他人的过程当中,实现自我的人生价值和获得自身的愉快。而且,茶文化当中蕴含的佛家思想,对于人们如今快节奏的生活,可以起到一定的缓解作用。另外,佛家思想中的"般若性空"以及"一心"都为茶文化的发展提供了哲学思想根基,"戒、定、慧"的修行理念,也使得茶文化的思想内涵更加丰富,茶道也更加有神韵。佛理中的"苦、集、灭、道"是茶文化中"佛家"思想的精髓,也是影响我国唐宋茶文化的重要因素。这四谛时刻提醒习茶之人要能吃苦,不贪、不嗔、不痴,断除产生苦恼的原因,才能进入涅槃的境界,领悟茶道的精髓。

2. 传统茶文化是当代精神文明建设不可或缺的内容

我国传统文化博大精深,其深邃的思想内涵、积极的精神有利于现代精神文明的建设。传统茶文化讲究人融入茶、融入天地,物我两忘,感悟人生真谛,养成茶人之德。茶自身所具备的美德,称为"茶德",唐朝刘贞亮和日本僧人惠上人也都归纳过"十德",这包含了广泛意义上茶的品性,可归纳为"廉、美、和、敬"或"清、敬、和、美"为核心价值的当代茶文化。站在思想根源角度考虑,中华茶文化与当今的社会主义核心价值观是一脉相承的。清是茶的本性,也是人的基本品德,概括了从政为官、修身养性等品格内涵;敬是茶之于礼的价值,也是人行于世的一项基本守则,涵盖遵循客观自然规律、人与人之间友好相处等内涵;和是指中和、和平、和谐,是茶文化的核心,也是中国民族传统文化的核心思想;美是在清、敬、和的基础上,人与茶在天时、地利、人和上的高度完美融合,是茶文化的最高愿景,也是人们向往的终极目标。茶文化中包含着无私奉献、坚忍不拔、谦虚礼貌、勤奋节俭和相敬互让等传统美德,也有利于促进精神文明建设。以茶文化育人、以茶文化化人,是茶文化的教育功能。在高等教育精神与传统茶文化融合的过程中,可以引导学生领会茶文化的道德精髓、价值追求与思想精华,在茶文化中汲取营养,培养大学生的道德修养。

二 调整社会关系,促进社会交往

1. 茶文化被赋予礼仪功能

早在唐代刘贞亮在茶之十德里就提出了可"以茶表敬意"。宋代诗人杜耒也曾作诗曰"寒夜客来茶当酒",此时"客来敬茶"已成为社会的一种普遍风尚。经过历代的发展,客来敬茶已成为人们的传统礼节,不论是上层社会精英还是下层平民百姓,不论商务往来还是平常交际,人们都将茶作为主要应酬品,"敬茶"成为待客最简易、最普遍的方式。在民间,以茶待客是一种基本的礼俗,在江西地区甚至流行这样的俗谚"来客不筛茶,不是好人家",以茶待客成为民俗生活中的一项重要内容。

我国是礼仪之邦,人们交往之间十分注重礼节,借"礼"来深化人们之间的感情、促进交流。俗话说"千里送鹅毛,礼轻情义重",礼物虽轻,然而情义很长。古时文人喜饮茶,自己又常常不种茶,因此每年出新茶时,一些与文人交好的僧道之人便将新茶寄与文人,文人收到了新茶,也相互馈赠,以茶联谊。例如,唐代诗人白居易收到了蜀中萧员外寄来的新茶品尝之后挥笔写道:"蜀茶寄到但惊新,渭水煎来始觉珍;满瓯似乳堪持玩,况是春深酒渴人。",表达了收到新茶后的兴奋和珍惜之情。赠茶习俗作为一种联谊活动代代相传，在我国的产茶区，每年新茶上市时，都会不忘给远方的亲朋好友寄上一包新茶。

2. 现代社会中茶的交际功能

茶与酒是人们交际中常要用到的应酬物，然而茶与酒却有迥然不同的品性。茶性清淡柔和，而酒性热辣刚烈。一杯清茶饮下去，能使人神清气爽，心旷神怡，思维清晰；而一杯酒下肚，使人兴奋激动，心意烦躁，酒喝多了还会扰乱思想，以致言语失度，仪态失检。以茶代酒进行交际能形成一种良好的氛围，待人以茶常被视为高雅之举，也表示友善与尊敬他人之意，因而在无形之中融洽了交际的氛围。现代人们常在茶馆中进行商务洽谈、朋友往来，正是看中了茶馆高雅幽静，充满文化气息的良好氛围。茶是一种健康的、文明的饮品，茶叶内含有多种对人体有益的功效成分，而饮茶有益健康也已成为常识。因而现在的外事往来、招商引资、联络乡情、亲友聚会，都借助茶文化以增强会晤的和睦氛围。

三 为人们提供高层次的精神享受

1. 当代快节奏生活使人们向往身心放松

对美的追求与向往是人类的天性，这种天性随着社会经济的发展、生活质量的改善、文化修养水平的提高越来越显露在生活中。而且随着经济的发展，人们的生活节奏逐渐加快，为了松弛心理上的压力，人们希望生活中多一些情趣高雅、欣赏性强的东西。而茶文化正是一种高雅脱俗，使人放松身心的文化。多姿多彩的茶类、优美动人的茶艺表演、幽静安宁的茶馆、碧绿无边的茶园都可使人忘却烦恼，身处诗情画意的境界。

2. 茶文化能使人脱俗近雅，平添几分诗意

茶是与琴、棋、书、画、诗、酒相并列的传统文化，茶文化在形成发展的过程中的一个显著特征是"文人雅士入茶来"，从而产生了与其他艺术相结合的契机，成为一种高雅文化。文人饮茶对环境、氛围、意境、情趣都有很高的追求，明代著名书画家、文学家徐渭也曾在《徐文长秘集》描写这样的品茶氛围："茶，宜精舍、云林、竹灶、幽人雅士，寒宵兀坐，松月下，花鸟间，清白石，绿藓苍苔，素手汲

泉,红妆扫雪,船头吹火,竹里飘烟"。文人和茶是相互衬托着对方的高雅,饮茶让文人自觉高雅,而高雅的文人多饮茶,促使茶在人们心目中渐渐成了文人雅士的标志。的确"美感尽在品茗中,雅趣亦从盏中出",茶文化的高雅脱俗可以净化人们心灵,使人脱俗近雅,平添几分诗意。

（1）茶的造型与命名富含诗情画意　中国茶类经过长期的发展创新,形成了绿、黄、红、白、黑、青六大茶类,其滋味或清淡或浓郁,或浓烈或柔和,或鲜爽或甘甜;其香气闻之令人神清气爽,有的幽雅如兰,有的香如栀子,有的清香宜人,尝之闻之令人心神舒坦、妙不可言。而各种茶的造型也千姿百态,据统计,中国茶的造型达26种。其形状有的扁平挺直似碗钉,有的纤嫩如雀舌,有的含苞似玉兰,有的浑圆似珠宝,有的碎屑似梅花。中国茶的命名也优美动人,古今茶名,累计起来可能已超过了千种。综合起来茶的命名主要依据两点:第一是根据其色香味形而命名,名字生动形象,给人以美感。其状如眉毛的称"秀眉""珍眉""凤眉"等,形似针状称"银针""松针";还有的称"莲心""雀舌""蟠毫""瓜片"等。第二是命名与名山大川、古迹胜地相联系,看到名字,使人仿佛置身名山胜水之间,优美风景悄然浮上心头。例如,"西湖龙井""洞庭碧螺春""君山银针"等名字让人不由得想到美丽似西子的西湖,烟波浩渺的太湖以及被喻为"白银盘里一青螺"的君山的优美风光。而"黄山毛峰""庐山云雾""蒙顶甘露"等茶名又使人依稀看到秀美挺拔、气势万千的山岳风景。

（2）茶馆给人以美的享受　当代茶馆风格大致可分为五种类型,包括仿古式、园林式、仿日式、西洋式、露天式,能满足不同消费者审美情趣的需要。仿古式的茶馆能满足人们访古思幽之情,园林式的茶馆具有情调美感,仿日式、西洋式茶馆又能满足人们追求异域风情的审美要求,而露天式则给人们带来一种随意之美。茶馆的整体布局一般遵循"风格统一、基调典雅、布局疏朗、点缀合度、功能全面、舒适适用"的原则。茶馆的名字中一般有"坊""肆""轩""楼""居""阁""苑"等字,也有现代意义的"吧",或古或今。茶馆内部装修或以传统文化为基调,或以现代气息、西洋风情为主题,并点缀插花、盆景、字画、民俗风物、西洋油画、工艺饰品等,进入茶馆使人享受到文化、艺术、情调、时代等不同的美感。

（3）茶艺表演艺术化地再现美感　茶艺之美是一种综合之美、整体之美,包含视觉的美、嗅觉的美、味觉的美、听觉的美和感觉的美,它使人的感官得到快感,进而达到精神的全面满足。茶艺表演要具备"四要",即精茶、真水、活火、妙器。

茶要选择形、色、香、味俱佳的好茶，水以清、活、甘、冽为佳，火以活火为上，器具要根据不同的茶类配备相应的茶具，例如，泡绿茶宜用玻璃杯，而泡乌龙茶则应选择紫砂壶器具。茶艺表演包括四大艺，即"挂画、插花、焚香、点茶"，挂的一般是淡雅的文人画，插花则根据季节、情景随时而变，焚香则是为了纪念茶神陆羽，也是使观众和表演者闻香而静虑。点茶即表演者泡茶的技能，娴熟的表演者能动静结合，刚柔相济，不但能冲泡出一杯好茶，操作过程还给人以美感。整个过程，茶艺表演者以超凡脱俗的气质，优雅的动作，富含哲理寓意的解说词和炉火纯青的泡茶技艺，并配之雅乐，使品饮者在环境氛围与茶性的高度融合中得到心灵的洗礼和升华。茶艺表演者的程式、现场各种道具的设置，以及品饮者的虔诚参与，这就是茶与生活的艺术化，是艺术化的茶与生活。

四 提倡清廉俭德，倡导社会风气的好转

文化的作用之一是"化人"，即变化人、陶冶人，茶文化作为优秀传统文化的分支，具有"教化"功能。茶圣陆羽在《茶经》的第一章写到"茶之为用，最宜精行俭德之人"，意思是饮茶对自重操行和崇尚清廉俭德之人最为适宜。在西晋时期，陆纳将饮茶看作自己的"素业"，以茶来倡导廉洁，以对抗当时社会上的奢侈之风。唐代诗人韦应物赞颂茶"洁性不可污"，表明茶具有高洁的品质。茶又是君子之饮，司马光曾把茶比作君子："茶欲白，墨欲黑，茶欲新，墨欲陈；茶欲重，墨欲轻，如君子、小人不同"。人们借茶抒情，以茶阐理，以茶为主体陶冶育人，表达价值取向。在当代不管是中国茶德所提倡的"廉、美、和、敬"，还是日本茶道的"和、敬、清、寂"，以及韩国茶礼的"和、敬、怡、真"，所体现的都是"重义轻利""以德服人""德治教化"等价值观。日常生活中人们也常用"粗茶淡饭""清茶一杯"来表示节俭、廉洁之意。"茶能性淡为吾友"，以茶为友，能使人淡泊名利，在平淡中找到人生的价值。

五 以茶为媒，扩大对外交流

1. 茶文化具国际性

茶文化是我国优秀的传统文化，具有民族性，但同时它又在世界各国广为流

传,具有国际性。在日本,每逢喜庆、迎送或宾主之间叙事时,都要举行茶道仪式。在韩国具有典雅的茶礼,在新加坡、马来西亚等地区都有茶文化的踪迹。茶文化不光在亚洲范围内广泛流传,也传到了世界其他各大洲,与当地的生活方式、风土人情相结合,形成了各具特色的饮茶文化。

2. 茶文化曾是海内外文化经济交流的重要渠道

茶叶曾被英国科学家李约瑟称为"中国四大发明之后的第五大发明",我国是茶文化的源头,其他各国的饮茶风俗都是由我国传播过去的。在我国历史上曾存在着一条茶叶之路,将饮茶文化传播到世界各国。"茶叶之路"可与"丝绸之路"相媲美,在我国对外经济文化交流史上起着重要作用。

茶叶曾是我国对外贸易的重要商品,起着联系各国经贸往来的作用。我国饮茶之风很早就传到世界各国,由于各国人民对茶叶的喜爱,因此茶叶也像丝绸、瓷器一样成为我国早期的出口商品之一。17世纪,我国茶叶贸易已经由亚洲地区向西方国家扩大,如葡萄牙、西班牙、荷兰、英国、俄国等都直接或间接从我国进口茶叶。18世纪,我国茶叶出口贸易进一步发展,我国茶叶出口在世界茶叶贸易中逐渐占主导地位,出口的国家也进一步增多。到了19世纪初,我国茶叶已占世界茶叶消费量的96%,在国际市场上占绝对统治地位。茶叶成为当时中西贸易的核心商品。

茶叶同时也是当时文化交流的重要媒介,曾在中日两国相互交往中起了重要作用。唐宋时期日本曾派出许多僧侣来华学习,举行赐茶仪式,将茶叶赐给僧侣。僧侣回国时,还会馈赠一些茶叶让他们带回本国。茶叶成了两国友好往来的重要媒介。

3. 当代茶文化活动可为促进国际交流作出更大贡献

在当代,茶文化也成为国际交流的重要媒介。表现之一是国际茶文化交流活动频繁,当代茶人相聚一堂,共同探讨茶文化的历史与现状,并展望茶文化的未来,在交流中相互学习,相互了解,增进友谊。例如,1998年9月,在美国洛杉矶召开了"走向21世纪中华茶文化国际学术研讨会",不但为各国茶文化专家和茶文化爱好者提供了一个专门探讨和研究中华茶文化的论坛,也为美国人民提供一次了解中华茶文化的良好机会,同时也是两国人民增进友谊互相了解的一次机会。又如,上海国际茶文化节,自1994年以来,每年举办一届,每届上海国际茶文化节均以其独特的形式、内容和魅力,吸引了国内各界人士和日本、韩国、美国、法国、摩洛哥等国家的国际友人及上海各界、市民群众积极参与，在海内外产生了良好的社会反响，并已成为上海著名的文化品牌和节庆活动。表现之二是茶文化出现在国际交往的舞台上，如杭州茶叶博物馆曾接待了不同外国元首的访问参观，上海湖心亭茶楼也成为重要的外事活动基地。2003年，博鳌论坛和杭州市政府一起于5月21日至22日在杭州举办博鳌西湖国际茶文化节。作为博鳌亚洲论坛专题讨论会之一，博鳌西湖茶文化节就是通过这样一个亚洲各国习俗共通的载体，增进大家的了解，以茶交友，以茶会友，深化亚洲各国的经济合作。2008年北京奥运会开幕式上，在长长的画轴上，一个大大的"茶"字突显出茶文化是中国传统文化的优秀代表，是世界人们沟通的桥梁。2010年，在上海举办的世博会上，不但设立了专门的茶展览馆，还举办了许多茶事活动，成为世界各国人们交流茶文化的一个窗口。

【扩展阅读】 无我茶会及其精神

无我茶会是由蔡荣章创立的，经不断改进与实践，在全世界茶人中推广开来。1990年12月18日，在台湾举行了"首届国际无我茶会"。随后，分别在福建武夷山、香港地区、韩国首尔、浙江杭州等地举办。国际无我茶会的举办，为世界各国茶人提供了交流的平台，是各国茶人之间相互学习、沟通融合的一个良好契机。

无我茶会是一种"大家参与"的茶会，所有参会者围坐成一圈，强调人人泡茶，人人奉茶，人人喝茶，抽签决定座位；依同一方向奉茶；自备茶具、茶叶及开水；事先约定泡茶杯数、次数、奉茶方法，并事先排好会程，席间不语，其举办得成败与否，取决于是否体现了无我茶会的精神。

总结起来，无我茶会主要体现如下七个方面的精神。

第一，无尊卑之分。茶会不设贵宾席，参与茶会者的座位由抽签决定，在中心地还在边缘地，在干燥平坦处还是潮湿低洼处不能挑选。自己将奉茶给谁喝，自己可喝到谁奉的茶，事先并不知道，因此，不论职业职务、性别年龄、肤色国籍，人人都有平等的机遇。

第二，无流派与地域之分。无论什么流派和哪个地域来的茶友，均可围坐在一起泡茶，并且相互观摩茶、品饮不同风格的茶、交流泡茶的经验，无门户之见。人际关系十分融洽，起到以茶会友，以茶联谊的作用。

第三，无"求报偿"之心。参加茶会的每个人泡的茶都是奉给左边的茶侣，而自己所品之茶却来自右边茶侣，人人都为他人服务，而不求对方报偿。

第四，无好恶之分。每人品尝四杯不同的茶，因为事先不约定带来什么样的茶，难免会喝到一些平日不常喝甚至自己不喜欢的茶，但每位与会者都要以超然心情来欣赏每一杯茶，从中感受到别人的长处，以更为开放的胸怀来接纳茶的多种类型。

第五，时时保持精进之心。自己每泡一道茶，自己都品一杯，每杯泡得如何，与他人泡的相比有何差别，要时时检验，使自己的茶艺向精深进展。

第六，遵守公共约定。茶会进行时并无司仪或指挥，大家都按事先公告项目进行，养成自觉遵守约定的美德。

第七，培养默契、体现团体律动之美。茶会进行时，均不说话，大家用心于泡茶、奉茶、品茶，时时自觉调整，约束自己，配合他人，使整个茶会快慢节拍一致，并专心欣赏音乐或聆听演讲，人人心灵相通，即使几百人、上千人的茶会也能保持会场宁静、安详的气氛。

参考文献

[1] 李艳霞. 中国茶文化传统与"天人合一"生态和谐美的融合研究[J]. 福建茶叶, 2019, 41（02）: 215.

[2] 刘衡振. 马克思主义哲学视角下的传统茶文化探究[J]. 福建茶叶, 2023, 45（07）:16-18.

[3] 罗清萍. 融茶文化传统于新发展观, 推进茶产业发展[J]. 福建茶叶, 2020, 42（10）:1-2.

[4] 刁宁宁. 中国传统茶文化融入新时代青年学生思想政治教育路径[J]. 福建茶叶, 2023, 45（10）:152-154.

[5] 林青. 传统茶文化蕴含的哲学思维解读[J]. 福建茶叶, 2018, 40（10）:395.

[6] 刘剑松. 中国茶文化当中蕴含的儒家思想的解读[J]. 福建茶叶, 2017,（39）:12-23.

[7] 叶晨, 许克福. 日本茶文化与日本园林文化的内在联系研究——基于日本茶文化思想的角度分析[J]. 安徽农业大学学报（社会科学版）, 2015, 24（06）:132-136.

[8]张建成,苏京晶,王鹏.浅谈茶与儒道佛思想文化[J].中国茶叶加工,2010,(01):46-48.

[9]盖圣.茶文化的哲学思想和时代价值[J].福建茶叶,2023,45(12):1-3.